U0318645

非线性时滞系统迭代学习控制

Iterative Learning Control for Nonlinear Time-delay System

韦建明　王宏　邹强　著

国防工業出版社
·北京·

图书在版编目（CIP）数据

非线性时滞系统迭代学习控制/韦建明，王宏，邹强著.—北京：国防工业出版社，2023.1

ISBN 978-7-118-12654-9

Ⅰ.①非… Ⅱ.①韦… ②王… ③邹… Ⅲ.①非线性系统（自动化）-时滞系统-学习系统-研究 Ⅳ.①TP13

中国版本图书馆 CIP 数据核字（2022）第 193924 号

※

国防工业出版社出版发行

（北京市海淀区紫竹院南路 23 号　邮政编码 100048）

三河市腾飞印务有限公司印刷

新华书店经售

*

开本 710×1000　1/16　**印张** 9½　**字数** 160 千字

2023 年 1 月第 1 版第 1 次印刷　**印数** 1—1500 册　**定价** 89.00 元

国防书店：（010）88540777　　书店传真：（010）88540776

发行业务：（010）88540717　　发行传真：（010）88540762

致　读　者

本书由中央军委装备发展部**国防科技图书出版基金**资助出版。

为了促进国防科技和武器装备发展，加强社会主义物质文明和精神文明建设，培养优秀科技人才，确保国防科技优秀图书的出版，原国防科工委于1988年初决定每年拨出专款，设立国防科技图书出版基金，成立评审委员会，扶持、审定出版国防科技优秀图书。这是一项具有深远意义的创举。

国防科技图书出版基金资助的对象是：

1. 在国防科学技术领域中，学术水平高，内容有创见，在学科上居领先地位的基础科学理论图书；在工程技术理论方面有突破的应用科学专著。

2. 学术思想新颖，内容具体、实用，对国防科技和武器装备发展具有较大推动作用的专著；密切结合国防现代化和武器装备现代化需要的高新技术内容的专著。

3. 有重要发展前景和有重大开拓使用价值，密切结合国防现代化和武器装备现代化需要的新工艺、新材料内容的专著。

4. 填补目前我国科技领域空白并具有军事应用前景的薄弱学科和边缘学科的科技图书。

国防科技图书出版基金评审委员会在中央军委装备发展部的领导下开展工作，负责掌握出版基金的使用方向，评审受理的图书选题，决定资助的图书选题和资助金额，以及决定中断或取消资助等。经评审给予资助的图书，由国防工业出版社出版发行。

国防科技和武器装备发展已经取得了举世瞩目的成就，国防科技图书承担着记载和弘扬这些成就，积累和传播科技知识的使命。开展好评审工作，使有限的基金发挥出巨大的效能，需要不断摸索、认真总结和及时改进，更需要国防科技和武器装备建设战线广大科技工作者、专家、教授，以及社会各界朋友的热情支持。

让我们携起手来，为祖国昌盛、科技腾飞、出版繁荣而共同奋斗！

国防科技图书出版基金

评审委员会

国防科技图书出版基金
2019 年度评审委员会组成人员

前　言

世界的本质是非线性的，实际的控制系统总会受到非线性特性的影响，死区、饱和、齿隙等输入非线性特性广泛存在于实际的被控制对象中，它们的存在会对控制系统的性能产生严重甚至致命性的影响，因此具有输入非线性特性的非线性系统的控制问题受到了控制界的极大关注。另外，信号的检测、计算、传输过程及执行机构的反应时间等因素不可避免地给系统带来时滞，时滞因素的引入对系统的稳定性或其他控制性能同样会产生负面的影响。由于非线性特性、时滞等多种复杂因素的共同影响，这类非线性系统的学习控制问题十分棘手，相关的研究成果很少。

本书按照由易到难、从浅入深的逻辑顺序，依次研究了参数化非线性时滞系统、非参数化非线性时滞系统、控制方向未知的非线性时滞系统、状态不可测的非线性时滞系统，以及控制增益未知的机械臂系统的自适应迭代学习控制问题，提出了一系列自适应迭代学习控制方案，在统一的框架下系统地解决上述系统的自适应迭代学习控制器设计问题。

本书作为一本专门论述非线性时滞系统迭代学习控制的论著，具有很好的专业性和针对性，对学习控制方法的研究和推广具有很好的理论意义和学术价值，可以为国内从事相关理论和技术研究工作的学者和工程技术人员提供参考。

本书的出版得到国防科技图书出版基金、山东省自然科学基金（ZR2017QF016）的资助，在此深表感谢！同时本书的出版还得到了海军工程大学兵器工程学院的大力支持，在此致以诚挚的谢意。

对于本书中引用的他人成果及相关参考资料的作者深表感谢。

由于作者学识浅薄、水平有限，书中难免存在错误和不当之处，欢迎专家教授和同行提出指正。

韦建明

2022 年 8 月

目　录

第1章　绪论 ………………………………………………………… 1
1.1　研究背景 …………………………………………………………… 1
1.2　迭代学习控制研究现状 ……………………………………………… 4
1.2.1　基于压缩映射和不动点原理的经典迭代学习控制 ……………… 4
1.2.2　基于复合能量函数的自适应迭代学习控制 ……………………… 8
1.2.3　基于2-D理论的迭代学习控制 …………………………………… 14
1.3　本书的内容安排 ……………………………………………………… 14
第2章　参数化非线性时滞系统自适应迭代学习控制 ………………… 17
2.1　引言 ………………………………………………………………… 17
2.2　问题描述与准备 ……………………………………………………… 18
2.2.1　问题描述 ……………………………………………………… 18
2.2.2　死区特性 ……………………………………………………… 20
2.3　自适应迭代学习控制方案设计 ……………………………………… 21
2.4　稳定性分析 …………………………………………………………… 27
2.5　仿真分析 …………………………………………………………… 32
2.5.1　自适应迭代学习控制方案验证 ………………………………… 32
2.5.2　对比分析：自适应控制 ………………………………………… 36
2.6　小结与评述 …………………………………………………………… 38
第3章　非线性时滞系统神经网络自适应迭代学习控制 ……………… 39
3.1　引言 ………………………………………………………………… 39
3.2　问题描述与准备 ……………………………………………………… 39
3.2.1　问题描述 ……………………………………………………… 39
3.2.2　RBF神经网络 ………………………………………………… 40
3.3　自适应迭代学习控制方案设计 ……………………………………… 42
3.4　稳定性分析 …………………………………………………………… 47
3.5　仿真分析 …………………………………………………………… 53
3.5.1　神经网络自适应迭代学习控制方案验证 ………………………… 53
3.5.2　对比分析：神经网络自适应控制 ……………………………… 57

3.6 小结与评述 …… 58
第4章 控制方向未知的非线性时滞系统自适应迭代学习控制 …… 59
4.1 引言 …… 59
4.2 问题描述与准备 …… 60
4.2.1 问题描述 …… 60
4.2.2 Backlash-like hysteresis 齿隙非线性特性模型 …… 60
4.2.3 Nussbaum 增益技术 …… 62
4.3 自适应迭代学习控制方案设计 …… 63
4.4 稳定性分析 …… 68
4.5 仿真分析 …… 73
4.5.1 基于 Nussbaum 增益的自适应迭代学习控制方案验证 …… 73
4.5.2 对比分析：基于 Nussbaum 增益的神经网络自适应控制 …… 77
4.6 小结与评述 …… 78
第5章 基于观测器的非线性时滞系统自适应迭代学习控制 …… 79
5.1 引言 …… 79
5.2 问题描述与准备 …… 80
5.2.1 问题描述 …… 80
5.2.2 输入饱和特性 …… 80
5.2.3 Schur 补引理 …… 81
5.3 基于状态观测器的自适应迭代学习控制方案设计及稳定性分析 …… 81
5.3.1 观测器设计 …… 81
5.3.2 自适应神经网络迭代学习控制方案设计 …… 84
5.3.3 稳定性分析 …… 86
5.3.4 仿真分析 …… 96
5.4 基于误差观测器的自适应迭代学习控制方案设计及稳定性分析 …… 100
5.4.1 基于误差观测器的自适应迭代学习控制方案设计 …… 101
5.4.2 稳定性分析 …… 103
5.4.3 仿真分析 …… 108
5.5 小结与评述 …… 112
第6章 基于观测器的机械臂系统自适应迭代学习控制 …… 113
6.1 引言 …… 113
6.2 问题描述与准备 …… 113
6.2.1 问题描述 …… 113
6.2.2 GL 矩阵及其算子 …… 114

6.3 状态观测器设计 …… 116
6.4 自适应迭代学习控制方案设计 …… 119
6.5 仿真分析 …… 124
6.6 小结与评述 …… 126
参考文献 …… 127

CONTENTS

Chapter 1 Introduction ······ 1

1.1 Background ······ 1

1.2 Research Review of Iterative Learning Control ······ 4

1.2.1 Compact Mapping Theory Based ILC ······ 4

1.2.2 Lyapunov-like CEF Based AILC ······ 8

1.2.3 2-D Theory Based ILC ······ 14

1.3 Main Contents of the Book ······ 14

Chapter 2 AILC of Parameterized Nonlinear Time-delay Systems ······ 17

2.1 Introduction ······ 17

2.2 Problem Formulation and Preliminaries ······ 18

2.2.1 Problem Formulation ······ 18

2.2.2 Dead-zone Charactistic ······ 20

2.3 AILC Scheme Design ······ 21

2.4 Stability Analysis ······ 27

2.5 Simulation Analysis ······ 32

2.5.1 Verification of the AILC Scheme ······ 32

2.5.2 Comparison Simulation: Adaptive control ······ 36

2.6 Summary and Comments ······ 38

Chapter 3 Neural Network AILC of Nonlinear Time-delay Systems ······ 39

3.1 Introduction ······ 39

3.2 Problem Formulation and Preliminaries ······ 39

3.2.1 Problem Formulation ······ 39

3.2.2 RBF Neural Network ······ 40

3.3 AILC Scheme Design ······ 42

3.4 Stability Analysis ······ 47

3.5 Simulation Analysis ······ 53

3.5.1 Verification of the Neural Network AILC Scheme ······ 53

3.5.2 Comparison Simulation: Adaptive NN Control ······ 57

3.6 Summary and Comments ······ 58

Chapter 4 AILC of Nonlinear Time-delay Systems with Unknown Control Direction ······ 59

4.1 Introduction ······ 59
4.2 Problem Formulation and Preliminaries ······ 60
4.2.1 Problem Formulation ······ 60
4.2.2 Backlash-like Hysteresis Nonlinearity ······ 60
4.2.3 Nussbaum Gain technique ······ 62
4.3 AILC Scheme Design ······ 63
4.4 Stability Analysis ······ 68
4.5 Simulation Analysis ······ 73
4.5.1 Verification of the Nussbuam Gain-based AILC Scheme ······ 73
4.5.2 Comparison Simulation: Nussbuam Gain-based Adaptive NN Control ······ 77
4.6 Summary and Comments ······ 78

Chapter 5 Observer-based AILC of Nonlinear Time-delay Systems ······ 79

5.1 Introduction ······ 79
5.2 Problem Formulation and Preliminaries ······ 80
5.2.1 Problem Formulation ······ 80
5.2.2 Input Saturation ······ 80
5.2.3 Schur Complementary Lemma ······ 81
5.3 State Observer-based AILC Design and Stability Analysis ······ 81
5.3.1 State Observer Design ······ 81
5.3.2 Neural Network AILC Scheme Design ······ 84
5.3.3 Stability Analysis ······ 86
5.3.4 Simulation Analysis ······ 96
5.4 Error Observer-based AILC Design and Stability Analysis ······ 100
5.4.1 Error Observer-based AILC Scheme Design ······ 101
5.4.2 Stability Analysis ······ 103
5.4.3 Simulation Analysis ······ 108
5.5 Summary and Comments ······ 112

Chapter 6 Observer-based AILC Design for Robotic Manipulator ······ 113

6.1 Introduction ······ 113
6.2 Problem Formulation and Preliminaries ······ 113
6.2.1 Problem Formulation ······ 113
6.2.2 'GL' Matrix and Operators ······ 114

6. 3 States Observer Design ······ 116
6. 4 AILC Design ······ 119
6. 5 Simulation Analysis ······ 124
6. 6 Summary and Comments ······ 126
References ······ 127

第1章 绪　　论

1.1 研究背景

20 世纪是人类科学技术史上发展最为迅猛的100 年，科学技术的伟大成就彻底改变了人类世界的面貌，在这个过程中，控制科学发挥了举足轻重的作用，正如钱学森在《工程控制论（第三版）》序言中所指出的："我们可以毫不含糊地说从科学理论的角度来看，20 世纪上半叶的三大伟绩是相对论、量子论和控制论，也许可以称它们为三项科学革命，是人类认识客观世界的三大飞跃"[1]。在20 世纪可以称之为技术革命的核能技术、电子计算机技术、航天技术以及生命科学技术等众多科学技术的发展，都与控制论有直接联系，因此钱老认为：作为技术科学的控制论，对工程技术、生物和生命现象的研究和经济科学，以及对社会研究都有深刻的意义，比起相对论和量子论对社会的作用有过之无不及[1]。在当今世界，控制技术广泛应用于工业生产、交通运输、航空航天等众多领域，大到飞机、导弹、航母、舰船，小到与日常生活息息相关的手机、电脑、空调，控制技术无处不在，为人类文明进步做出了重要贡献。

在科学技术发展过程中，科学（理论）与技术的发展相辅相成、密不可分、辩证统一。技术的发展推动新的科学理论的诞生，新的科学理论又可以促进技术的巨大进步，同时又要经受生产实践和科学实验的技术考验。在控制论诞生前好几年，作为现代导弹技术和航空航天技术萌芽的 V-1、V-2 导弹就已经出现，在设计导弹的制导与稳定控制系统等技术工程实践中，逐渐形成了控制论的思想。但 V-1、V-2 导弹的机电式制导系统十分原始，导致其精度较差，而根据工程控制论所设计的制导系统，则实现了洲际导弹在飞行几千公里的距离上圆概率偏差在几十米以内的精度。在 20 世纪后半叶，在控制技术需求推动下，控制理论取得了显著进步。自从维纳提出《控制论》的思想以来，控制科学大体上经历了经典控制理论、现代控制理论和后现代控制理论几个发展阶段。

经典控制理论是在 20 世纪 40~50 年代发展起来的，1945 年贝塔朗菲提出了《系统论》，1948 年维纳提出了著名的《控制论》，至此形成了完整的经典控制理论体系。它主要以单输入-单输出的线性定常系统（时不变系统）为研究对象，以系统的输入输出特性（主要以传递函数描述）为数学模型分析系统性能（瞬态性能和稳态性能），或根据性能指标的要求设计控制装置，选用经济性好、可靠性高、易于工程实现的控制器，其常用分析设计方法主要包括时间响应法、根轨迹法和频率响应法。因此，经典控制理论从本质上忽略了控制系统的内在特性，其研究对象仅限于单输入-单输出定常系统，且其难以对系统的性能指标进行优化处理，因而已经不能满足现代工业过程和空间技术发展的迫切技术需求，这也催生了现代控制理论的发展。

现代控制理论的研究从20世纪60年代开始起步，主要以多变量线性系统和非线性系统为研究对象，以时域法特别是状态空间法为主要研究方法，以线性代数和微分方程等数学工具为主要分析手段。状态空间法不仅描述了系统的外部特性，还描述了系统的内部状态和性能。现代控制理论克服了经典控制理论的很多局限性，其研究对象相对经典控制理论要广泛得多，在一定程度上满足了近代工业控制和航空、航天等诸多领域中复杂系统的控制需求，并与计算机技术的迅速发展和广泛应用紧密结合。但现代控制理论大多建立在系统已知的基础上，严格来讲，在实际应用中，对于各类工业生产过程、航天航空飞行器等众多的被控对象，很难用精确的数学模型来描述其动态特性。另一方面，随着运行条件和环境的变化，被控对象自身的特性也会一起发生变化。因而，对一个被控系统建立精确的数学模型几乎是不可能的，这就使建立的数学模型与系统的实际动态之间总是不可避免地存在误差。同时，系统在实际运行过程中一般还会受到外部未知扰动的影响。因此，在工程实际中，针对越来越复杂的系统，尤其是高超声速飞行器这类要求控制精度更高、控制响应速度更快且难以建立精确模型的被控对象，采用现代控制理论方法所设计的控制系统难以获得所期望的控制性能，有时甚至都无法保证系统的稳定性。此外，随着被控对象复杂度的不断提高，现代控制理论在应付一些非线性特性方面已经力不从心。在这样的情况下，控制界学者将不确定性引入系统的数学模型，开始研究具有不确定性和强非线性的动态系统的分析与综合（设计）问题，后现代控制理论逐渐发展起来。

在经典控制理论与现代控制理论中，关于线性系统的控制理论的研究已经趋于成熟，但从本质上来讲，现实世界中所有系统都是非线性的，线性模型不过是对系统在某些点附近进行线性化的结果。后现代控制理论主要研究对象是现实世界中各种各样的非线性系统，包括许多先进的控制理论方法，如鲁棒控制、自适应控制、变结构控制、backstepping、智能控制及其他各种非线性控制方法。自20世纪80年代起，随着计算机技术及神经网络理论和模糊理论的发展，神经网络和模糊系统理论被引入控制器设计中，丰富和发展了非线性控制理论的内容。

在后现代控制理论的发展中，受到人工智能理论的启发，控制界学者一直在探索如何能够让控制器本身具有某种智能，使其在控制过程中能够通过学习不断地进行改进，从而使控制效果趋于完美。早在20世纪60年代，Sklansky提出了控制系统学习的思想。70年代初，美籍华裔学者Fu[2] 提出了学习控制的概念。此后，关于学习控制的研究一直很活跃，先后有许多不同学习控制策略被提出。

特别是 20 世纪 80 年代，随着计算机技术和人工智能等相关学科的快速发展，有关学习控制理论的研究也得到了新的突破。目前，学习控制理论已经发展为智能控制理论的一个重要分支。

在学习控制理论中，迭代学习控制（Iterative Learning Control，ILC）是一个具有严格数学描述的分支。迭代学习控制的基本思想是利用前次迭代时的系统信息，通过一定的学习机制，获得本次迭代所需要的控制信息，经过多次迭代学习，达到在有限时间区间内实现系统状态或输出以较高的精度跟踪期望的参考轨迹。迭代学习控制的基本思想最早由日本学者 Uchiyama[3] 提出，1984 年，Arimoto 等[4] 将这种学习控制思想理论化、系统化，首次提出了两种迭代学习控制算法，并给出收敛性分析。Arimoto 等的工作引起了控制界同行的极大关注，开辟了学习控制的广阔前景。随后，许多学者在迭代学习控制上做了大量研究，在理论研究和实际应用中都获得了重要的发展，迭代学习控制也成为智能控制领域的一个研究热点。迭代学习控制算法简单，易于实现，具有智能性，且在工业机器人、机械臂等方面具有广阔的应用前景，因此对迭代学习控制理论进行研究，设计合适的学习控制器，解决重复运行的不确定性系统的跟踪控制问题，具有重要的理论意义和实际应用价值。

在许多的实际物理系统中，系统的当前状态都会受到过去状态的影响，即当前状态的变化率不仅与当前时刻的状态有关，还与过去某个时刻或某段时间的状态有关，这种特性称为时滞。在控制系统中，时滞是广泛存在的，如检测设备检测信号的时间、控制信号的传输时间、控制器的运算时间、执行机构的反应时间等，都是控制系统中时滞的来源。时滞的存在会破坏系统的动态性能，引发振荡、发散等现象，在最严重的情况下，甚至会摧毁整个系统的稳定性。因此，对时滞系统控制问题的研究具有重要的理论研究意义和实际研究价值。从 20 世纪 60 年代开始，对时滞系统控制的研究就在不断发展，相关的研究成果构成了控制理论研究中重要的内容之一，当前仍然是控制理论研究的热点问题之一。

非线性是现实世界中所有系统的本质属性，而非线性属性不仅是由于其所遵循物理规律的非线性，还因为系统会受到各种非线性特性的影响，如饱和、死区、摩擦、齿隙等。这些非线性特性广泛存在于实际的物理系统中，它们的存在同样不仅会影响到控制系统的性能，甚至会引发整个控制系统的崩溃，造成系统的不稳定。因此，在非线性系统控制器设计中，考虑非线性特性的影响很有必要。研究非线性特性影响下的控制系统设计问题，具有重要的理论意义和实际应用价值。

综上所述，由于时滞特性、非线性特性的广泛存在性和理论研究上的困难性，对于具有非线性特性和时滞特性的非线性系统迭代学习控制的研究是非常必要的。同时我们还要认识到，对这类系统的研究不是简单地把对非线性特性、时滞特性和迭代学习控制所取得的研究成果进行组合叠加，而是有它更深入的研究内容。本书通过深入研究时滞系统的迭代学习控制理论，系统地提出了一种自适应迭代学习控制设计方法，在统一的框架之下解决了几类具有非线性特性的时滞系统的一系列控制难题，为相关问题（尤其是时滞系统的自适应迭代学习控制问题）的进一步研究及相关工程实践提供一定的参考和借鉴。

1.2 迭代学习控制研究现状

1978 年，Uchiyama 提出迭代学习控制思想的论文是以日文发表的，因此，当时未引起其他控制学者的注意。直到 1984 年，Arimoto 等将 Uchiyama 的研究成果理论化、系统化并加以完善后以英文发表，才逐渐引起人们的关注。经过近 30 年的发展，迭代学习控制形成了三大研究体系：基于压缩映射和不动点原理的经典迭代学习控制方法、基于复合能量函数的自适应迭代学习控制方法和基于 2-D 理论的迭代学习控制方法。

1.2.1 基于压缩映射和不动点原理的经典迭代学习控制

所谓的经典迭代学习控制是在迭代学习控制研究的早期阶段提出控制算法，与其他控制方法从线性系统研究起步不同，迭代学习控制最初就以非线性系统为研究对象，即机器人系统[4]，且其控制目标非常高——在有限时间区间 $[0,T]$ 实现系统输出对期望轨迹 $y_{\mathrm{d}}(t)\in C^1[0,T]$ 的完全跟踪。以全局 Lipschitz 连续的非线性动力系统为例，即

$$\dot{x}_k=f(x_k,u_k,t),y_k(t)=g(x_k,u_k,t) \tag{1-1}$$

经典迭代学习控制是利用系统先前的控制经验和输出误差来获得当前的控制信息，也就是说通过执行一次控制任务后，获得该次运行的控制信号 $u_k(t)$（k 表示当前执行任务的次数）与跟踪误差信号 $e_k(t)$（实际获取输出信息 $y_k(t)$，$e_k(t)$ 由定义 $e_k(t)=y_{\mathrm{d}}(t)-y_k(t)$ 得到）。当系统再一次执行这一控制任务时，在误差反馈的基础上，将前次的控制信号考虑进来，即

$$u_k(t)=u_{k-1}(t)+qe_k(t) \tag{1-2}$$

式中：$q>0$ 为反馈增益，同时也是学习增益，这一学习结构的示意图如图 1-1 所示。

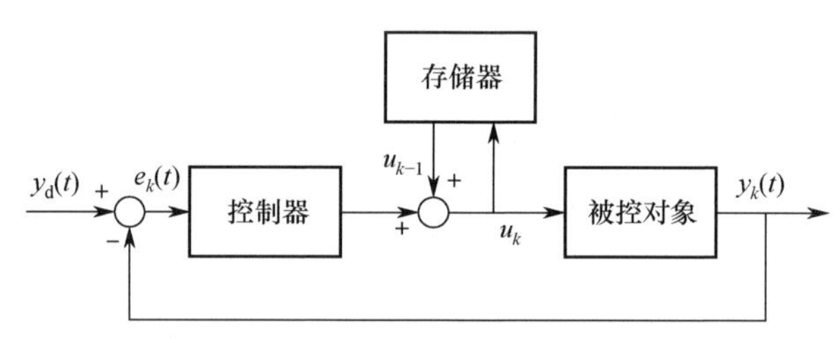

图 1-1 迭代学习控制结构示意图

通过文献［5］的分析可知，学习控制算法式（1-2）中 $u_{k-1}(t)$ 在 $u_k(t)$ 中起到了前馈的作用，而 $qe_k(t)$ 在发挥反馈作用的同时，还起到误差修正的作用。从学习的角度看，先前的控制经验 $u_{k-1}(t)$ 被有效地利用，来弥补当前控制作用的不足。这和人类的学习过程是相似的，即通过不断重复与修正某一动作，从而掌握正确的做法。从控制的观点来看，通过学习过程，迭代学习控制算法式（1-2）的控制过程已经由时域控制算法的反馈主导转化为前馈“唱主角”。从图 1-1 可以看出，由于反馈作用的存在，算法式（1-2）是闭环的，因此形如式（1-2）的算法被称为闭环迭代学习控制（Closed-Loop ILC）。与之相对应，开环迭代学习控制（Open-Loop ILC）的形式可表示为

$$u_k(t)=u_{k-1}(t)+qe_{k-1}(t) \tag{1-3}$$

开环迭代学习控制的结构图如图 1-2 所示。

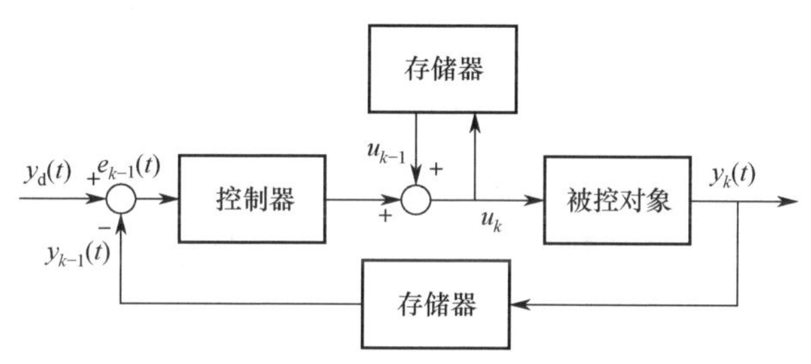

图 1-2　开环迭代学习控制结构图

在开环迭代学习控制中，反馈的作用已完全去除，由前馈作用“独担重任”。此时 q 仅为学习增益，避免了闭环迭代学习控制中 q 同时作为反馈增益和学习增益而造成的难以兼顾反馈稳定与学习收敛的问题。

经典迭代学习控制学习收敛的理论核心是：利用压缩映射与不动点定理，使同一时刻的输出误差依几何级数收敛，即 $\|e_k(t)\|\leqslant\gamma\|e_{k-1}(t)\|$，$0<\gamma<1$，$\forall t\in[0,T]$。对于系统式（1-1）的学习控制算法式（1-2）和式（1-3），要达到学习收敛的目的，需使系统满足学习收敛条件[5]：$|1-q\partial g/\partial u_k|\leqslant\gamma$。由此可见，迭代学习控制只需要知道$\partial g/\partial u_k$ 的上下界，就可以通过设计学习增益 q 以确保收敛条件成立。

迭代学习控制算法式（1-3）即为迭代学习控制的最简表达式。由于仅使用误差的比例形式，因此这种形式的算法被称之为 P（Proportional）型迭代学习控制算法。相应地，如果在迭代学习控制算法中利用到跟踪误差的积分或微分量时，则称其为 I（Integral）型或 D（Derivative）型迭代学习控制算法。在学习算法设计中，积分信号或微分信号通常还会与比例信号配合构成混合型迭代学习控制算法，如 PI 型、PD 型、PID 型迭代学习控制算法。

在实际应用中，开环迭代学习控制算法和闭环迭代学习控制算法均不理想，闭环迭代学习控制算法由于采样器造成误差信号延迟从而引起震荡，开环迭代学

习控制算法因没有反馈作用而缺乏鲁棒性。此外，虽然闭环形式的迭代学习控制算法存在反馈增益与学习增益难以兼顾的问题，但这并不矛盾，且在控制中使用反馈信号，可以使控制系统具有更好的动态性能，加快学习收敛速度。因此，出于取长补短的目的，一些学者结合开环和闭环迭代学习控制的特点进一步提出了开闭环迭代学习控制（Open-Closed-Loop ILC）方法。Xu[6] 等通过比较研究发现，开闭环迭代学习控制算法比单纯的开环迭代学习控制或闭环迭代学习控制具有更好的控制性能，且在前馈学习控制结构中加入反馈的作用，可以增强控制算法的鲁棒性。

既然学习过程中利用前一次运行的控制信息就已能得到较好的控制效果，那么如果利用过去多次运行的控制信息，控制效果是否会更好呢？基于这种想法，韩国学者 Bien 首先于 1989 年提出了高阶迭代学习律[7]，并推导出可加快学习收敛速度的优点。高阶迭代学习律的一般形式为

$$u_k = \sum_{i=1}^{n} a_i u_{k-i}(t) + \sum_{i=1}^{n} b_i e_{k-i}(t),\ 1 \leqslant n \leqslant k-1 \tag{1-4}$$

但 Xu 通过研究发现[8]，若仅仅将过去多次迭代的信息进行简单的线性组合，高阶迭代学习律未必能够加速收敛，因为对于多次迭代的信息，只有最近一次的迭代运行情况才能最准确地描述迭代收敛的情况，而只是简单地利用对目前而言不再精确的更早的信息，可能会降低控制的性能。为了验证高阶迭代学习律的控制效果，Norrlöf 通过一个工业机械臂对一阶迭代学习控制算法和二阶迭代学习控制算法进行的对比研究发现，二阶迭代学习控制算法并不能比一阶迭代学习控制算法获得更好的控制效果，但如果被控对象中存在不确定性时，二阶迭代学习控制算法的效果则优于一阶迭代学习控制算法[9]。此外，他还发现，利用二阶迭代学习控制算法能够获得更为光滑的控制效果。在文献［10］中，Xu 通过 min-max 和 Q-因子方法从理论上证明得出，从 Q 因子的角度来看，一阶迭代学习控制算法具有更快的收敛速度。但同时 Xu 也指出，利用其他指标来考察一阶和高阶迭代学习控制算法的性能仍是一个公开的难题，因而也没有得出相应的结论。实际上，当系统存在迭代轴方向上的零均值扰动或测量噪声时，高阶迭代学习控制算法相较于一阶迭代学习控制算法则具有较好的控制效果，因为高阶迭代学习控制算法对于扰动或噪声起到了平滑算子的作用。自从高阶迭代学习律被提出以来，控制界就从未停止对它的研究，众多的控制学者针对多种问题提出了大量的高阶迭代学习控制方法[11-13]，以期提高控制性能，加快学习收敛速度，增强控制系统的鲁棒性。

在系统中没有扰动或噪声的影响时，迭代学习控制算法具有良好的控制性能。但实际系统中，总会受到扰动或测量噪声的影响。因而开闭环迭代学习控制算法的实际应用效果也不尽人意，学习误差总是先减小后增大。造成这种情况的原因主要在于，迭代学习控制沿迭代轴是一典型的积分器，若噪声为系统固有且

可重复时，迭代学习控制器可以一并学习，但当其为不可重复信号时，就会随着迭代的进行越积越高，产生了“滚雪球”的问题[5]，造成学习的发散。为了解决这个问题，学习控制学者提出了加滤波器的方法，于是迭代学习控制律又被修改为

$$u_k(t) = A(t)u_{k-1}(t) + B(t)e_{k-1}(t) + C(t)e_k(t) \tag{1-5}$$

式中：$A(t)$、$B(t)$和$C(t)$代表各种各样的滤波器。最简单的形式就是加一遗忘因子，即

$$u_k(t) = pu_{k-1}(t) + q_1e_{k-1}(t) + q_2e_k(t) \tag{1-6}$$

式中：$0<p\leqslant 1$为遗忘因子。这种方法的一个缺陷是，会将所有的信号——不论有用无用，统统忘记。为了避免这个问题，可以将$A(t)$设计为一个低通滤波器，这样可以将处于低频段的有用信号保留下来，将处于高频段的噪声信号滤掉。当被控对象为线性系统时，可以采用卡尔曼（Kalman）滤波设计方法，来确定算法式（1-5）中的滤波器。

除上述经典迭代学习控制律外，还有其他多种学习律针对不同的问题，从不同的角度被提出。例如，对于线性被控对象，模型预测控制和最优控制方法被推广到迭代学习控制中，通过定义目标函数并求其极值确定最优迭代学习律，Amann 等的研究结果表明[14]，预测可以加快收敛速度，改善抗扰性。到目前为止，多种预测迭代学习控制方法被提出并用于实际系统的控制问题中[15,16]。此外，D 型算法是不适合于实际应用的，这主要由于：首先，微分信号是不可测的，需要通过对位置信号进行微分得到；其次，微分信号易受到高频噪声信号的影响，跟踪误差的上界与高频噪声的幅度是成正比的，因此噪声会降低 D 型算法的效果和精确度。而对于 P 型算法式（1-2），只有在不存在不确定性及扰动的情况下才能保证误差的收敛。为了克服上述的矛盾，预期迭代学习控制策略[17]被提出并得到了一系列的发展[18,19]。更多地，为了提高学习速度，改善控制效果，Xu 提出了两种非线性学习律——牛顿（Newton）型学习律[20]和正割学习律[10]。

通过以上分析可以看出，经典迭代学习控制不需要系统的任何信息，且不需要用到状态变量和状态空间的任何信息，只用最简单的学习律，就处理了系统的高度不确定性和非线性特性。但经典迭代学习控制局限于满足全局李普希茨（Lipschitz）连续条件的系统，当系统不满足全局 Lipschitz 条件时，可能会产生有限时间逃逸现象，这样压缩映射原理就不再适用，因此这大大地限制了迭代学习控制方法的适用范围。经典迭代学习控制很少能充分利用系统的信息，通常会忽略系统的动态特性。而在实际控制系统设计中，虽然不能获得系统的精确数学模型，但通常可以建立系统的名义模型，即能够得到关于被控对象的部分信息，利用已知信息设计控制器，显然能够提高控制性能或加快收敛速度。此外，经典迭代学习控制以压缩映射与不动点定理作为学习收敛的理论核心，而无法利用李

雅普诺夫（Lyapunov）方法，这也使得经典迭代学习控制方法无法与非线性控制方法——自适应控制、滑模控制、神经网络控制、模糊控制等相融合。基于此，需要考虑将上述非线性控制方法与迭代学习思想相结合，并将 Lyapunov 稳定性分析的方法引入到学习收敛性分析中，自适应迭代学习控制（Adaptive Iterative Learning Control，AILC）应运而生。

1.2.2 基于复合能量函数的自适应迭代学习控制

自适应迭代学习控制的首要任务，自然是解决局部 Lipschitz 连续的被控对象，其次还需要考虑系统中的不确定性，包括参数化的和非参数化的。以一类简单的被控对象为例，即

$$\dot{x}(t)=f(x,t)+u(t) \tag{1-7}$$

若 $f(x,t)$ 的形式为 $f(x,t)=\theta(t)\xi(x)$，其中 $\theta(t)$ 为未知、与状态 x 无关的时变参数，而 $\xi(x)$ 为已知的、状态 x 的非线性函数，如 $\xi(x)=x^2$ 或 $\xi(x)=x\sin(x)$，则称系统式（1-7）为参数化不确定系统。反之，若 $f(x,t)$ 无法分解为已知状态函数和未知参数乘积的形式，则系统式（1-7）为非参数化不确定系统，如 $f(x,t)=x^2\sin(x\cos t)$。在非线性控制理论中，自适应控制和鲁棒控制分别用来处理这两种不确定性的控制问题。自适应迭代学习控制则需要既能对付这两类不确定性，又要能够继承经典迭代学习控制的优势，实现在迭代轴方向上的学习收敛，同时自适应迭代学习理论还需要借鉴现代非线性控制理论的 Lyapunov 方法进行稳定性分析。

英国的 French 等[21] 在研究参数化系统在有限区间上的学习问题时，直接引入了自适应控制方法，并使用了 Lyapunov 分析方法，选取的参数自适应律和 Lyapunov 函数形式可表示为

$$\dot{\hat{\theta}}_k(t)=q\xi(x)e_k(t),t\in[0,T] \tag{1-8}$$

$$V(\tilde{\theta}_k,t)=e_k^2(t)+\tilde{\theta}_k^2(t) \tag{1-9}$$

式中：$\hat{\theta}_k(t)$为在第 k 次迭代时对 $\theta(t)$的估计值，$\tilde{\theta}_k(t)=\theta(t)-\hat{\theta}(t)$；$e_k(t)=x_k(t)-x_r(t)$；$q$ 为参数学习增益。可以看出，对于系统单次在有限区间上运行时，微分型参数自适应律式（1-8）与自适应控制完全相同，但由于在有限时间上运行，该方法无法像自适应控制那样保证在时间轴上渐近收敛，French 的解决方法是将相邻两次迭代参数估计的初值和终值挂钩，即

$$\hat{\theta}_k(0)=\hat{\theta}_{k-1}(T) \tag{1-10}$$

这种方法可看作学习控制与自适应控制结合的过渡形式。但微分型自适应律只能估计未知常值参数，因此，这种方法并不适用于上述的时变参数化的情况。而且，这种方法的前提是控制系统能够保证系统在时间轴上的稳定性，对于那些本身设计时域控制系统就比较困难的被控对象而言，这种方法是不适用的。

首先对有限区间上时变参数化系统的学习控制问题进行讨论的是 Qu 的团队[22]，他们在 1995 年的美国控制会议上，提出参数型迭代学习律和 Lyapunov 泛函，可表示为

$$\hat{\theta}_k(t)=\hat{\theta}_{k-1}(t)+q\xi(x)e_k(t),t\in[0,T] \tag{1-11}$$

$$V(\tilde{\theta}_k,t)=\int_0^t\tilde{\theta}_k^2(\sigma)\mathrm{d}\sigma,t\in[0,T] \tag{1-12}$$

基于这样的设计思想，Xu 和 Qu 综合迭代学习控制和鲁棒控制设计了一种鲁棒迭代学习控制算法[23]。在这种算法中，利用变结构控制策略保证了系统在时间轴上的全局渐近稳定，学习控制则从迭代轴方向上对未知参数进行估计，保证了在迭代轴上的收敛性，两种控制策略起到了一种互补优化的作用，并利用 Lyapunov 直接法验证了算法的稳定性结论。随后，Xu 和 Qu 等利用这种积分型的 Lyapunov 性能指标函数，解决了几类可时变参数化非线性系统的控制问题[24-26]。在总结先前研究结果的基础上，Xu 在 2002 年提出了一种复合能量函数（Composite Energy Function，CEF）的设计方法[27]，其形式为

$$E_k(t)=V(e_k(t))+\int_0^t\tilde{\theta}_k^2(\sigma)\mathrm{d}\sigma \tag{1-13}$$

式中：$V(e_k(t))$为包含误差二次项的标准 Lyapunov 函数。可见，CEF 同时考虑了系统时间轴和迭代轴上的动态过程，既包含了时间轴上状态跟踪性能的信息，又包含了迭代轴上时变参数学习性能的信息。通过 CEF 证明得到的稳定性结论，既可以保证在单次迭代时沿时间方向上的稳定，又可以保证沿迭代轴方向跟踪误差的学习收敛，同时能够得到系统所有信号有界的结论。基于 CEF 的自适应迭代学习控制的设计方法具有里程碑的意义，它规范了自适应迭代学习控制设计和稳定性、收敛性分析的过程，为其他各种类型时变参数化系统的迭代学习控制问题的解决提供了重要参考，以这种设计思想为基础，Xu 和其他的一些学者后续开展了一系列非线性系统的自适应迭代学习控制理论研究，解决了很多非线性系统的迭代学习控制问题。

以在有限时间区间 $[0,T]$ 上重复运行的参数化动态系统为例，即

$$\dot{x}_k(t)=\theta(t)\xi(x_k)+u_k(t) \tag{1-14}$$

式中：$\theta(t)$ 为未知时变参数；$\xi(x_k)$ 为已知的连续光滑函数；跟踪误差为 $e_k(t)=x_k(t)-x_{\mathrm{r}}(t)$，$t\in[0,T]$。可设计第 k 次运行时的控制律为

$$u_k(t)=-Ke_k(t)+\dot{x}_{\mathrm{r}}(t)-\hat{\theta}_k(t)\xi(x_k) \tag{1-15}$$

式中：$K>0$，为设计参数。根据自适应迭代学习控制设计方法，设计未知时变参数的自适应迭代更新律为

$$\begin{cases}\hat{\theta}_k(t)=\hat{\theta}_{k-1}(t)+q\xi(x_k)e_k(t)\\ \hat{\theta}_0(t)=0,t\in[0,T]\end{cases} \tag{1-16}$$

根据式（1-13），可选取 CEF 为

$$E_k(t)=\frac{1}{2}e_k^2(t)+\frac{1}{2q}\int_0^t\tilde{\theta}_k^2(\sigma)\mathrm{d}\sigma \tag{1-17}$$

利用 CEF 分析方法，可以推导得到

$$\Delta E_k(t)=E_k(t)-E_{k-1}(t)\leqslant-\int_0^t(e_k(\sigma))^2\mathrm{d}\sigma<0 \tag{1-18}$$

进一步可推导得到

$$\lim_{k\to\infty}\int_0^T(e_k(\sigma))^2\mathrm{d}\sigma=0 \tag{1-19}$$

因此，随着 $k\to\infty$ 时，系统状态 $x_k(t)$ 在 $[0,T]$ 上收敛于参考信号 $x_r(t)$。

Xu 对迭代学习控制中很多问题的研究对其发展起到了重要的推动作用，甚至起到开创性的作用，其成果引起其他同行的极大关注。Xu 在文献 [28] 中研究了存在时变不确定时变系统的迭代学习控制问题，考虑了未知参数时变和时变/时不变混合的两种情形，针对未知时变参数和时不变参数分别设计差分型和微分型参数更新律，此外，Xu 在该书中还讨论了期望参考轨迹随迭代变化的问题。在文献 [29] 中，Xu 主要讨论了迭代学习控制的初始条件问题，在基于 Lyapunov 分析方法的框架下，讨论了 5 种典型初始条件与相应的学习收敛条件的关系，讨论是基于一类简单的非线性时变参数化系统的自适应迭代学习控制问题展开的。输入非线性是控制中的常见问题，在文献 [30] 和 [31] 中，Xu 等针对具有输入饱和的非线性系统，基于类 Lyapunov 的 CEF 方法设计了自适应迭代学习控制器。针对输入具有不确定性的非线性系统，Xu 的团队提出了一种“双环”迭代学习控制策略[32,33]，“环 1”用于稳定系统的名义模型，“环 2”则通过学习算法处理输入不确定性。在以上的结果中，Xu 的团队提出了未知时变参数在迭代轴上也是变化的问题[34,35]，建立了未知时变参数在迭代轴上的内模模型，将其在迭代轴上的变化描述为自递归过程，并根据建立的内模模型，设计了相应的未知参数高阶学习律及控制算法，利用 CEF 方法分析了控制系统的学习收敛性。在文献 [36] 中，Xu 通过在 CEF 中引入界限 Lyapunov 函数设计了一种新的界限 CEF（BCEF），并针对一类输出受限的 n 阶单输入-单输出（Single-input-single-output，SISO）非线性系统利用 backstepping 技术设计了一种新颖的迭代学习控制策略，考虑了系统中同时存在参数化和非参数化不确定性的情况，非参数化的不确定性通过设定局部 Lipschitz 条件进行了处理，未知时变参数通过差分型学习算法进行估计，在满足“对准”初始条件（即 $x_k(0)=x_{k-1}(T)$）下，通过 BCEF 证明了状态跟踪误差的一致收敛性。

北京交通大学的侯忠生教授团队在迭代学习控制研究中取得了一系列成果[37-42]。他们主要研究了离散非线性系统的自适应迭代学习控制问题[37,38]，将基于 CEF 的自适应迭代控制设计方法拓展到离散系统中，在未知参数的自适应学习律设计中，采用了递推最小二乘法，使学习增益沿迭代轴进行调整，在研究中，他们还考虑了初始条件和期望参考轨迹迭代变化的问题。此外，他们研究了存在输入饱和的非线性参数化系统的自适应迭代学习控制问题[39,40]，在不确定函数满足局部 Lipschitz 条件的假设下，利用参数分离技术得到了系统参数化形式，在此基础上设计了自适应迭代学习控制器及参数饱和差分更新律，控制器包含时间上的反馈项和迭代轴上的饱和自适应学习项，在文献［39］和［40］中分别通过构造了时间加权的类 Lyapunov CEF 和 Lyapunov-Krasovskii-like CEF 证明了控制系统的学习收敛性。在文献［41］中，他们将文献［40］中的方法拓展到高速列车停车过程的控制中，将列车动态特性描述为具有速度时滞和输入饱和的非线性参数化系统，在此基础上设计了高速列车的自适应迭代学习控制策略。在他们最近的研究成果中[42]，提出了一种基于神经网络的自适应终端迭代学习控制（Adaptive Terminal ILC）方法，神经网络用于逼近初始状态，在权值的自适应学习律中，引入了死区模型，以使参数学习只在终端跟踪误差超出预设的范围时起作用。

浙江工业大学的孙明轩教授团队在深入研究迭代学习控制本质的基础上，得到了许多创新性的成果[151-160]。在自适应迭代学习控制的研究中，他们针对几类参数化系统，提出一种有限时间死区迭代学习控制方法[43,44]，通过引入初始修正吸引子，克服了迭代学习控制一致初始条件，允许初始位置任意设置且定位误差不要求足够小，在控制器设计中，采用了有限时间死区技术，使跟踪误差收敛到这种死区确定的区域，构造的时变死区中包含所提出的初始修正吸引子，保证了闭环系统在给定的时间区间上实现完全跟踪。在文献［45］中，刘利和孙明轩基于时间加权的类 Lyapunov 方法，给出了鲁棒迭代学习控制，其中鲁棒部分用来保证闭环系统所有信号的有界性，迭代学习控制部分用来改善系统的跟踪性能，实现零误差跟踪。在文献［46］中，陈冰玉和孙明轩等研究了一类 SISO 非线性非最小相位系统的迭代学习控制问题，利用输出重定义方法，将非最小相位系统的不确定零动态转换为渐近稳定的子系统，然后分别采用部分限幅和完全限幅两种迭代学习算法设计控制器。为了处理未知时变参数，孙明轩团队提出一种新的处理方法[47,48]，利用泰勒（Taylor）展开将未知时变参数转换未知常参数的形式，设计微分型自适应学习律和“对准”条件对其进行估计，在此基础上设计了自适应迭代学习控制器，在控制器中采取双曲正切函数处理了 Taylor 展开余项对系统跟踪性能的影响，且可抑制颤震，引入一级数收敛序列来保证沿迭代轴上的学习收敛。在近几年的报道中，他们又研究了误差跟踪系统的迭代学习控制问题[49,50]，考虑了未知参数定常、时变、定常-时变混合等多种情形，设计了不限幅、部分限幅、完全限幅多种参数学习律，基于类 Lyapunov 方法设计了自适应迭代学习控制系统，这种方法放宽了迭代学习控制初始定位要求，允许初值设置在任意位置。

台湾华梵大学的 Chiang-Ju Chien 团队一直致力于迭代学习控制理论的研究，发表了大量的研究成果[51-63]。Chiang-Ju Chien 团队主要的创新工作包括以下几个方面。①为了处理迭代学习控制的一致初始条件，Chien 提出了一种边界层函数的方法，通过引入一个在时间轴上递减的边界层函数，对跟踪误差进行重定义得到一个辅助误差量，迭代学习控制要求的零初始误差条件施加于定义的辅助误差量上，这样放宽了对实际跟踪误差的初始值为零的限制，允许初始条件置于一定的范围内的任意位置。此外，利用边界层函数的性质，在一些控制方案的鲁棒学习项设计中，允许利用饱和函数代替符号函数而不影响稳定性的分析，这对于控制量可以起到一定的光滑作用，避免使用符号函数引起的颤震现象。②针对系统中的不确定性，引入了模糊逼近技术，利用模糊逻辑系统[52,56]、模糊神经网络[54,60,61]、输出递归模糊神经网络（Output-recurrent Fuzzy Neural Network, ORFNN）[57] 对不确定性进行逼近，将非线性函数转化为参数化的形式，从而可以通过设计自适应迭代学习律进行估计。③在 Qu 的研究[25,26] 的基础上，提出了差分-微分混合型参数自适应学习律[54-56,57,63]，其形式为

$$(1-\gamma)\dot{\hat{\theta}}_k(t)=-\gamma\hat{\theta}_k(t)+\gamma\hat{\theta}_{k-1}(t)+q\xi(x)e_k(t) \tag{1-20}$$

式中：$\gamma\in[0,1]$ 为调节参数。可以看出，当 $\gamma=0$ 时，式（1-20）为纯微分型自适应学习律，即式（1-8）的形式；当 $\gamma=1$ 时，式（1-20）为纯差分型自适应学习律，即式（1-11）的形式；当 $0<\gamma<1$ 时，式（1-20）为微分-差分混合型自适应学习律。可见自适应学习律将参数学习律式（1-8）和式（1-11）统一起来，使其成为这种自适应学习律的特殊形式。这种更新方式类似于自适应控制中 σ-修正方法，能够提供一定的鲁棒增强作用，Chien 在文献［55］中对这种参数自适应学习律进行了详细的讨论。此外，Chien 针对这种参数自适应学习律，在 CEF 中设计了新的参数估计误差评估指标，用于控制系统的收敛性分析。④完善了一类基于 CEF 稳定性分析的推导过程，在信号有界性和学习收敛性证明的基础上，增加了对动态性能的讨论。Chiang-Ju Chien 团队的工作对自适应迭代学习控制的发展起到了很大的推动作用，除上述成果外，他们还对仅输出可测的非线性系统[58-61] 和机械臂系统[62,63] 的自适应迭代学习控制进行了深入的研究。

西安电子科技大学的李俊民团队进一步拓展了自适应迭代学习控制在更多类型非线性系统中的发展[64-76,119,120]，主要完成了以下几个方面的工作。针对几类非线性参数化系统，在非线性函数满足局部 Lipschitz 条件的假设下，利用参数分离和信号置换的方法将被控系统描述为参数化的形式，对未知定常参数和时变参数分别设计了微分型和差分型自适应学习律，通过 CEF 分析方法得到控制系统的收敛性[64,65]。将上述设计方法扩展到时滞系统中[66-68]，利用 Lyapunov-Krasovskii 泛函（简称 L-K 泛函）对时滞项进行补偿后，采用上述方法进行控制器设计和稳定性分析。在他们的工作中，对严格反馈型非线性系统利用 backstepping 技术进行控制器设计时，一个显著的特点是时变非线性参数不确定性是匹配的，这是 backstepping 设计的特点所决定的。对于不满足这个假设的严格反馈系统，即时变参数不确定性是非匹配的系统，他们采用孙明轩团队所提出的方法[47,48]，

利用傅里叶（Fourier）级数展开对未知时变参数进行定常参数化，再利用 backstepping 技术进行相应的控制器设计[70,71,73,74]。在一些余项的处理上，他们同样借鉴了孙明轩团队的方法[47,48]，利用双曲正切函数进行处理，并通过一级数收敛序列来保证学习收敛性[70-76]。此外，他们还对多智能体系统的自适应迭代学习控制问题进行了研究[75,76]，在文献［75］中，利用模糊逻辑技术对从智能体的未知动态进行逼近，设计微分-差分混合型自适应学习律；在文献［76］中则采用了微分型自适应律。

除上述几个主要的团队以外，还有其他学习控制学者，针对不同的非线性不确定系统采用上述类似的技术，根据不同情况采用微分型、差分型或微分-差分混合型参数自适应更新律，设计了自适应迭代学习控制方案[77-85]。此外，对于非参数化的非线性不确定系统，除采用模糊逼近技术外，神经网络技术也是一项重要的建模技术，因此将神经网络逼近技术引入到自适应迭代学习控制器的设计中也是一件很有意义的研究工作。文献［86］和［87］探讨了小波神经网络在迭代学习控制设计中的应用。实际上，与前面提到的参数自适应技术类似，可以将自适应神经网络控制技术引入到迭代学习控制中，对神经网络权值设计微分型自适应学习律，只需利用式（1-10）的方法，就可以得到权值的连续估计值。Jiang 在文献［88］中从迭代轴的角度出发，提出一种分布式的神经网络结构，主要思想是用一系列局部神经网络来逼近有限时间区间上的整个未知非线性函数，每一个局部神经网络在固定的邻域内对不确定函数进行逼近，并通过重复作业完成对神经网络的训练，Li 利用一种数学分析的方法对这种神经网络逼近方式的可实现性进行了进一步的证明[89]，这种神经网络的显著特点是逼近精度取决于局部神经网络的个数。孙明轩则完全从迭代学习控制的角度出发，提出了一种时变神经网络[90,91]，即神经网络的最优权值是时变的，通过迭代最小二乘法证明了逼近误差的收敛性，给出了权值更新方式。他们利用时变神经网络对几类系统设计了自适应迭代学习控制方案[92-94]，对时变最优权值设计了差分型自适应律进行估计。针对非线性参数化系统，李静等放松了类似文献［64-68］中的满足局部 Lipschitz 条件的假设，设计了一种“迭代神经网络”进行逼近，其思路是首先利用自适应迭代学习律对未知时变参数进行估计，将得到的估计值和其他状态信息作为神经网络输入对未知非线性参数化函数进行逼近。李静利用这种神经网络对几类严格反馈非线性系统进行了研究，对未知时变参数、神经网络权值和其他一些未知定常上界分别采用了差分型、微分型和混合型参数自适应学习律，在此基础上利用 backstepping 技术设计了包含神经网络学习项和鲁棒学习项的自适应迭代学习控制器[95-99]。在 backstepping 设计中，李静等引用了跟踪微分器方法回避了对虚拟控制量求导的问题，但利用微分跟踪器实际是将一个动态系统引入了闭环系统中，而在设计中没有考虑微分跟踪器动态对原系统动态的影响，因此这种设计的严密性还有待商権。应该指出的是，学习控制领域的各个团队都有自己的“看家本领”，但也并非都是在各自的方向上独立发展，也会相互启发和借鉴，促进整个迭代学习控制研究的不断向前发展。

总之，经过学习控制学者十几年的努力，基于类 Lyapunov CEF 设计方法的自适应迭代学习控制已经获得了极大的发展，取得了一系列的研究成果，但与已经发展几十年的其他控制理论相比较，其发展还远未成熟，尤其是考虑未知非线性特性和时滞特征的非线性系统的自适应迭代学习控制研究还有待进一步地深化。

1.2.3 基于 2-D 理论的迭代学习控制

迭代学习控制系统的运行过程包括两个方向：时间轴方向和迭代轴方向，其本质是二维的，这种本质特性也启发了学习控制学者将 2-D 理论应用到迭代学习控制中。基于 2-D 理论的迭代学习控制的基本思想是将迭代学习控制系统描述为 2-D 系统模型（一般为 2-D Roesser 模型），利用 2-D 系统理论，得到学习收敛的充分必要条件。这种方法十分直接有效，简单可行，既保持了经典迭代学习控制的优点，又减少了学习收敛的条件限制。因此，近 20 年来，很多学者对基于 2-D 理论的迭代学习控制理论进行了研究，并取得了一系列的研究成果[100-108]。但基于 2-D 系统理论的迭代学习控制方法是基于 2-D Roesser 线性模型的，因此它的一个显著的不足是它只适用于线性系统或可以通过各种方法转换为线性系统的非线性系统。因此，基于 2-D 理论建模方法及其在非线性系统迭代学习控制中的研究还有待进一步深化。

上面对迭代学习控制理论的研究现状进行了简要介绍，可见，经过几十年的发展，已经取得了大量的研究成果，但需要指出的是，迭代学习控制中所包含的研究内容还有很多，如初值问题、应用研究、频域分析方法等，由于这些不是本书的研究重点，不再详细分析。

1.3 本书的内容安排

本书在总结和研究前人工作的基础上，创造性地提出了一种自适应迭代学习控制方案，系统地解决了具有非线性特性和时滞的非线性时变系统的一系列设计问题。主要工作包括：

第 1 章论述了本书的研究背景与研究意义，对目前国内外迭代学习控制领域的研究现状进行了深入剖析。重点对自适应迭代学习控制问题的研究现状进行了分析，以国际国内几个迭代学习控制研究团队为主线，总结了迭代学习控制方法的研究思路和特点，以及它的研究现状。

第 2 章研究了一类具有死区输入和未知时变状态时滞的非线性时变参数化系

统的控制问题，设计了一种新颖的自适应迭代学习控制方案。首先，通过引入时变特性对死区非线性特性建立了一种新的斜率时变模型。其次，在利用 L-K 方法对系统中时滞项进行补偿之后，利用 Young 不等式技术对系统重新进行了参数化，在此基础上设计了自适应迭代学习控制器。在设计过程中，通过引入边界层函数放宽了迭代学习控制一致初始条件的限制，并利用双曲正切函数避免了可能的奇异性问题。

第 3 章对一类具有未知死区输入和时变状态时滞的非参数化不确定非线性时变系统的自适应迭代学习控制问题进行了研究，利用两个时变神经网络对系统中的时变不确定性进行逼近，设计鲁棒学习项对神经网络逼近余项进行了处理，解决了时变非线性不确定性给控制系统设计带来的难题。基于类 Lyapunov CEF 方法证明了系统信号的有界性和跟踪误差的收敛性，并给出动态性能分析。

第 4 章对一类控制方向未知且具有未知齿隙非线性输入和时变状态时滞的非线性系统的控制问题进行了深入研究。在整体思路上，综合利用 Nussbaum 型函数方法、时变神经逼近技术和鲁棒自适应控制方法设计了自适应控制方案。在设计中考虑了未知齿隙非线性输入的影响，并且首次将积分型 Lyapunov 函数方法应用到自适应迭代学习控制系统设计中，与双曲正切函数相配合避免了控制奇异性问题。最后的仿真结果验证了设计方法的正确性。

第 5 章深入研究了状态不可测的非线性时滞系统的控制问题，提出两种基于观测器的自适应迭代学习控制方案，成功处理了状态不可测、输出时滞、输入饱和等因素的影响。基于状态观测器的自适应迭代学习控制方案中，设计了基于神经网络补偿的状态观测器，利用 LMI 方法设计了观测器增益，避免了在观测器设计中通常要求的正实（SPR）条件。在基于误差观测器的自适应迭代学习控制方案中，通过引入滤波器定义新的误差变量，成功化解了基于状态观测器自适应迭代学习控制方案中初始条件要求，同时也避免了正实条件，并通过综合利用双曲正切函数和级数收敛序列设计了新的鲁棒学习项，保证了控制方案的学习收敛。

第 6 章以机械臂系统为研究对象，针对控制增益未知的状态不可测的情况进行了研究，提出了一种基于观测器的自适应迭代学习控制方案，成功处理了控制增益未知、状态不可测、输出时滞等因素的影响，解决了这类系统的控制难题。在设计中同样利用 LMI 方法设计了观测器增益，避免了的正实条件要求，同时利用双曲正切函数和级数收敛序列设计鲁棒项，处理了设计余项，保证了控制方案的学习收敛。

考虑非线性特性和时滞特征的非线性系统的控制问题在理论上和实际应用中都具有重要意义，本书对上述几类问题进行了探索，后续还可以从以下两个方面进行进一步的研究：

（1）进一步拓展本书提出的自适应迭代学习控制设计方法在其他类型的系

统中研究，如多输入-多输出非线性系统、分布式关联大系统、非仿射非线性系统、离散系统等。此外，分数阶系统的控制问题近年来逐渐引起控制界的关注，分数阶系统的迭代学习控制问题受到的关注非常少。

（2）进一步结合自适应迭代学习控制与其他新颖的非线性控制方法相结合，借鉴其他非线性控制方法的优势，促进自适应迭代学习控制在理论上的发展和在实际被控对象中的应用研究。

第2章 参数化非线性时滞系统自适应迭代学习控制

2.1 引 言

在控制领域中，一大类被控对象通常可以建模为参数化动态系统或通过一定技术的处理转化为参数化的形式，参数化系统的控制系统设计问题在控制理论中占有重要的地位，从事各种控制理论研究的学者针对参数化系统设计了众多各式各样的控制策略。总体而言，如果系统的未知参数为常值变量，则采用自适应控制技术对未知常值参数进行估计，得到渐近收敛的控制效果。相反，如果未知参数为时变变量，则需要利用自适应迭代学习技术对被控对象进行控制系统设计。

在控制系统中，时滞是一种常见的物理现象，它的存在会对控制系统的性能产生不良影响，严重时甚至会造成系统的不稳定。因此，对时滞系统的控制方法进行研究具有重要的理论意义和实际价值。也正是由于这种理论上的挑战和实践中的需求，使得时滞系统的控制设计问题引起了控制界的极大关注，众多的控制学者提出了许多有效的控制方法[109-115]。这些结果都是利用时间域控制方法分析设计得到的，相比之下，从迭代域进行设计的工作则比较少。Chen、Meng 和 Sun 等在压缩映射原理和 2-D 理论的框架下设计了时滞系统的迭代学习控制算法[83,116-118]。李俊民团队[66-68,70,71,79,119,120] 和侯忠生团队[40,41] 则利用 CEF 方法研究了时滞系统的自适应迭代学习控制问题。其中，文献 [70]、文献 [119] 和文献 [120] 给出的时滞为已知的非线性系统的自适应迭代学习控制方案。在时滞未知时变的情况下，L-K 泛函[121] 是一种有效的设计方法。李俊民等利用 L-K 泛函方法，针对一大类非线性参数的系统，利用信号置换的思想，成功处理了未知时变时滞的影响，进一步设计了自适应迭代学习控制方案[66-68,70,71]。侯忠生等[40,41] 基于同样的思路处理了一类非线性参数化系统和参数化形式的高速列车动态系统。为进行基于 CEF 的分析，李俊民教授和侯忠生教授团队工作的一个共同不足是均要求一致初始条件。

在实际的被控物理系统中，非光滑的非线性特性是普遍存在的，如死区、饱和、滞环、摩擦等。其中，死区非线性特性是很多工业运动控制系统中一种非常重要的非光滑非线性特性，它的存在会严重影响到控制系统的性能，还会给控制器设计带来挑战。因此，死区的影响长时间来一直受到控制界的关注[122-132]。为了处理死区的影响，最直接的方法就是建立死区的逆模型，在控制器中进行补偿[122]。文献［123］和文献［124］分别建立了死区模型的连续和离散形式的逆模型。当没有死区的先验知识而无法建立死区的逆模型时，则需要直接对未知死区建模并在控制器设计中考虑对死区模型进行补偿。Wang[125] 等建立了死区的等斜率线性模型。Zhang[111,126,127] 等建立了一般形式模型，这种模型具有比较广泛的普遍性，通过利用中值定理对死区模型进行了再处理。其他学者的研究[128,129] 基本采用了以上几种处理方法。在迭代学习控制研究的中，考虑死区影响的结果相对较少。文献［130-132］研究带有死区输入系统的迭代学习控制问题，利用压缩映射原理分析得到了控制系统的收敛性。而对于死区输入系统基于 CEF 的自适应迭代学习控制研究，仅朱胜等在文献［94］中进行了讨论，且他们采用的是文献［125］中的常数斜率死区模型。

本章对一类带有死区输入和未知时变状态时滞的非线性参数化系统的自适应迭代学习控制问题进行研究。

2.2 问题描述与准备

2.2.1 问题描述

考虑在有限时间［0,T］上重复运行且具有未知时变状态时滞和死区输入的不确定时变参数化非线性系统，即

$$\begin{cases}\dot{x}_{i,k}(t)=x_{i+1,k}(t),i=1,2,\cdots,n-1\\ \dot{x}_{n,k}(t)=f(X_k(t),X_{\tau,k}(t),\boldsymbol{\theta}(t))+g(t)u_k(t)+d(t)\\ y_k(t)=x_{1,k}(t),u_k(t)=D(v_k(t)),t\in[0,T]\\ x_{i,k}(t)=\boldsymbol{\varpi}_i(t),t\in[-\tau_{\max},0),i=1,2,\cdots,n\end{cases}\tag{2-1}$$

式中：t 为时间；$k\in\mathbf{N}$ 为迭代次数（$\mathbf{N}$ 为非负整数集）；$y_k(t)\in\mathbf{R}$ 和 $x_{i,k}(t)\in\mathbf{R}$ $(i=1,2,\cdots,n)$ 分别为系统的输出和状态变量；$\boldsymbol{X}_k(t)\triangleq[x_{1,k}(t),\cdots,x_{n,k}(t)]^{\mathrm{T}}$ 为系统状态向量；$\tau(t)$ 为未知时变时滞，且 $x^{\tau}_{i,k}\triangleq x_{i,k}(t-\tau(t))$，$i=2,3,\cdots,n$；$\boldsymbol{X}_{\tau,k}(t)=[x^{\tau}_{1,k}(t),\cdots,x^{\tau}_{n,k}(t)]^{\mathrm{T}}$；$f(\cdot,\cdot,\cdot)$ 为未知连续函数；$g(t)$ 为未知时变控制增益；$\boldsymbol{\theta}(t)$ 为未知连续时变参数向量；$d(t)$ 为未知的外界扰动；$\boldsymbol{\varpi}_i(t)$ $(i=1,2,\cdots,n)$ 为时滞状态的初始状态函数；$v_k(t)\in\mathrm{R}$ 为控制输入，$D(v_k(t))$ 描述的是死区特性。

注 2.1：控制科学所要解决的主要问题之一是针对被控对象，设计合适的控制器，使闭环系统在一定的性能指标要求下稳定或跟踪给定的参考轨迹，即调节问题和跟踪问题。为了设计一个优良的控制系统，必须充分地了解受控对象、执行机构及系统内一切元件的运动规律。所谓运动规律是指它们在一定的内外条件

下所必然产生的相应运动。在内外条件与运动之间存在着固定的因果关系，这种关系大部分可以用数学形式表示出来，这就是控制系统运动规律的数学描述。在控制系统中我们经常碰到和需要处理的物理现象不外乎电、磁、光、热的传导及刚体、弹性体、流体的运动等。这些物理量的运动规律早已由电磁学、光学、热力学和力学的基本定律所确定，如电磁学中的克希荷夫（Kirchhoff）定律、麦克斯韦（Maxwell）方程、热力学中的傅里叶定律、热力学第二定律，光学中的费尔马（Fermat）原理，力学中的牛顿诸定律及其各种变形等。这些物理规律大都可以用微分方程、积分方程和代数方程描述出来，本书所讨论的被控对象即为类似式（2-1）所示的微分方程组，其具有广泛的物理意义，能够代表很多动态过程的数学模型，形似这种形式的系统称为具有布鲁诺夫斯基（Brunovsky）规范形式。

控制目标：给定一个期望的参考轨迹 $y_{\mathrm{d}}(t)$，设计自适应迭代学习控制器，使系统式（2-1）的输出 $y_k(t)$ 以足够的精度跟踪上 $y_{\mathrm{d}}(t)$，且闭环系统所有信号有界。

对于系统式（2-1），根据上述控制目标，系统状态向量跟踪的期望状态轨迹向量 $\boldsymbol{X}_{\mathrm{d}}(t)=[y_{\mathrm{d}}(t),\dot{y}_{\mathrm{d}}(t),\cdots,y_{\mathrm{d}}^{(n-1)}(t)]^{\mathrm{T}}$，定义跟踪误差为 $\boldsymbol{e}_k(t)=[e_{1,k},e_{2,k},\cdots,e_{n,k}]^{\mathrm{T}}=\boldsymbol{X}_k(t)-\boldsymbol{X}_{\mathrm{d}}(t)$。则控制目标可重新表述为：设计自适应迭代学习控制器，使得 $k\to\infty$ 时 $\boldsymbol{e}_k(t)$ 各个元素收敛到原点的一个小邻域内，即，$\lim\limits_{k\to\infty}\|\boldsymbol{e}_k(t)\|\leqslant\varepsilon_{e\infty}$，$\varepsilon_{e\infty}$ 为一小的容许误差范围。

为进行控制器设计，作如下的假设。

假设 2.1：未知时变时滞 $\tau(t)$ 满足 $0\leqslant\tau(t)\leqslant\tau_{\max},\dot{\tau}(t)\leqslant\kappa<1$，其中 $\tau_{\max}$ 和 κ 为未知正常数。

假设 2.2：不确定连续函数 $f(\cdot,\cdot,\cdot)$ 满足不等式

$$
\begin{aligned}
&|f(\boldsymbol{X}_k,\boldsymbol{X}_{\tau,k},\boldsymbol{\theta}(t))-f(\boldsymbol{X}_{\mathrm{d}},\boldsymbol{X}_{\mathrm{d},\tau},\boldsymbol{\theta}(t))|\leqslant\\
&\|\boldsymbol{X}_k-\boldsymbol{X}_{\mathrm{d}}\|h_1(\boldsymbol{X}_k,\boldsymbol{X}_{\mathrm{d}})\xi_1(\boldsymbol{\theta})+\|\boldsymbol{X}_{\tau,k}-\boldsymbol{X}_{\mathrm{d},\tau}\|h_2(\boldsymbol{X}_{\tau,k},\boldsymbol{X}_{\mathrm{d},\tau})\xi_2(\boldsymbol{\theta})
\end{aligned}
\tag{2-2}
$$

式中：$\boldsymbol{X}_{\mathrm{d},\tau}\triangleq\boldsymbol{X}_{\mathrm{d}}(t-\tau(t))$；$h_1(\cdot,\cdot)$ 和 $h_2(\cdot,\cdot)$ 为已知连续正函数；$\xi_1(\boldsymbol{\theta})$ 和 $\xi_2(\boldsymbol{\theta})$ 为关于 $\boldsymbol{\theta}(t)$ 的未知光滑函数。

假设 2.3：控制增益 $g(t)$ 的符号已知，不失一般性地，假设 $g(t)>0$。

假设 2.4：在每次迭代时，初始状态误差 $e_{i,k}(0)$ 不需要为零、很小或固定，仅需要假设它是有界的。

假设 2.5：期望参考轨迹 $y_{\mathrm{d}}(t)$ 及其直到 n 阶导数是连续有界的。

假设 2.6：未知外界扰动 $d(t)$ 是有界的，即 $|d(t)|\leqslant d_{\max}$，$d_{\max}$ 为未知的正常数。

假设 2.7：在 $t\in[-\tau_{\max},0)$ 上，$e_{i,k}(t)=0$，$i=1,2,\cdots,n$。

注 2.2：假设 2.1 在时变时滞系统的控制问题中是很常见的，其为保证系统

中的时滞项能够通过 L-K 泛函补偿。此外，相较于现有的部分结果[66-68,70,71]，假设 2.1 是相对宽松的，在这里不需要知道 $\boldsymbol{\kappa}$ 的真实值。

注 2.3： 由于 $g(t)$ 在 $[0,T]$ 上是连续的，因此存在常数 $0<g_{\min}\leqslant g_{\max}$ 使得 $g_{\min}\leqslant g(t)\leqslant g_{\max}$。控制增益的上下界 $g_{\min}$ 和 $g_{\max}$ 仅用于分析，由于未在控制器的设计中使用，它们的真值是不需要已知的。

注 2.4： 在大部分迭代学习控制方案中，均要求一致初始条件或固定的初始状态，即 $\boldsymbol{X}_k(0)=\boldsymbol{X}_{\mathrm{d}}(0)$ 或 $\boldsymbol{X}_k(0)=\boldsymbol{X}_0$，$\boldsymbol{X}_0$ 为固定的常值向量。从实际的角度来讲，这是很难满足的，因为在实际系统中总会受到各类不同形式误差的影响。因此，假设 2.4 具有重要的实际应用意义。

注 2.5： 假设 2.7 仅用于分析，不具有实际意义。

2.2.2 死区特性

如前所述，死区特性是实际系统中一种常见的非线性特性，会严重影响控制系统的性能，甚至造成系统不稳定。与前述已报道的文献不同，在这里我们提出一种新型简单的非线性死区模型，即

$$u_k(t)=D(v_k(t))=\begin{cases}m(t)(v_k(t)-b_{\mathrm{r}}) & ,\ v_k(t)\geqslant b_{\mathrm{r}}\\ 0 & ,\ b_l<v_k(t)<b_{\mathrm{r}}\\ m(t)(v_k(t)-b_{\mathrm{l}}) & ,\ v_k(t)\leqslant b_{\mathrm{l}}\end{cases}\tag{2-3}$$

式中：$b_{\mathrm{r}}\geqslant 0$ 和 $b_{\mathrm{l}}\leqslant 0$ 为未知常数；$m(t)>0$ 为未知时变斜率；$v_k(t)$ 和 $u_k(t)$ 分别为死区的输入和输出。所提出死区模型的示意图如图 2-1 所示。

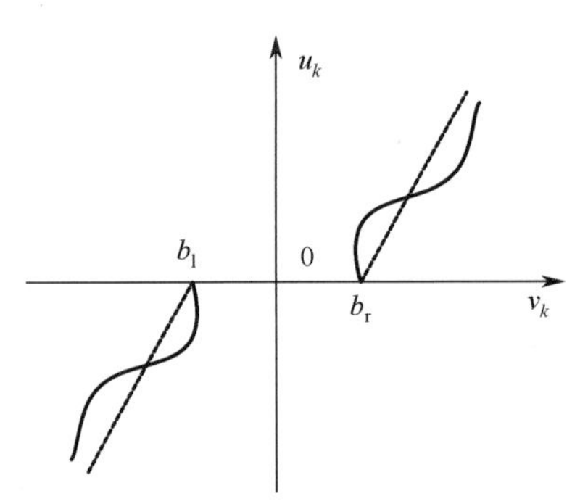

图 2-1 死区模型示意图

对死区模型的参数作如下假设。

假设 2.8： 死区参数 b_{r}，b_{l} 及 $m(t)$ 是有界的，即，存在未知常数 $b_{\mathrm{rmin}},b_{\mathrm{rmax}},b_{\mathrm{lmin}},b_{\mathrm{lmax}},m_{\min},m_{\max}$，使得 $b_{\mathrm{rmin}}\leqslant b_{\mathrm{r}}\leqslant b_{\mathrm{rmax}}$，$b_{\mathrm{lmin}}\leqslant b_{\mathrm{l}}\leqslant b_{\mathrm{lmax}}$ 及 $m_{\min}\leqslant m(t)\leqslant m_{\max}$。

为进行后续分析设计，将死区非线性写为

$$u_k(t)=D(v_k)=m(t)v_k(t)-d_1(v_k(t))\tag{2-4}$$

$$d_1(v_k(t))=\begin{cases}m(t)b_r & ,\ v_k(t)\geqslant b_r\\ m(t)v_k(t) & ,\ b_l<v_k(t)<b_r\\ m(t)b_l & ,\ v_k(t)\leqslant b_l\end{cases} \tag{2-5}$$

显然，根据假设 2.8 可知 $d_1(v_k(t))$是有界的。

注 2.6：在关于死区非线性的研究报道中，通常采用的死区描述模型有两种形式，①线性形式，即 $m(t)$为相等或不相等的常数；②非线性形式，通过利用中值定理等数学工具将其转化在控制器设计中便于处理的参数化形式。显然，我们提出的死区模型是一种非线性的形式。由于 $m(t)$可以为任意的时变形式，相较于斜率为常数的形式更具一般性。因此，本书中的死区模型更具普遍性。同时，我们的模型直接具有参数化的形式，可以在控制系统设计中直接使用，不需要再利用其他方法进行数学近似。

在本书中，σ 表示积分变量，$\|\cdot\|$ 表示任意的欧几里得范数，$\mathbf{N}$ 为非负整数集。对于一个向量信号 $\boldsymbol{r}_k(t)$，定义范数 $\|\boldsymbol{r}_k(t)\|_{L_T^\infty}=\max\limits_{(k,t)\in\mathbf{N}\times[0,T]}\|\boldsymbol{r}_k(t)\|$ 和 $\|\boldsymbol{r}_k(t)\|_{L_T^2}=\int_0^T\|\boldsymbol{r}_k(\sigma)\|^2\mathrm{d}\sigma$。如果 $\|\boldsymbol{r}_k(t)\|_{L_T^\infty}<\infty$，就可以说 $\boldsymbol{r}_k(t)$是在 L_T^∞-范数意义下有界，记为 $\boldsymbol{r}_k(t)\in L_T^\infty$。类似地，记 $\boldsymbol{r}_k(t)$在 L_T^2-范数意义下的有界性为 $\boldsymbol{r}_k(t)\in L_T^2$。显然，$L_T^\infty$-范数意义下的有界性就意味着在 L_T^2-范数意义下也是有界的，因为两者之间存在关系：$\|\boldsymbol{r}_k(t)\|_{L_T^2}\leqslant T\|\boldsymbol{r}_k(t)\|^2_{L_T^\infty}$。

2.3　自适应迭代学习控制方案设计

定义滤波误差变量为 $e_{sk}(t)=[\boldsymbol{\Lambda}^{\mathrm{T}}\quad 1]\boldsymbol{e}_k(t)$，其中 $\boldsymbol{\Lambda}=[\lambda_1,\lambda_2,\cdots,\lambda_{n-1}]^{\mathrm{T}}$；$\lambda_1,\lambda_2,\cdots,\lambda_{n-1}$ 为赫尔维茨（Hurwitz）多项式 $H(s)=s^{n-1}+\lambda_{n-1}s^{n-2}+\cdots+\lambda_1$ 的系数。根据假设 2.4 可知，存在已知的常数 ε_i 使得$|e_{i,k}(0)|\leqslant\varepsilon_i$，$i=1,2,\cdots,n$，$\forall k\in\mathbf{N}$。

在迭代学习控制中，常用的初始条件处理方法有两种：①设计初始值学习律；②引入修正量。第一种方法是通过迭代学习来实现在迭代轴方向上的学习收敛，但这种方法要求系统的初始值可以精确设置，因此，这种方法同零误差初始条件一样，会由于测量噪声或精度问题而难以实现。相比之下，引入修正量的方法更贴近于实际工程需要。目前已有的结果中，引入修正量的方法主要有两种：一是对期望轨迹和状态量进行重定义，该方法在重新定义状态量满足初始定位误差为零的条件下，使重新定义的轨迹和期望轨迹充分接近[123]；二是直接在控制器中引入对初始误差的修正量，在有限时间内消除初始值带来的影响。台湾的 Chiang-Ju Chien 团队[51-61] 所提出的引入边界层函数的方法就是一种状态重定义方法，本书将借鉴该方法并对其进行一定的改进，用于解决迭代学习控制初始条件问题。

引入边界层函数，定义新的跟踪误差为

$$s_k(t) = e_{sk}(t) - \eta(t)\,\mathrm{sat}\left(\frac{e_{sk}(t)}{\eta(t)}\right) \tag{2-6}$$

$$\eta(t) = \varepsilon e^{-Kt},\quad K > 0 \tag{2-7}$$

式中：$\varepsilon=[\boldsymbol{\Lambda}^{\mathrm{T}}\quad 1][\varepsilon_1,\varepsilon_2,\cdots,\varepsilon_n]^{\mathrm{T}}$；$K$ 为一设计参数；sat(·)表示饱和函数，其定义为

$$\mathrm{sat}(\cdot) = \mathrm{sgn}(\cdot)\cdot\min\{|\cdot|,\ 1\} \tag{2-8}$$

式中：$\mathrm{sgn}(\cdot)=\begin{cases}1 & \cdot>0\\ 0 & \cdot=0\\ -1 & \cdot<0\end{cases}$为符号函数。

注 2.7： 由边界层函数 $\eta(t)$ 的定义可以看出，它是关于时间的递减函数，即 $\eta(0)=\varepsilon$，$0<\eta(T)\leqslant\eta(t)\leqslant\varepsilon$，$\forall t\in[0,T]$。如果通过设计控制器能够使误差 $s_k(t)$ 为零，则系统的状态将渐近地跟踪上期望的参考轨迹，跟踪误差 $e_{sk}(t)$ 始终位于边界层函数 $\eta(t)$ 的包络内。根据系数向量 $\boldsymbol{\Lambda}$ 的 Hurwitz 性质，可知系统的跟踪误差 $e_{1,k}(t)$ 同样位于边界层函数 $\eta(t)$ 的包络内，即系统输出 $y_k(t)$ 能够跟踪上 $y_{\mathrm{d}}(t)$，通过边界层函数的参数 ε 和 K 的选取可保证跟踪误差位于容许的误差范围内。

根据以上定义，容易得到

$$\begin{aligned}|e_{sk}(0)| &= |\lambda_1 e_{1,k}(0) + \lambda_2 e_{2,k}(0) + \cdots + e_{n,k}(0)|\\ &\leqslant \lambda_1|e_{1,k}(0)| + \lambda_2|e_{2,k}(0)| + \cdots + |e_{n,k}(0)|\\ &\leqslant \lambda_1\varepsilon_1 + \lambda_2\varepsilon_2 + \cdots + \varepsilon_n = \varepsilon = \eta(0)\end{aligned} \tag{2-9}$$

式（2-9）表明，$\forall k\in\mathbf{N}$，$s_k(0)=e_{sk}(0)-\eta(0)\dfrac{e_{sk}(0)}{\eta(0)}=0$ 成立。

为进行接下来的设计，首先给出 $e_{n,k}(t)$ 的动态方程为

$$\begin{aligned}\dot{e}_{n,k}(t) &= f(\boldsymbol{X}_k(t),\boldsymbol{X}_{\tau,k},\boldsymbol{\theta}(t)) + g(t)u_k + d(t) - y_{\mathrm{d}}^{(n)}(t)\\ &= f(\boldsymbol{X}_k,\boldsymbol{X}_{\tau,k},\boldsymbol{\theta}(t)) - f(\boldsymbol{X}_{\mathrm{d}},\boldsymbol{X}_{\mathrm{d},\tau},\boldsymbol{\theta}(t)) + f(\boldsymbol{X}_{\mathrm{d}},\boldsymbol{X}_{\mathrm{d},\tau},\boldsymbol{\theta}(t)) +\\ &\quad g(t)(m(t)v_k(t) - d_1(v_k(t))) + d(t) - y_{\mathrm{d}}^{(n)}(t)\\ &= f(\boldsymbol{X}_k,\boldsymbol{X}_{\tau,k},\boldsymbol{\theta}(t)) - f(\boldsymbol{X}_{\mathrm{d}},\boldsymbol{X}_{\mathrm{d},\tau},\theta(t)) + f(\boldsymbol{X}_{\mathrm{d}},\boldsymbol{X}_{\mathrm{d},\tau},\boldsymbol{\theta}(t)) +\\ &\quad g(t)m(t)v_k(t) + d_2(t) - y_{\mathrm{d}}^{(n)}(t)\end{aligned} \tag{2-10}$$

式中：$d_2(t)=g(t)d_1(v_k(t))+d(t)$，由假设 2.3 和假设 2.6 可知 $d_2(t)$ 是有界的，即，存在一个未知的连续正函数 $\bar{d}(t)$ 使得 $|d_2(t)|\leqslant\bar{d}(t)$。为使后续表达简洁，定义 $g_m(t)=g(t)m(t)$，$\boldsymbol{\Theta}(t)=f(\boldsymbol{X}_{\mathrm{d}},\boldsymbol{X}_{\mathrm{d},\tau},\boldsymbol{\theta}(t))$，$\Delta_k(t)=f(\boldsymbol{X}_k,\boldsymbol{X}_{\tau,k},\boldsymbol{\theta}(t))-f(\boldsymbol{X}_{\mathrm{d}},\boldsymbol{X}_{\mathrm{d},\tau},\boldsymbol{\theta}(t))$。显然，$\boldsymbol{\Theta}(t)$ 是一个未知时变函数，但它在迭代轴方向上是固定不变的。此外有 $\underline{g}_m=m_{\min}g_{\min}\leqslant g_m(t)\leqslant m_{\max}g_{\max}=\bar{g}_m$，$\underline{g}_m$ 及 $\bar{g}_m$ 为未知正常数。

定义一个误差变量的正函数为

$$V_{s_k}(t)=\frac{1}{2}s_k^2(t) \tag{2-11}$$

将 $V_{s_k}(t)$ 对时间 t 求导，可得

$$\begin{aligned}
\dot{V}_{s_k}(t)&=s_k(t)\dot{s}_k(t)\\
&=\begin{cases}s_k(t)(\dot{e}_{sk}(t)-\dot{\eta}(t)) & e_{sk}(t)>\eta(t)\\ 0 & |e_{sk}(t)|\leqslant\eta(t)\\ s_k(t)(\dot{e}_{sk}(t)+\dot{\eta}(t)) & e_{sk}(t)<-\eta(t)\end{cases}\\
&=s_k(t)[\dot{e}_{sk}(t)-\dot{\eta}(t)\mathrm{sgn}(s_k(t))]\\
&=s_k(t)\left[\sum_{j=1}^{n-1}\lambda_je_{j+1,k}(t)-\dot{\eta}(t)\mathrm{sgn}(s_k(t))+\boldsymbol{\Theta}(t)+\boldsymbol{\Delta}_k(t)+g_m(t)v_k(t)+\right.\\
&\qquad\left.d_2(t)-y_{\mathrm{d}}^{(n)}(t)\right]\\
&=s_k(t)\left[\sum_{j=1}^{n-1}\lambda_je_{j+1,k}(t)+K\boldsymbol{\eta}(t)\mathrm{sgn}(s_k(t))+Ke_{sk}(t)-Ke_{sk}(t)+\boldsymbol{\Theta}(t)+\right.\\
&\qquad\left.\boldsymbol{\Delta}_k(t)+g_m(t)v_k(t)+d_2(t)-y_{\mathrm{d}}^{(n)}(t)\right]\\
&=s_k(t)[\boldsymbol{\Theta}(t)+\boldsymbol{\Delta}_k(t)+g_m(t)v_k(t)+\boldsymbol{\mu}_k(t)+d_2(t)]-Ks_k^2(t)
\end{aligned} \tag{2-12}$$

式中:为表述简洁,使 $\boldsymbol{\mu}_k(t)=\sum_{j=1}^{n-1}\lambda_je_{j+1,k}(t)+Ke_{sk}(t)-y_{\mathrm{d}}^{(n)}(t)$，且利用关系式

$$\begin{aligned}
&s_k(t)(-Ke_{sk}(t)+K\boldsymbol{\eta}(t)\mathrm{sgn}(s_k(t)))\\
&=s_k(t)\left(-Ks_k(t)-K\boldsymbol{\eta}(t)\mathrm{sat}\left(\frac{e_{sk}(t)}{\boldsymbol{\eta}(t)}\right)+K\boldsymbol{\eta}(t)\mathrm{sgn}(s_k(t))\right)\\
&=-Ks_k^2(t)-K\boldsymbol{\eta}(t)|s_k(t)|+K\boldsymbol{\eta}(t)|s_k(t)|\\
&=-Ks_k^2(t)
\end{aligned} \tag{2-13}$$

根据 Young 不等式及假设 2.2 可知

$$\begin{aligned}
&s_k(t)\Delta_k(t)\leqslant\\
&|s_k(t)|(\|\boldsymbol{X}_k-\boldsymbol{X}_{\mathrm{d}}\|h_1(\boldsymbol{X}_k,\boldsymbol{X}_{\mathrm{d}})\xi_1(\boldsymbol{\theta})+\|\boldsymbol{X}_{\tau,k}-\boldsymbol{X}_{\mathrm{d},\tau}\|h_2(\boldsymbol{X}_{\tau,k},\boldsymbol{X}_{\mathrm{d},\tau})\xi_2(\boldsymbol{\theta}))\leqslant\\
&\frac{1}{2}s_k^2(t)\xi_1^2(\boldsymbol{\theta})+\frac{1}{2}\|\boldsymbol{e}_k\|^2h_1^2(\boldsymbol{X}_k,\boldsymbol{X}_{\mathrm{d}})+\frac{1}{2}s_k^2(t)\xi_2^2(\boldsymbol{\theta})+\frac{1}{2}\|\boldsymbol{e}_{\tau,k}\|^2h_2^2(\boldsymbol{X}_{\tau,k},\boldsymbol{X}_{\mathrm{d},\tau})
\end{aligned} \tag{2-14}$$

将式(2-14)代回式(2-12),可得

$$\dot{V}_{s_k}(t) \leqslant s_k(t)\left[\Theta(t) + g_m(t)v_k(t) + \mu_k(t) + d_2(t) + \frac{1}{2}s_k(t)\xi_1^2(\boldsymbol{\theta}) + \frac{1}{2}s_k(t)\xi_2^2(\boldsymbol{\theta})\right] - Ks_k^2(t) + \frac{1}{2}\|\boldsymbol{e}_k\|^2 h_1^2(\boldsymbol{X}_k,\boldsymbol{X}_\mathrm{d}) + \frac{1}{2}\|\boldsymbol{e}_{\tau,k}\|^2 h_2^2(\boldsymbol{X}_{\tau,k},\boldsymbol{X}_{\mathrm{d},\tau}) \tag{2-15}$$

为了处理式(2-15)中的未知时变时滞项，考虑 L-K 泛函，即

$$V_{U_k}(t) = \frac{1}{2(1-\kappa)}\int_{t-\tau(t)}^{t}\|\boldsymbol{e}_k(\sigma)\|^2 h_2^2(\boldsymbol{X}_k(\sigma),\boldsymbol{X}_\mathrm{d}(\sigma))\mathrm{d}\sigma \tag{2-16}$$

考虑假设 2.1，对 $V_{U_k}(t)$ 求导得

$$\begin{aligned}\dot{V}_{U_k}(t) &= \frac{1}{2(1-\kappa)}\|\boldsymbol{e}_k\|^2 h_2^2(\boldsymbol{X}_k,\boldsymbol{X}_\mathrm{d}) - \frac{1-\dot{\tau}(t)}{2(1-\kappa)}\|\boldsymbol{e}_{\tau,k}\|^2 h_2^2(\boldsymbol{X}_{\tau,k},\boldsymbol{X}_{\mathrm{d},\tau})\\ &\leqslant \frac{1}{2(1-\kappa)}\|\boldsymbol{e}_k\|^2 h_2^2(\boldsymbol{X}_k,\boldsymbol{X}_\mathrm{d}) - \frac{1}{2}\|\boldsymbol{e}_{\tau,k}\|^2 h_2^2(\boldsymbol{X}_{\tau,k},\boldsymbol{X}_{\mathrm{d},\tau})\end{aligned} \tag{2-17}$$

选取 Lyapunov 函数为 $V_k(t) = V_{s_k}(t) + V_{U_k}(t)$，结合式（2-15）和式（2-17），得到 $V_k(t)$ 对时间 t 的导数为

$$\dot{V}_k(t) \leqslant s_k(t)\left[\Theta(t) + g_m(t)v_k(t) + \mu_k(t) + d_2(t) + \frac{1}{2}s_k(t)\xi_1^2(\boldsymbol{\theta}) + \frac{1}{2}s_k(t)\xi_2^2(\boldsymbol{\theta})\right] - Ks_k^2(t) + \frac{1}{2}\|\boldsymbol{e}_k\|^2 h_1^2(\boldsymbol{X}_k,\boldsymbol{X}_\mathrm{d}) + \frac{1}{2(1-\kappa)}\|\boldsymbol{e}_k\|^2 h_2^2(\boldsymbol{X}_k,\boldsymbol{X}_\mathrm{d}) \tag{2-18}$$

为方便表述，标记 $\zeta_k(t) = \frac{1}{2}\|\boldsymbol{e}_k\|^2 h_1^2(\boldsymbol{X}_k,\boldsymbol{X}_\mathrm{d}) + \frac{1}{2(1-\kappa)}\|\boldsymbol{e}_k\|^2 h_2^2(\boldsymbol{X}_k,\boldsymbol{X}_\mathrm{d})$，则式（2-18）可以简化为

$$\dot{V}_k(t) \leqslant s_k(t)\left[\Theta(t) + g_m(t)v_k(t) + \mu_k(t) + d_2(t) + \frac{1}{2}s_k(t)\xi_1^2(\boldsymbol{\theta}) + \frac{1}{2}s_k(t)\xi_2^2(\boldsymbol{\theta}) + \frac{\zeta_k(t)}{s_k(t)}\right] - Ks_k^2(t) \tag{2-19}$$

观察式（2-19）可知，若在控制器设计中利用到 $\zeta_k(t)/s_k(t)$，则在 $s_k(t)=0$ 时存在奇异性问题。为了处理这个问题，考虑利用双曲正切函数如下性质。

引理 2.1[133]：对任意的 $\eta>0$ 及任意变量 $p\in\mathrm{R}$，有

$$\lim_{p\to 0}\frac{\tanh^2(p/\eta)}{p} = 0 \tag{2-20}$$

引入双曲正切函数，式（2-19）可重写为

$$\dot{V}_k(t) \leqslant s_k(t)\left[\Theta(t) + d_2(t) + g_m(t)v_k(t) + \mu_k(t) + \frac{1}{2}s_k(t)\xi_1^2(\theta) + \frac{1}{2}s_k(t)\xi_2^2(\boldsymbol{\theta}) + \frac{b}{2s_k(t)}\tanh^2\left(\frac{s_k(t)}{\eta(t)}\right)\|\boldsymbol{e}_k\|^2 h_1^2(\boldsymbol{X}_k,\boldsymbol{X}_\mathrm{d}) + \right.$$

$$\frac{b}{2(1-\kappa)s_k(t)}\tanh^2\left(\frac{s_k(t)}{\eta(t)}\right)\|\boldsymbol{e}_k\|^2h_2^2(\boldsymbol{X}_k,\boldsymbol{X}_\mathrm{d})\Bigg]-$$

$$Ks_k^2(t)+\left(1-b\tanh^2\left(\frac{s_k(t)}{\eta(t)}\right)\right)\zeta_k(t) \tag{2-21}$$

式中：$b>1$ 为一个设计常数。

由引理 2.1 可知，$\lim\limits_{s_k(t)\to 0}\frac{b}{s_k(t)}\tanh^2\left(\frac{s_k(t)}{\eta(t)}\right)\zeta_k(t)=0$。因此，$\frac{b}{s_k(t)}\tanh^2\left(\frac{s_k(t)}{\eta(t)}\right)\zeta_k(t)$ 在 $s_k(t)=0$ 的点也是有定义的，成功地避免了可能性的奇异问题。对式（2-21）两边同时乘以 $1/g_m(t)$，其转化为

$$\begin{aligned}\frac{\dot{V}_k(t)}{g_m(t)}\leqslant\ & s_k(t)\Bigg[\frac{1}{g_m(t)}(\Theta(t)+d_2(t))+v_k(t)+\frac{1}{g_m(t)}\mu_k(t)+\\ & \frac{1}{2g_m(t)}s_k(t)(\xi_1^2(\boldsymbol{\theta})+\xi_2^2(\boldsymbol{\theta}))+\frac{b}{2g_m(t)s_k(t)}\tanh^2\left(\frac{s_k(t)}{\eta(t)}\right)\|\boldsymbol{e}_k\|^2h_1^2(\boldsymbol{X}_k,\boldsymbol{X}_\mathrm{d})+\\ & \frac{b}{2g_m(t)(1-\kappa)s_k(t)}\tanh^2\left(\frac{s_k(t)}{\eta(t)}\right)\|\boldsymbol{e}_k\|^2h_2^2(\boldsymbol{X}_k,\boldsymbol{X}_\mathrm{d})\Bigg]-\\ & \frac{K}{g_m(t)}s_k^2(t)+\frac{1}{g_m(t)}\left(1-b\tanh^2\left(\frac{s_k(t)}{\eta(t)}\right)\right)\zeta_k(t)\\ =\ & s_k(t)[\boldsymbol{\beta}^\mathrm{T}(t)\boldsymbol{\Phi}(\boldsymbol{X}_k,\boldsymbol{X}_\mathrm{d})+v_k(t)]-\frac{K}{g_m(t)}s_k^2(t)+\\ & \frac{1}{g_m(t)}\left(1-b\tanh^2\left(\frac{s_k(t)}{\eta(t)}\right)\right)\zeta_k(t)\end{aligned} \tag{2-22}$$

式中：$\boldsymbol{\beta}(t)=\left[\frac{1}{g_m(t)}(\Theta(t)+d_2(t)),\frac{1}{g_m(t)},\frac{1}{g_m(t)}(\xi_1^2(\boldsymbol{\theta})+\xi_2^2(\boldsymbol{\theta})),\frac{1}{(1-\kappa)g_m(t)}\right]^\mathrm{T}$ 表示未知时变参数向量，它在迭代轴方向上是不变的；$\boldsymbol{\Phi}(\boldsymbol{X}_k,\boldsymbol{X}_\mathrm{d})=\left[1,\mu_k(t)+\frac{b}{2s_k(t)}\tanh^2\left(\frac{s_k(t)}{\eta(t)}\right)\|\boldsymbol{e}_k\|^2h_1^2(\boldsymbol{X}_k,\boldsymbol{X}_\mathrm{d}),s_k(t),\frac{b}{2s_k(t)}\times\tanh^2\left(\frac{s_k(t)}{\eta(t)}\right)\|\boldsymbol{e}_k\|^2h_2^2(\boldsymbol{X}_k,\boldsymbol{X}_\mathrm{d})\right]^\mathrm{T}$。

根据式（2-22），设计控制器可表示为

$$v_k(t)=-\hat{\boldsymbol{\beta}}_k^\mathrm{T}(t)\boldsymbol{\Phi}(\boldsymbol{X}_k,\boldsymbol{X}_\mathrm{d})-K_1s_k(t) \tag{2-23}$$

式中：$K_1>0$ 为设计参数；$\hat{\boldsymbol{\beta}}_k(t)$ 表示 $\boldsymbol{\beta}(t)$ 在第 k 次迭代时的估计值。设计参数自适应迭代学习律为

$$\begin{cases}\hat{\boldsymbol{\beta}}_k(t)=\hat{\boldsymbol{\beta}}_{k-1}(t)+qs_k(t)\boldsymbol{\Phi}(\boldsymbol{X}_k,\boldsymbol{X}_\mathrm{d})\\ \hat{\boldsymbol{\beta}}_0(t)=0,t\in[0,T]\end{cases} \tag{2-24}$$

式中：$q>0$ 为参数学习增益。

定义参数估计误差为 $\tilde{\boldsymbol{\beta}}_k(t)=\hat{\boldsymbol{\beta}}_k(t)-\boldsymbol{\beta}(t)$，则将式（2-23）代入式（2-22）可得

$$\begin{aligned}\frac{\dot{V}_k(t)}{g_m(t)} &\leqslant -s_k(t)\tilde{\boldsymbol{\beta}}_k^{\mathrm{T}}(t)\boldsymbol{\Phi}(\boldsymbol{X}_k,\ \boldsymbol{X}_{\mathrm{d}})-\left(\frac{K}{g_m(t)}+K_1\right)s_k^2(t)+\\&\quad\frac{1}{g_m(t)}\left(1-b\tanh^2\left(\frac{s_k(t)}{\eta(t)}\right)\right)\zeta_k(t)\\&\leqslant -s_k(t)\tilde{\boldsymbol{\beta}}_k^{\mathrm{T}}(t)\boldsymbol{\Phi}(\boldsymbol{X}_k,\ \boldsymbol{X}_{\mathrm{d}})-\left(\frac{K}{\bar{g}_m}+K_1\right)s_k^2(t)+\\&\quad\frac{1}{g_m(t)}\left(1-b\tanh^2\left(\frac{s_k(t)}{\eta(t)}\right)\right)\zeta_k(t)\end{aligned}\tag{2-25}$$

为使表述简单，定义 $K_2=(K/\bar{g}_m+K_1)$，则式（2-25）可写为

$$s_k(t)\tilde{\boldsymbol{\beta}}_k^{\mathrm{T}}(t)\boldsymbol{\Phi}(\boldsymbol{X}_k,\boldsymbol{X}_{\mathrm{d}})\leqslant-\frac{\dot{V}_k(t)}{g_m(t)}-K_2s_k^2(t)+\frac{1}{g_m(t)}\left(1-b\tanh^2\left(\frac{s_k(t)}{\eta(t)}\right)\right)\zeta_k(t)\tag{2-26}$$

本节所设计自适应迭代学习控制器的结构图如图 2-2 所示。

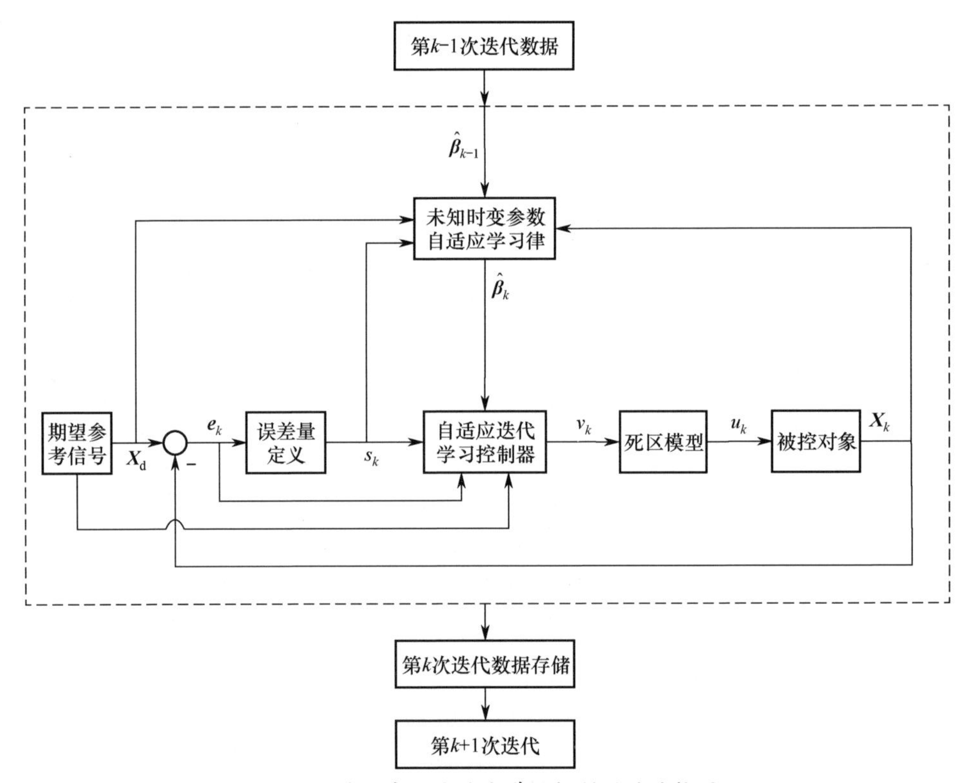

图 2-2　系统自适应迭代学习控制器的结构图

2.4　稳定性分析

在本节中，将利用复合能量函数（CEF）方法对系统的稳定性进行分析。在分析中，将用到双曲正切函数的如下性质。

引理 2.2：定义一个紧集为：$\boldsymbol{\Omega}_{s_k}=\{s_k(t)\mid |s_k(t)|\leqslant m\eta(t)\}$，则对于 $\forall s_k(t)\notin \boldsymbol{\Omega}_{s_k}$，有不等式

$$1-b\tanh^2\left(\frac{s_k(t)}{\eta(t)}\right)<0 \tag{2-27}$$

式中：$m=\ln(\sqrt{b/(b-1)}+\sqrt{1/(b-1)})$。

证明：为表述方便，定义 $x=s_k(t)/\eta(t)$，则可将式（2-27）重新写为

$$\frac{1}{b}<\tanh^2(x)=\left(\frac{\mathrm{e}^x-\mathrm{e}^{-x}}{\mathrm{e}^x+\mathrm{e}^{-x}}\right)^2=1-\left(\frac{2}{\mathrm{e}^x+\mathrm{e}^{-x}}\right)^2 \tag{2-28}$$

注意到 e^x 和 e^{-x} 都是正的，因此由式（2-28）可知

$$\mathrm{e}^x+\mathrm{e}^{-x}>2\sqrt{\frac{b}{b-1}} \tag{2-29}$$

将上式两边同时乘以 e^x 并整理可得

$$\mathrm{e}^{2x}-2\sqrt{\frac{b}{b-1}}\mathrm{e}^x+1>0 \tag{2-30}$$

求解上面的二次不等式，可得

$$0<\mathrm{e}^x<\sqrt{b/(b-1)}-\sqrt{1/(b-1)}\ \text{或}\ \mathrm{e}^x>\sqrt{b/(b-1)}+\sqrt{1/(b-1)} \tag{2-31}$$

另一方面，由 $|s_k(t)|>m\eta(t)$ 可知

$$x<-m\ \text{或}\ x>m \tag{2-32}$$

由式（2-32）可知

$$0<\mathrm{e}^x<\frac{1}{\sqrt{b/(b-1)}+\sqrt{1/(b-1)}}=\sqrt{b/(b-1)}-\sqrt{1/(b-1)}$$

$$\text{或}\ \mathrm{e}^x>\sqrt{b/(b-1)}+\sqrt{1/(b-1)} \tag{2-33}$$

由式（2-31）和式（2-33）的一致性，可知引理 2.2 成立。证毕。

对于本章提出的自适应迭代学习控制方案，有以下的结论。

定理 2.1：考虑式（2-1）所示的在有限时间区间 $[0,T]$ 上重复运行的参数化非线性时滞系统，在假设 2.1～2.7 成立的条件下，设计自适应迭代学习控制器式（2-23）及参数自适应迭代学习律式（2-24），可以得到如下结论。①闭环系统所有信号均有界；② $k\to\infty$ 时，$e_{sk}(t)$ 在 L_T^2-范数意义下收敛到原点的一个小邻

域内，即$\lim\limits_{k\to\infty}\int_0^T (e_{sk}(\sigma))^2\mathrm{d}\sigma\leqslant\varepsilon_{esk}$，$\varepsilon_{esk}=\dfrac{1}{2K}(1+m)^2\varepsilon^2$；③系统动态性能：输出跟踪误差$e_{1,k}(t)$满足$\lim\limits_{k\to\infty}|e_{1,k}(t)|=k_0\sum\limits_{i=1}^{n-1}\sqrt{\varepsilon_i^2}\mathrm{e}^{-\lambda_0 t}+(1+m)\varepsilon k_0\dfrac{1}{\lambda_0-K}(\mathrm{e}^{-Kt}-\mathrm{e}^{-\lambda_0 t})$。

证明：式（2-26）右侧的最后一项的正负取决于$(1-b\tanh^2(s_k(t)/\eta(t)))$的符号，而$(1-b\tanh^2(s_k(t)/\eta(t)))$的正负依赖于$s_k$的大小。因此，根据引理2.2，需要考虑两种情况。

情况1：$s_k(t)\in\boldsymbol{\Omega}_{s_k}$

当$s_k(t)\in\boldsymbol{\Omega}_{s_k}$时，$|s_k(t)|\leqslant m\eta(t)$成立。考虑3种情形。①如果$s_k(t)=0$，可知$e_{sk}(t)$保持在$\eta(t)$确定的包络内，即，$|e_{sk}(t)|\leqslant\eta(t)$；②如果$s_k(t)>0$，由$s_k(t)$的定义可知$s_k(t)=e_{sk}(t)-\eta(t)$，由$|s_k(t)|\leqslant m\eta(t)$可知$s_k(t)=e_{sk}(t)-\eta(t)\leqslant m\eta(t)$，这意味$0<e_{sk}\leqslant(1+m)\eta(t)$；③类似地，如果$s_k(t)<0$可得$s_k(t)=e_{sk}(t)+\eta(t)\geqslant -m\eta(t)$，这等价于$0>e_{sk}(t)\geqslant-(1+m)\eta(t)$。综上分析，可以得到结论$|e_{sk}(t)|\leqslant(1+m)\eta(t)$。显然，由于$\boldsymbol{X}_{\mathrm{d}}(t)$是有界的，则$x_{i,k}(t)$有界。由于$h_1(\cdot,\cdot)$和$h_2(\cdot,\cdot)$在$[0,T]$上是连续有界的，因此可知$\boldsymbol{\Phi}(\boldsymbol{X}_k,\boldsymbol{X}_{\mathrm{d}})$为一个有界的向量。根据式（2-24），$\hat{\boldsymbol{\beta}}_0(t)=0$，$t\in[0,T]$，则当$s_k(t)\in\boldsymbol{\Omega}_{s_k}$时，$\hat{\boldsymbol{\beta}}_k(t)$也是有界的。通过以上的分析，进一步可以得到$v_k(t)$的有界性。这样，闭环系统的所有信号均有界。

注2.8：理论上来说，通过选取b可以使m任意小。例如，当选取$b=100$时，$m=0.099$。这样也可以使得$s_k(t)$任意小。但是，过大的b可能导致控制量过大，从而使闭环系统的动态性能变差。因此，在实际应用中，设计者应选择合适的设计参数，从而获得满意的动态性能和控制精度。

情况2：$s_k(t)\notin\boldsymbol{\Omega}_{s_k}$

在这种情况下，根据引理2.2，可知式（2-26）的最后一项小于0，可以去掉，即

$$s_k(t)\tilde{\boldsymbol{\beta}}_k^{\mathrm{T}}(t)\boldsymbol{\Phi}(\boldsymbol{X}_k,\boldsymbol{X}_{\mathrm{d}})\leqslant-\frac{\dot{V}_k(t)}{g_m(t)}-K_2 s_k^2(t)\tag{2-34}$$

选取类Lyapunov复合能量函数为

$$E_k(t)=\frac{1}{2q}\int_0^t\tilde{\boldsymbol{\beta}}_k^{\mathrm{T}}(\sigma)\tilde{\boldsymbol{\beta}}_k(\sigma)\mathrm{d}\sigma\tag{2-35}$$

下面基于CEF证明定理2.1中的信号有界性和误差收敛性的结论，证明过程主要包括4部分，其主要思想如图2-3所示。

具体证明过程如下。

1）$E_k(t)$的差分

计算$E_k(t)$在第k次迭代时与第$k-1$次迭代时的差值为

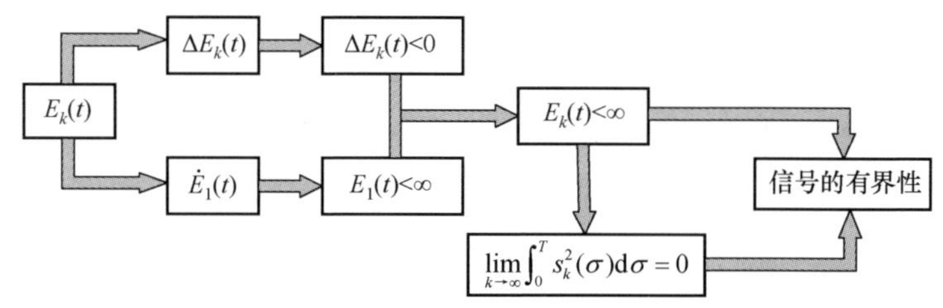

图 2-3　基于 CEF 证明过程示意图（定理 2.1）

$$\begin{aligned}\Delta E_k(t) &= E_k(t) - E_{k-1}(t)\\ &= \frac{1}{2q}\int_0^t(\tilde{\boldsymbol{\beta}}_k^{\mathrm{T}}(\sigma)\tilde{\boldsymbol{\beta}}_k(\sigma) - \tilde{\boldsymbol{\beta}}_{k-1}^{\mathrm{T}}(\sigma)\tilde{\boldsymbol{\beta}}_{k-1}(\sigma))\mathrm{d}\sigma\end{aligned} \tag{2-36}$$

利用关系式$(\boldsymbol{a}-\boldsymbol{b})^{\mathrm{T}}(\boldsymbol{a}-\boldsymbol{b})-(\boldsymbol{a}-\boldsymbol{c})^{\mathrm{T}}(\boldsymbol{a}-\boldsymbol{c})=(\boldsymbol{c}-\boldsymbol{b})^{\mathrm{T}}[2(\boldsymbol{a}-\boldsymbol{b})+(\boldsymbol{b}-\boldsymbol{c})]$并考虑参数自适应迭代学习律式（2-24），可以得到不等式

$$\begin{aligned}\Delta E_k(t) &= \int_0^t s_k(\sigma)\tilde{\boldsymbol{\beta}}_k^{\mathrm{T}}(\sigma)\boldsymbol{\Phi}(\boldsymbol{X}_k,\ \boldsymbol{X}_{\mathrm{d}})\mathrm{d}\sigma - \frac{q}{2}\int_0^t s_k^2(\sigma)\ \|\boldsymbol{\Phi}(\boldsymbol{X}_k,\ \boldsymbol{X}_{\mathrm{d}})\|^2\mathrm{d}\sigma\\ &\leqslant \int_0^t s_k(\sigma)\tilde{\boldsymbol{\beta}}_k^{\mathrm{T}}(\sigma)\boldsymbol{\Phi}(\boldsymbol{X}_k,\ \boldsymbol{X}_{\mathrm{d}})\mathrm{d}\sigma\end{aligned} \tag{2-37}$$

将式（2-34）代入上式，可得

$$\Delta E_k(t) \leqslant -\int_0^t \frac{\dot{V}_k(\sigma)}{g_m(\sigma)}\mathrm{d}\sigma - \int_0^t K_2 s_k^2(\sigma)\mathrm{d}\sigma \leqslant -\frac{1}{\bar{g}_m}V_k(t) - K_2\int_0^t s_k^2(\sigma)\mathrm{d}\sigma < 0 \tag{2-38}$$

上式表明，$E_k(t)$在迭代轴上是递减的。这样，只要$E_1(t)$是有界的，就能保证$E_k(t)$的有界性。

2）$E_k(t)$ 的有界性

根据 CEF 的定义，可知

$$E_1(t) = \frac{1}{2q}\int_0^t \tilde{\boldsymbol{\beta}}_1^{\mathrm{T}}(\sigma)\tilde{\boldsymbol{\beta}}_1(\sigma)\mathrm{d}\sigma \tag{2-39}$$

则$E_1(t)$ 的导数为

$$\dot{E}_1(t) = \frac{1}{2q}\tilde{\boldsymbol{\beta}}_1^{\mathrm{T}}(t)\tilde{\boldsymbol{\beta}}_1(t) \tag{2-40}$$

由参数自适应学习律可知$\hat{\boldsymbol{\beta}}_1(t)=qs_1(t)\boldsymbol{\Phi}(\boldsymbol{X}_1,\boldsymbol{X}_{\mathrm{d}})$，则可以进一步得到

$$\begin{aligned}\dot{E}_1(t) &= \frac{1}{2q}\tilde{\boldsymbol{\beta}}_1^{\mathrm{T}}(t)\tilde{\boldsymbol{\beta}}_1(t)\\ &= \frac{1}{2q}(\tilde{\boldsymbol{\beta}}_1^{\mathrm{T}}(t)\tilde{\boldsymbol{\beta}}_1(t) - 2\tilde{\boldsymbol{\beta}}_1^{\mathrm{T}}(t)\hat{\boldsymbol{\beta}}_1(t)) + \frac{1}{q}\tilde{\boldsymbol{\beta}}_1^{\mathrm{T}}(t)\hat{\boldsymbol{\beta}}_1(t)\\ &= \frac{1}{2q}[(\hat{\boldsymbol{\beta}}_1(t) - \boldsymbol{\beta}(t))^{\mathrm{T}}(\hat{\boldsymbol{\beta}}_1(t) - \boldsymbol{\beta}(t)) - 2(\hat{\boldsymbol{\beta}}_1(t) - \boldsymbol{\beta}(t))^{\mathrm{T}}\hat{\boldsymbol{\beta}}_1(t)] +\end{aligned}$$

$$s_1(t)\tilde{\boldsymbol{\beta}}_1^{\mathrm{T}}(t)\boldsymbol{\Phi}(\boldsymbol{X}_1,\boldsymbol{X}_{\mathrm{d}})$$
$$=\frac{1}{2q}(-\hat{\boldsymbol{\beta}}_1^{\mathrm{T}}(t)\hat{\boldsymbol{\beta}}_1+\boldsymbol{\beta}^{\mathrm{T}}(t)\boldsymbol{\beta}(t))+s_1(t)\tilde{\boldsymbol{\beta}}_1^{\mathrm{T}}(t)\boldsymbol{\Phi}(\boldsymbol{X}_1,\boldsymbol{X}_{\mathrm{d}}) \tag{2-41}$$

则由式（2-26）可知

$$\dot{E}_1(t)\leqslant-\frac{\dot{V}_1(t)}{g_m(t)}-K_2s_1^2(t)+\frac{1}{2q}\boldsymbol{\beta}^{\mathrm{T}}(t)\boldsymbol{\beta}(t) \tag{2-42}$$

标记$\beta_{\max}=\max\limits_{t\in[0,T]}\left\{\frac{1}{2q}\boldsymbol{\beta}^{\mathrm{T}}(t)\boldsymbol{\beta}(t)\right\}$，则对式（2-42）在$[0,t]$上积分可得

$$E_1(t)-E_1(0)\leqslant-\frac{1}{\bar{g}_m}V_1(t)-K_2\int_0^t s_1^2(\sigma)\mathrm{d}\sigma+t\cdot\beta_{\max} \tag{2-43}$$

显然，$E_1(0)=0$，则式（2-43）转化为

$$E_1(t)\leqslant t\cdot\beta_{\max}<\infty \tag{2-44}$$

因此，$E_1(t)$有界，所以$E_k(t)$对于任意的$k\in\mathbf{N}$都是有界的。

3）误差收敛性

利用式（2-38），有

$$\begin{aligned}E_k(t)&=E_1(t)+\sum_{l=2}^{k}\Delta E_l(t)\\&<E_1(t)-\frac{1}{\bar{g}_m}\sum_{l=2}^{k}V_l(t)-\sum_{l=2}^{k}K_2\int_0^t s_l^2(\sigma)\mathrm{d}\sigma\\&\leqslant E_1(t)-\sum_{l=2}^{k}K_2\int_0^t s_l^2(\sigma)\mathrm{d}\sigma\end{aligned} \tag{2-45}$$

将上式写为

$$\sum_{l=2}^{k}K_2\int_0^t s_l^2(\sigma)\mathrm{d}\sigma\leqslant(E_1(t)-E_k(t))\leqslant E_1(t) \tag{2-46}$$

令上式中$t=T$，并对式（2-46）求极限可得

$$\lim_{k\to\infty}\sum_{l=2}^{k}\int_0^T s_l^2(\sigma)\mathrm{d}\sigma\leqslant\frac{1}{K_2}E_1(T) \tag{2-47}$$

由于$E_1(T)$是有界的，由级数收敛的必要条件可知$\lim\limits_{k\to\infty}\int_0^T s_k^2(\sigma)\mathrm{d}\sigma=0$，这意味着$\lim\limits_{k\to\infty}s_k(t)=s_\infty(t)=0$，$\forall t\in[0,T]$。由定义（2−6）~定义（2−8）可知，当$|e_{sk}(t)|\leqslant\eta(t)$时，$s_k(t)=0$，则$\lim\limits_{k\to\infty}\int_0^T s_k^2(\sigma)\mathrm{d}\sigma=0$等价于$\lim\limits_{k\to\infty}|e_{sk}(t)|\leqslant\eta(t)$，进一步地，$\lim\limits_{k\to\infty}\int_0^T(e_{sk}(\sigma))^2\mathrm{d}\sigma\leqslant\int_0^T(\eta(\sigma))^2\mathrm{d}\sigma$。

由$E_{\mathrm{k}}(t)$的有界性，我们可以得到$\hat{\boldsymbol{\beta}}_k(t)$的有界性。此外由$\boldsymbol{X}_{\mathrm{d}}(t)$的有界性进一步可以得到$x_{i,k}(t)$的有界性。类似于情况 1，可以得到$v_k(t)$的有界性。

综合两种情况的结论，可以得知，本章所提出的自适应迭代学习控制方案能够保证闭环系统的所有信号都有界的，且$\lim\limits_{k\to\infty}|e_{sk}(t)|\leqslant(1+m)\eta(t)$。因此，我们能够进一步得到$\lim\limits_{k\to\infty}\int_0^T(e_{sk}(\sigma))^2\mathrm{d}\sigma\leqslant\varepsilon_e$，$\varepsilon_e=\int_0^T((1+m)\eta(\sigma))^2\mathrm{d}\sigma=\frac{1}{2K}(1+m)^2\varepsilon^2(1-e^{-2KT})\leqslant\frac{1}{2K}(1+m)^2\varepsilon^2=\varepsilon_{esk}$。此外，$e_{s\infty}(t)$满足$\lim\limits_{k\to\infty}|e_{sk}(t)|=e_{s\infty}(t)=(1+m)\varepsilon\mathrm{e}^{-Kt},\forall t\in[0,T]$。

4）动态性能

下面继续证明定理 2.1 中关于动态性能的结论。

定义向量$\boldsymbol{\psi}_k(t)=[e_{1,k}(t),e_{2,k}(t),\cdots,e_{n-1,k}(t)]^{\mathrm{T}}$，则由$e_{sk}(t)=[\boldsymbol{\Lambda}^{\mathrm{T}}\quad 1]\boldsymbol{e}_k(t)$可知

$$\dot{\boldsymbol{\psi}}_k(t)=\boldsymbol{A}_s\boldsymbol{\psi}_k(t)+\boldsymbol{b}_s e_{sk}(t) \tag{2-48}$$

式中：

$$\boldsymbol{A}_s=\begin{bmatrix}0 & 1 & \cdots & 0\\ \vdots & \vdots & \ddots & \vdots\\ 0 & 0 & \cdots & 1\\ -\lambda_1 & -\lambda_2 & \cdots & -\lambda_{n-1}\end{bmatrix}\in\mathbf{R}^{(n-1)\times(n-1)},\ \boldsymbol{b}_s=\begin{bmatrix}0\\ \vdots\\ 0\\ 1\end{bmatrix}\in\mathbf{R}^{n-1} \tag{2-49}$$

A_s为一个稳定矩阵。此外，存在两个常数$k_0>0$和$\lambda_0>0$使得$\|\mathrm{e}^{A_s t}\|\leqslant k_0\mathrm{e}^{-\lambda_0 t}$[134]。$\dot{\boldsymbol{\psi}}_k(t)$的解为

$$\boldsymbol{\psi}_k(t)=\mathrm{e}^{A_s t}\boldsymbol{\psi}_k(0)+\int_0^t\mathrm{e}^{A_s(t-\sigma)}\boldsymbol{b}_s e_{sk}(\sigma)\mathrm{d}\sigma \tag{2-50}$$

因此，可以得到

$$\|\boldsymbol{\psi}_k(t)\|\leqslant k_0\|\boldsymbol{\psi}_k(0)\|\mathrm{e}^{-\lambda_0 t}+k_0\int_0^t\mathrm{e}^{-\lambda_0(t-\sigma)}|e_{sk}(\sigma)|\mathrm{d}\sigma \tag{2-51}$$

当我们选取合适的参数使得$\lambda_0>K$，由$\lim\limits_{k\to\infty}|e_{sk}(t)|\leqslant(1+m)\eta(t)$，可得

$$\begin{aligned}\|\boldsymbol{\psi}_\infty(t)\| &\leqslant k_0\|\boldsymbol{\psi}_\infty(0)\|\mathrm{e}^{-\lambda_0 t}+k_0\int_0^t\mathrm{e}^{-\lambda_0(t-\sigma)}|e_{s\infty}(\sigma)|\mathrm{d}\sigma\\ &\leqslant k_0\|\boldsymbol{\psi}_\infty(0)\|\mathrm{e}^{-\lambda_0 t}+(1+m)\varepsilon k_0\int_0^t\mathrm{e}^{-\lambda_0(t-\sigma)}\mathrm{e}^{-K\sigma}\mathrm{d}\sigma\\ &=k_0\|\boldsymbol{\psi}_\infty(0)\|\mathrm{e}^{-\lambda_0 t}+(1+m)\varepsilon k_0\frac{1}{\lambda_0-K}(\mathrm{e}^{-Kt}-\mathrm{e}^{-\lambda_0 t})\\ &\leqslant k_0\|\boldsymbol{\psi}_\infty(0)\|+\frac{1}{\lambda_0-K}(1+m)\varepsilon k_0\end{aligned} \tag{2-52}$$

注意到$e_{sk}(t)=[\boldsymbol{\Lambda}^{\mathrm{T}}\quad 1]\ \boldsymbol{e}_k(t)$ 和$\boldsymbol{e}_k(t)=[\boldsymbol{\psi}_k^{\mathrm{T}}(t)\ \ e_{n,k}(t)\ ]^{\mathrm{T}}$，我们有

$$\begin{aligned}\|\boldsymbol{e}_k(t)\| &\leqslant \|\boldsymbol{\psi}_k(t)\|+|e_{n,k}(t)|\\ &=\|\boldsymbol{\psi}_k(t)\|+|e_{sk}(t)-\boldsymbol{\Lambda}^{\mathrm{T}}\boldsymbol{\psi}_k(t)|\end{aligned}$$

$$\leqslant (1+\|\boldsymbol{\Lambda}\|)\|\boldsymbol{\psi}_k(t)\| + |e_{sk}(t)| \tag{2-53}$$

结合式（2-52）和式（2-53），可得到

$$\begin{aligned}
\|\boldsymbol{e}_\infty(t)\| &\leqslant (1+\|\boldsymbol{\Lambda}\|)\|\boldsymbol{\psi}_\infty(t)\| + |e_{s\infty}(t)| \\
&\leqslant k_0\|\boldsymbol{\psi}_\infty(0)\|\mathrm{e}^{-\lambda_0 t} + (1+m)\varepsilon k_0\frac{1}{\lambda_0-K}(\mathrm{e}^{-Kt}-\mathrm{e}^{-\lambda_0 t}) + (1+m)\eta(t) \\
&\leqslant (1+\|\boldsymbol{\Lambda}\|)\left(k_0\sum_{i=1}^{n-1}\sqrt{\varepsilon_i^2} + \frac{1}{\lambda_0-K}(1+m)\varepsilon k_0\right) + (1+m)\eta(t) \\
&\leqslant (1+\|\boldsymbol{\Lambda}\|)\left(k_0\sum_{i=1}^{n-1}\sqrt{\varepsilon_i^2} + \frac{1}{\lambda_0-K}(1+m)\varepsilon k_0\right) + (1+m)\varepsilon = \varepsilon_{e\infty}
\end{aligned} \tag{2-54}$$

由 $|e_{1,k}(t)| \leqslant \|\boldsymbol{\psi}_k(t)\|$ 可知

$$\begin{aligned}
|e_{1,\infty}(t)| &\leqslant k_0\|\boldsymbol{\psi}_\infty(0)\|\mathrm{e}^{-\lambda_0 t} + (1+m)\varepsilon k_0\frac{1}{\lambda_0-K}(\mathrm{e}^{-Kt}-\mathrm{e}^{-\lambda_0 t}) \\
&\leqslant k_0\sum_{i=1}^{n-1}\sqrt{\varepsilon_i^2} + \frac{1}{\lambda_0-K}(1+m)\varepsilon k_0
\end{aligned} \tag{2-55}$$

证毕。

2.5 仿真分析

在本节，将通过仿真算例来验证所提出自适应迭代学习控制方案的有效性。考虑二阶系统，即

$$\begin{cases}\dot{x}_{1,k}(t) = x_{2,k}(t) \\ \dot{x}_{2,k}(t) = f(\boldsymbol{X}_k,\boldsymbol{X}_{\tau,k},\theta(t)) + g(t)u_k(t) + d(t) \\ y_k(t) = x_{1,k}(t),\ u_k(t) = D(v_k(t))\end{cases} \tag{2-56}$$

式中：$f(\boldsymbol{X}_k,\boldsymbol{X}_{\tau,k},\theta(t)) = -(x_{1,k}(t)+x_{2,k}(t))\theta(t) + \exp(-\theta(t)((x_{1,k}^{\tau}(t))^2+(x_{2,k}^{\tau}(t))^2))$；$g(t)=2+0.5\sin t$；$d(t)=0.1\sin t$；时变时滞为 $\tau(t)=0.5(1+\sin t)$，则 $\tau_{\max}=1$，$\theta(t)=|\cos(t)|$。容易验证：

$$|\exp(-\theta(t)\|\boldsymbol{X}_k\|^2) - \exp(-\theta(t)\|\boldsymbol{X}_{\mathrm{d}}\|^2)| \leqslant \|\boldsymbol{X}_k-\boldsymbol{X}_{\mathrm{d}}\|\sqrt{2|\theta(t)|}\mathrm{e}^{-0.5}$$

显然，该系统是一种典型的如式（2-1）所示的系统，且满足假设 2.1～假设 2.3 及假设 2.5～假设 2.7。此外，可知 $h_1=1$，$h_2=1$。

2.5.1 自适应迭代学习控制方案验证

为验证上面的结论，设计如下 2 个实验。

实验 1：期望参考轨迹取向量为 $\boldsymbol{X}_{\mathrm{d}}(t)=[\sin t,\cos t]^{\mathrm{T}}$。设计参数选取为 $\varepsilon_1=\varepsilon_2=1$，$\lambda=2$，$K=3$，$K_1=2$，$q=1$，$b=5$，$\varepsilon=\lambda\varepsilon_1+\varepsilon_2=3$。死区参数选取为 $m=1+0.2\sin t$，

$b_r = 0.25$，$b_l = -0.25$。初始条件 $x_{1,k}(0)$ 和 $x_{2,k}(0)$ 分别在 $[-0.5, 0.5]$ 和 $[0.5, 1.5]$ 上随机选取。系统在有限时间区间 $[0, 10]$ 上迭代运行 10 次。部分仿真结果如图 2-4~图 2-8 所示。

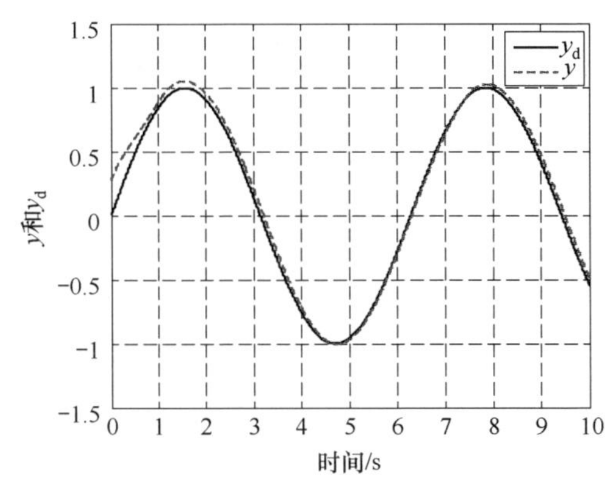

图 2-4　y_k 对 y_d 的跟踪曲线（$k=1$）

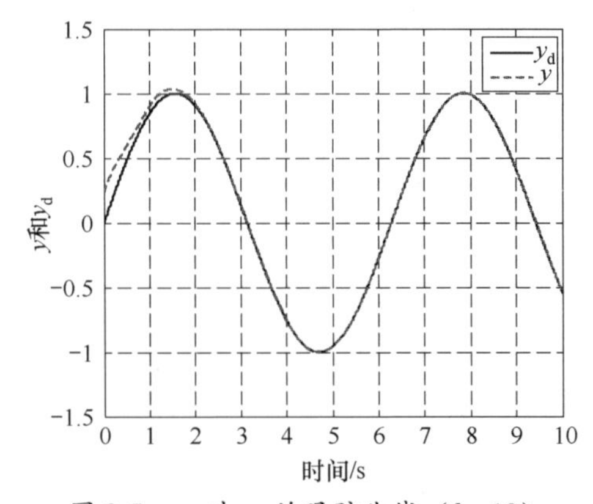

图 2-5　y_k 对 y_d 的跟踪曲线（$k=10$）

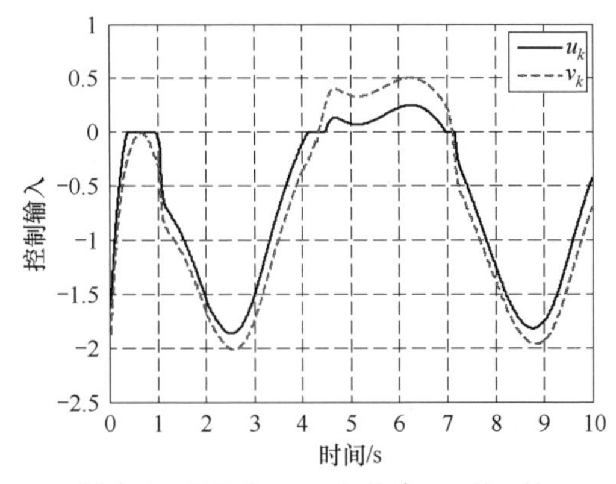

图 2-6　死区输入 v_k 与输出 u_k（$k=1$）

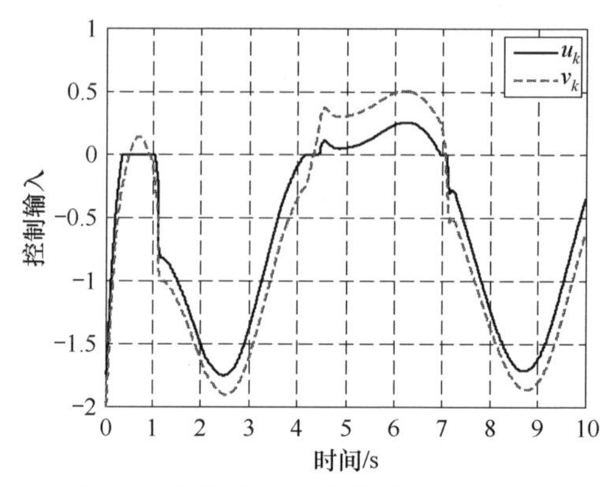

图 2-7 死区输入 v_k 与输出 u_k ($k=10$)

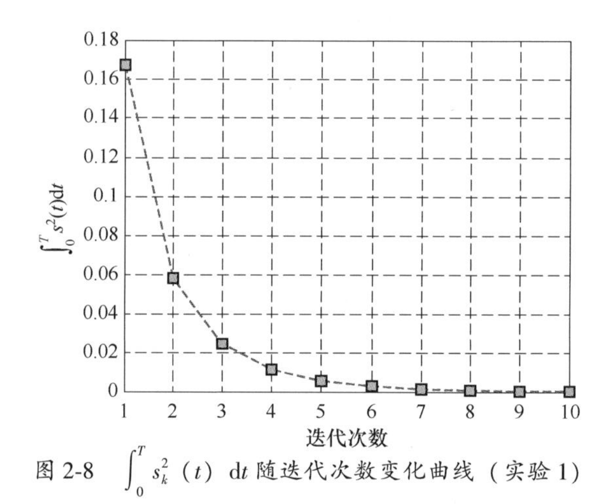

图 2-8 $\int_0^T s_k^2(t)\,\mathrm{d}t$ 随迭代次数变化曲线（实验 1）

图 2-4 和 2-5 分别为第 1 次迭代和第 10 次迭代时系统输出跟踪期望参考轨迹的曲线，可以看到，通过 9 次的迭代学习过程，跟踪效果大大改善，在第 10 次迭代时，除了初始一段时间由于重置误差无法跟踪外，已经实现了完全跟踪，达到了控制器设计目标。这种通过学习不断改善控制效果的过程通过图 2-8 可以更加清晰地体现出来。图 2-6 和图 2-7 给出了第 1 次迭代和第 10 次迭代时的控制曲线，结果表明，控制信号有界，且可以看出死区特性对于控制输入的影响。

实验 2：为了看出本章的方法对于更为复杂情况的控制效果，我们选取期望参考轨迹向量为 $\boldsymbol{X}_{\mathrm{d}}(t)=[\sin t+\sin(1.5t),\cos t+1.5\cos(1.5t)]^{\mathrm{T}}$。控制参数的选取同实验 1。初始条件 $x_{1,k}(0)$ 和 $x_{2,k}(0)$ 分别在 $[-0.5,0.5]$ 和 $[2,3]$ 上随机选取。系统在有限时间段 $[0,10]$ 上迭代运行 10 次。部分仿真结果如图 2-9～图 2-13 所示。

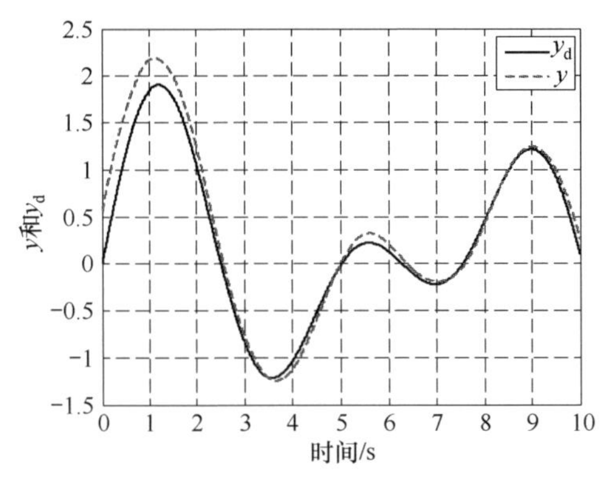

图 2-9　y_k 对 y_d 的跟踪曲线（$k=1$）

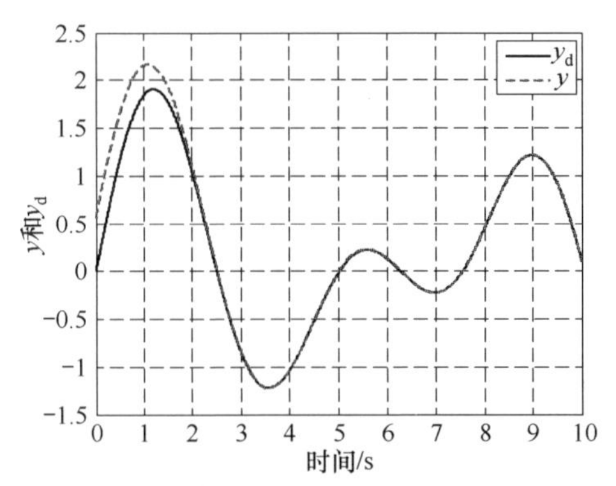

图 2-10　y_k 对 y_d 的跟踪曲线（$k=10$）

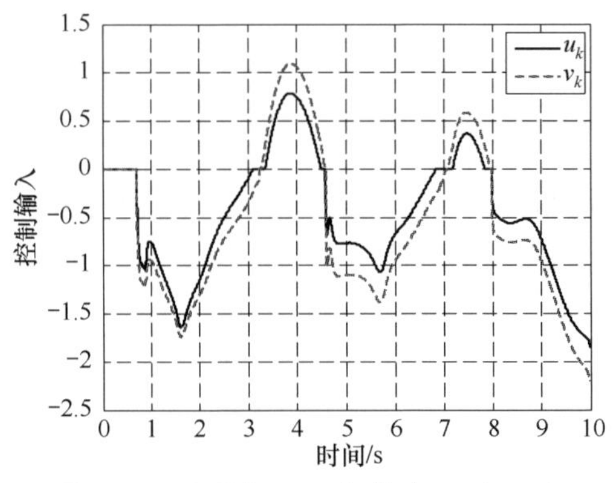

图 2-11　死区输入 v_k 与输出 u_k（$k=1$）

由以上仿真结果可以看出，本章所提出的自适应迭代学习控制方案对于期望轨迹向量 $\boldsymbol{X}_d(t)=[\sin t+\sin(1.5t),\cos t+1.5\cos(1.5t)]^{\mathrm{T}}$ 同样能够得到较好的控制效果，实现了很好的跟踪，实现了控制目标。

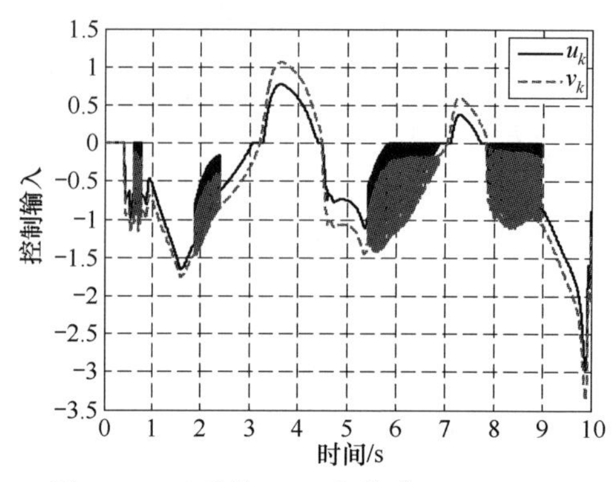

图 2-12 死区输入 v_k 与输出 u_k ($k=10$)

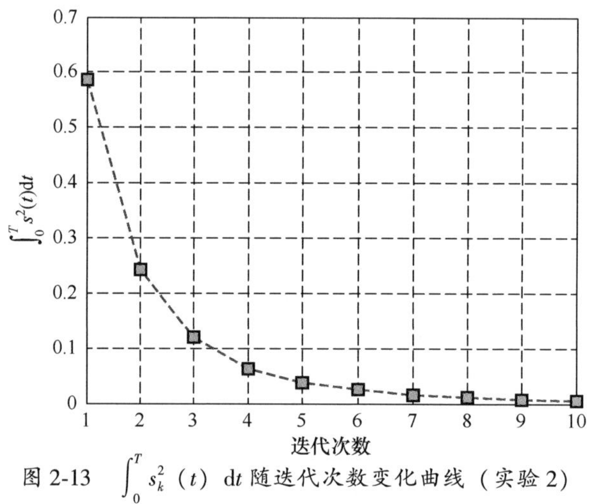

图 2-13 $\int_0^T s_k^2(t)\mathrm{d}t$ 随迭代次数变化曲线（实验 2）

2.5.2 对比分析：自适应控制

实验 3：我们将通过与传统自适应控制方法相比较，来验证本章方法的优势。采用自适应控制方法对系统式（2-56）进行跟踪控制，其中控制器的形式与本章方法相同，自适应律可表示为

$$\dot{\hat{\beta}}(t) = -\Gamma[\boldsymbol{\Phi}_k(t)s_k + \sigma\hat{\boldsymbol{\beta}}(t)], \hat{\boldsymbol{\beta}}(0) = 0$$

设计参数选取为 $\Gamma = \mathrm{diag}\{0.01\}$，$\sigma = 0.5$。期望参考轨迹向量为 $\boldsymbol{X}_\mathrm{d}(t) = [\sin t, \cos t]^\mathrm{T}$，其他设计参数同实验 1。由于传统自适应控制方法不存在迭代运行的过程，因此，控制器及自适应律中的下标“k”没有实际意义。通过图 2-14～图 2-16 所示仿真结果可以看出，对于形如式（2-56）的系统，传统自适应控制器不能实现较好的跟踪效果，跟踪误差一直周期性地存在，不能通过微分型的参数自适应律的学习而消除掉。

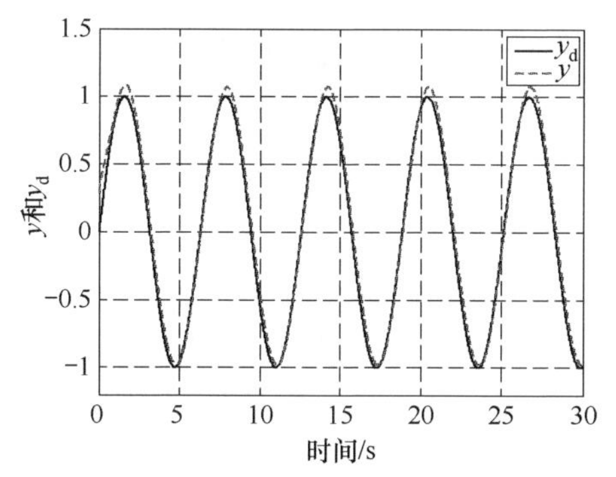

图 2-14　y_k 对 y_d 的跟踪曲线

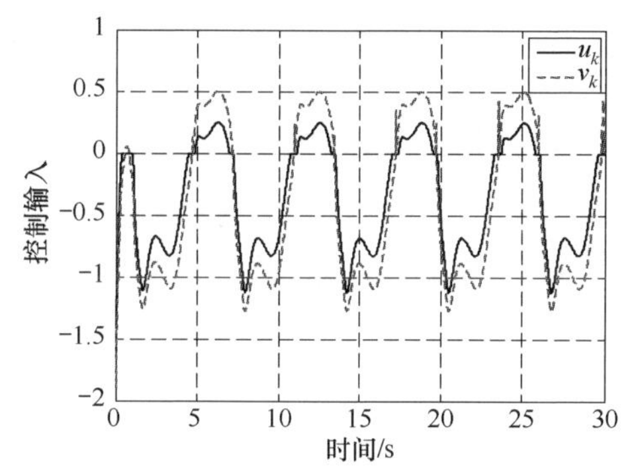

图 2-15　死区输入 v_k 与输出 u_k

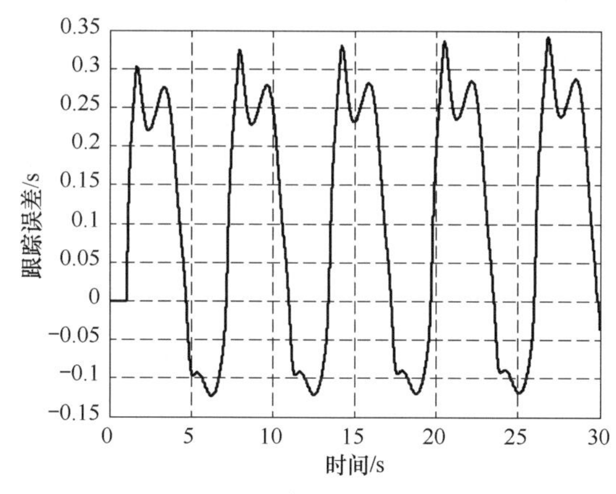

图 2-16　误差 $s(t)$ 变化曲线

通过以上 3 个仿真实验，可以看出，本章提出的自适应迭代学习控制方法对于带有输出死区特性的参数化非线性时滞系统具有良好的控制效果，通过迭代学习过程，能够实现很好的跟踪效果，实现了控制目标。

2.6 小结与评述

本章在深入分析国内外有关时滞和死区非线性系统研究成果的基础上，针对一类具有死区输入和未知时变状态时滞的非线性时变参数化系统的控制难题，设计了一种新颖的自适应迭代学习控制器，拓宽了自适应迭代学习控制方法的适用范围，为相关问题的自适应迭代学习控制设计问题提供了新思路。首先，通过引入时变特性对死区非线性特性建立了一种新的斜率时变模型，该模型形式简单又具有广泛的代表性。在利用 L-K 方法对系统中时滞项进行补偿之后，利用 Young 不等式技术对系统重新进行了参数化，在此基础上设计了自适应迭代学习控制器。在设计过程中，通过引入边界层函数放宽了迭代学习控制一致初始条件的限制，并利用双曲正切函数避免了可能的奇异性问题，从而不需要单独考虑跟踪误差过零的情况，保证了控制作用的连续性。利用类 Lyapunov CEF 方法根据双曲正切函数的性质分情况讨论得到了系统的信号有界性和跟踪误差学习收敛性结论。数值仿真研究结果验证了所提出自适应迭代学习控制方案有效性和相较传统自适应控制方法在处理这类系统上的优越性。

第3章　非线性时滞系统神经网络自适应迭代学习控制

3.1　引　　言

在第2章中，我们解决了式（2-1）所描述的带有死区输入的不确定参数化时滞系统的自适应迭代学习控制问题，但当系统不满足参数化条件时，第2章所设计的方法显然不再适用。本章拟对一类具有未知输入死区和时变状态时滞的非参数化非线性系统进行研究。

当系统存在非参数化的不确定性时，神经网络或模糊逻辑是十分有效的处理方法。Chien 分别针对 SISO 非线性系统、分散关联大系统、非仿射非线性关联系统等，利用模糊逻辑系统或模糊神经网络逼近技术，提出了自适应迭代学习控制方案[52-56]，设计了迭代方向上的差分型自适应学习律对模糊逼近的权值进行估计。朱胜在文献［94］中利用 RBF 神经网络对非线性不确定性进行逼近，并设计了时间轴上的微分型参数自适应律对神经网络权值进行估计。为了处理具有时变特性的不确定性，孙明轩教授提出了一种时变神经网络[90,91]，即神经网络的最优权值是时变的，此时网络权值将不能再通过时间轴上的微分型自适应律进行估计，设计了一种迭代方向上的权值更新方式，并通过迭代最小二乘法证明了逼近误差的收敛性。他们利用时变神经网络对几类系统设计了自适应迭代学习控制方案[92-94]，对时变最优权值设计了差分型自适应学习律进行估计。

本章所研究的不确定非线性系统同时具有未知时变时滞、死区输入及时变非线性，诸多复杂因素并存使得这类系统非常难以控制，目前已报道的时域和迭代域的设计方法都不适用。本章将利用基于时变神经网络技术设计一种新的自适应迭代学习控制方案，解决这类系统的控制难题。

3.2　问题描述与准备

3.2.1　问题描述

考虑在有限时间区间$[0,T]$上重复运行且具有未知时变时滞和死区输入的非参数化不确定非线性系统，其数学模型为

$$\begin{cases}\dot{x}_{i,k}(t)=x_{i+1,k}(t),i=1,2,\cdots,n-1\\ \dot{x}_{n,k}(t)=f(\boldsymbol{X}_k(t),t)+h(\boldsymbol{X}_{\tau,k}(t),t)+g(\boldsymbol{X}_k(t),t)u_k(t)+d(t)\\ y_k(t)=x_{1,k}(t),u_k(t)=D(v_k(t)),t\in[0,T]\\ x_{i,k}(t)=\varpi_i(t),t\in[-\tau_{\max},0),i=1,2,\cdots,n\end{cases}\tag{3-1}$$

式中：大部分符号的定义与上一章相同，不再赘述。不同的是，在本节中：$\tau_i(t)$为未知时变时滞，$x_{\tau_i,k}\triangleq x_{i,k}(t-\tau_i(t))$，$i=1,2,\cdots,n$；$\boldsymbol{X}_{\tau,k}(t)=[x_{\tau_1,k}(t),\cdots,x_{\tau_n,k}(t)]^{\mathrm{T}}$为时滞状态向量；$f(\cdot,\cdot)$和$g(\cdot,\cdot)$为未知连续函数；$h(\cdot,\cdot)$是一个关于时滞状态的未知连续函数。本节仍考虑死区输入特性的影响，死区模型采用第 2 章中的模型，$v_k(t)\in\mathrm{R}$为控制输入，$u_k(t)$是死区输出，对死区的假设 2.8 在本章仍成立。

注 3.1：通过比较式（2-1）和式（3-1）可以看出，与第 2 章所考虑被控对象不同的是，式（2-1）所描述系统的所有状态的延迟时间都是一致的，而在式（3-1）中各状态量的延迟时间是相互独立的，这也更符合实际的情况。

控制目标与第 2 章相同。在进行设计之前先作如下的假设。

假设 3.1：未知时变时滞$\tau_i(t)$满足：$0\leqslant\tau_i(t)\leqslant\tau_{\max}$，$\dot{\tau}_i(t)\leqslant\kappa<1,i=1,2,\cdots,n$，其中$\tau_{\max}$和$\kappa$为未知的正常数。

假设 3.2：未知连续函数$h(\cdot,\cdot)$满足不等式

$$|h(\boldsymbol{X}_{\tau,k},t)|\leqslant\theta(t)\sum_{j=1}^{n}\rho_j(x_{\tau_j,k}(t))\tag{3-2}$$

式中：$\theta(t)$为未知时变参数；$\rho_j(\cdot)$为未知、正的连续函数。

假设 3.3：$g(\cdot,\cdot)$的符号是已知的，且存在正常数$0<g_{\min}\leqslant g_{\max}$使得$g_{\min}\leqslant|g(\cdot,\cdot)|\leqslant g_{\max}$。不失一般性地，假设$g(\cdot,\cdot)>0$。

对初始定位误差、期望状态轨迹及未知扰动的假设与第 2 章相同。

注 3.2：假设 3.2 是很宽松的。因为$h(\cdot,\cdot)$在$[0,T]$上是连续的，那么显然它是有界的。与文献［66-68，70，71］等要求非线性函数满足 Lipschitz 条件且上界函数已知相比，假设 3.2 已经大大放松且很容易满足。

注 3.3：控制增益的上下界$g_{\min}$和$g_{\max}$仅用于分析，由于未在控制器的设计中使用，它们的真值是不需要已知的。

3.2.2 RBF 神经网络

在控制领域，两类神经网络通常被用来逼近未知连续函数：线性参数化神经网络（linearly parameterized neural networks，LPNN）和多层神经网络（multilayer neural networks，MNN）。RBF 神经网络（Radial Basis Function Neural Network，RBF NN）于 1988 年被提出[135]，作为一种 LPNN，相比多层前馈网络具有良好的泛化能力，因网络结构简单、可以避免不必要的和冗长的计算而备受关注，广

泛应用于模式识别和控制问题中[136,137]。研究表明，RBF 神经网络能够在一个紧集上，以任意精度逼近任何的连续非线性函数[136]。RBF 神经网络可被看作为一种双层神经网络，其结构图如图 3-1 所示，隐含层是一种固定的非线性传递，不具有可调节参数，也就是由网络输入空间映射到一个新的空间，输出层则将后一个空间的输入进行线性组合。

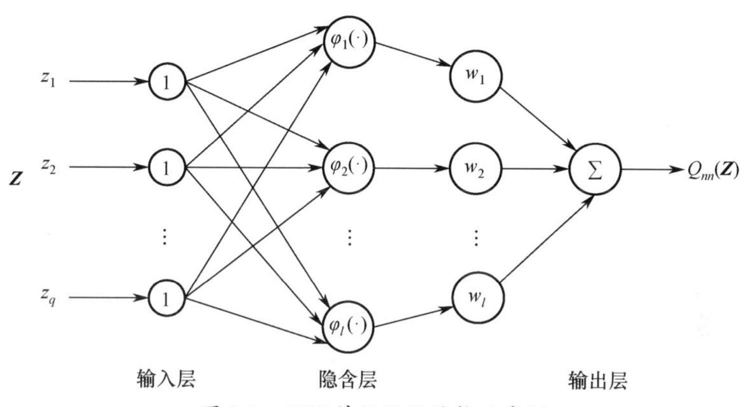

图 3-1　RBF 神经网络结构示意图

一般而言，RBF 神经网络逼近连续函数 $Q(\boldsymbol{Z}):\mathbf{R}^q\rightarrow\mathbf{R}$ 的形式可表示为

$$Q_{nn}(\boldsymbol{Z})=\boldsymbol{W}^{\mathrm{T}}\boldsymbol{\phi}(\boldsymbol{Z}) \tag{3-3}$$

式中：$\boldsymbol{Z}\in\boldsymbol{\Omega}_Z\subset\mathbf{R}^q$ 为网络输入向量；$\boldsymbol{W}=[w_1,w_2,\cdots,w_l]^{\mathrm{T}}\in\mathbf{R}^l$ 为权值向量，神经元个数为 $l>1$；基函数向量为 $\boldsymbol{\phi}(\boldsymbol{Z})=[\varphi_1(\boldsymbol{Z}),\cdots,\varphi_l(\boldsymbol{Z})]^{\mathrm{T}}$，$\varphi_i(\boldsymbol{Z})$ 是常用的 Gauss 函数，即 $\varphi_i(\boldsymbol{Z})=e^{-(\boldsymbol{Z}-\boldsymbol{\mu}_i)^{\mathrm{T}}(\boldsymbol{Z}-\boldsymbol{\mu}_i)/\sigma_i^2}$，$i=1,2,\cdots,l$，其中 $\boldsymbol{\mu}_i=[\mu_{i1},\mu_{i2},\cdots,\mu_{iq}]^{\mathrm{T}}$ 为中心值，σ_i 为 Gauss 函数的宽度。目前已经证明，如果 l 选择得足够大，$\boldsymbol{W}^{\mathrm{T}}\boldsymbol{\phi}(\boldsymbol{Z})$ 能够以 $Q(\boldsymbol{Z})=\boldsymbol{W}^{*\mathrm{T}}\boldsymbol{\phi}(\boldsymbol{Z})+\varepsilon(\boldsymbol{Z})$ 的形式在紧集 $\boldsymbol{\Omega}_Z\subset\mathbf{R}^q$ 上以任意精度逼近任何连续函数 $Q(\boldsymbol{Z})$，$\forall\boldsymbol{Z}\in\boldsymbol{\Omega}_Z\subset\mathbf{R}^q$，其中 $\boldsymbol{W}^*$ 为最优的常值权值向量，$\varepsilon(\boldsymbol{Z})$ 为神经网络逼近误差，它在紧集上是有界的，即 $|\varepsilon(\boldsymbol{Z})|\leqslant\varepsilon^*$，$\forall\boldsymbol{Z}\in\boldsymbol{\Omega}_Z$，其中 $\varepsilon^*>0$ 为一未知常数。最优的权值向量 $\boldsymbol{W}^*$ 是一个仅用于分析的“理想”值，其定义为对所有的 $\boldsymbol{Z}\in\boldsymbol{\Omega}_Z\subset\mathbf{R}^q$ 使 $|\varepsilon(\boldsymbol{Z})|$ 最小的 $\boldsymbol{W}$ 的值，即 $\boldsymbol{W}^*:=\arg\min_{W\in R^l}\{\sup_{\boldsymbol{Z}\in\boldsymbol{\Omega}_Z}|Q(\boldsymbol{Z})-\boldsymbol{W}^{\mathrm{T}}\boldsymbol{\phi}(\boldsymbol{Z})|\}$。

在控制系统设计中，利用 RBF NN 逼近未知连续函数时，通常需要设计更新律来估计权值向量。在早期设计中，基于梯度法的反向传播算法及其改进形式是最受欢迎的神经网络训练算法。随着神经网络在自适应控制中的应用，基于 Lyapunov 方法的微分型更新算法逐渐发展起来。在过去的 30 年中，大量的自适应神经网络控制策略被提出[12,109-114,136]。然而，当在未知连续函数中引入时间量，即 $Q(\boldsymbol{Z})$ 变为 $Q(\boldsymbol{Z},t)$ 时，再用 $Q(\boldsymbol{Z})=\boldsymbol{W}^{*\mathrm{T}}\boldsymbol{\phi}(\boldsymbol{Z})+\varepsilon(\boldsymbol{Z})$ 的形式进行逼近显然是不合

理的。解决这个的问题的办法之一是在逼近式中也引入时间变量，即

$$Q(\boldsymbol{Z},\ t)=\boldsymbol{W}^{*\mathrm{T}}(t)\boldsymbol{\phi}(\boldsymbol{Z})+\varepsilon(\boldsymbol{Z},\ t) \tag{3-4}$$

式中：最优网络权值矩阵 $\boldsymbol{W}^{*}(t)$ 是时变的。在迭代学习控制设计中，就可以设计迭代方向上的自适应学习律对 $\boldsymbol{W}^{*}(t)$ 进行估计。

3.3 自适应迭代学习控制方案设计

与第 2 章相同，期望状态轨迹向量为 $\boldsymbol{X}_{\mathrm{d}}(t)=[y_{\mathrm{d}}(t),\dot{y}_{\mathrm{d}}(t),\cdots,y_{\mathrm{d}}^{(n-1)}(t)]^{\mathrm{T}}$，定义跟踪误差为 $\boldsymbol{e}_k(t)=[e_{1,k},e_{2,k},\cdots,e_{n,k}]^{\mathrm{T}}=\boldsymbol{X}_k(t)-\boldsymbol{X}_{\mathrm{d}}(t)$。滤波的误差变量为 $e_{sk}(t)=[\boldsymbol{\Lambda}^{\mathrm{T}}\quad 1]\,\boldsymbol{e}_k(t)$，$\boldsymbol{\Lambda}=[\lambda_1,\lambda_2,\cdots,\lambda_{n-1}]^{\mathrm{T}}$，$\lambda_1,\lambda_2,\cdots,\lambda_{n-1}$ 为赫尔维茨（Hurwitz）多项式 $H(s)=s^{n-1}+\lambda_{n-1}s^{n-2}+\cdots+\lambda_1$ 的系数。

$s_k(t)$ 的定义同第 2 章，通过其定义可知存在关系

$$\begin{aligned} s_k(t)\,\mathrm{sat}\left(\frac{e_{sk}(t)}{\eta(t)}\right) &= \begin{cases} 0 & \left|\dfrac{e_{sk}(t)}{\eta(t)}\right|\leqslant 1 \\ s_k(t)\,\mathrm{sgn}(e_{sk}(t)) & \left|\dfrac{e_{sk}(t)}{\eta(t)}\right|>1 \end{cases} \\ &= s_k(t)\,\mathrm{sgn}(s_k(t))=|s_k(t)| \end{aligned} \tag{3-5}$$

根据式（3-1）和跟踪误差定义，$e_{n,k}(t)$ 的动态方程为

$$\begin{aligned} \dot{e}_{n,k}(t) &= f(\boldsymbol{X}_k(t),t)+h(\boldsymbol{X}_{\tau,k}(t),t)+g(\boldsymbol{X}_k(t),t)u_k+d(t)-y_{\mathrm{d}}^{(n)}(t) \\ &= f(\boldsymbol{X}_k(t),t)+h(\boldsymbol{X}_{\tau,k}(t),t)+g(\boldsymbol{X}_k(t),t)(m(t)v_k(t)-d_1(v_k(t)))+ \\ &\quad\ d(t)-y_{\mathrm{d}}^{(n)}(t) \\ &= f(\boldsymbol{X}_k(t),t)+h(\boldsymbol{X}_{\tau,k}(t),t)+g(\boldsymbol{X}_k(t),t)m(t)v_k(t)+ \\ &\quad\ d_2(\boldsymbol{X}_k(t),t)-y_{\mathrm{d}}^{(n)}(t) \end{aligned} \tag{3-6}$$

式中：$d_2(\boldsymbol{X}_k(t),t)=-g(\boldsymbol{X}_k(t),t)d_1(v_k(t))+d(t)$，由假设 3.3 及假设 2.6、假设 2.8 可知 $d_2(\boldsymbol{X}_k,t)$ 是有界的，即存在一未知的连续正函数 $\bar{d}(\boldsymbol{X}_k)$ 满足 $|d_2(\boldsymbol{X}_k,t)|\leqslant\bar{d}(\boldsymbol{X}_k)$。为方便表述，记 $g_m(\boldsymbol{X}_k(t),t)\triangleq g(\boldsymbol{X}_k(t),t)m(t)$。显然有 $\underline{g}_m=m_{\min}g_{\min}\leqslant g_m(x_k,t)\leqslant m_{\max}g_{\max}=\bar{g}_m$。

选取 Lyapunov 函数为

$$V_{s_k}(t)=\frac{1}{2}s_k^2(t) \tag{3-7}$$

对 $V_{s_k}(t)$ 求导，可得

$$\begin{aligned}\dot{V}_{s_k}(t) &= s_k(t)\dot{s}_k(t)\\&= s_k(t)(\dot{e}_{sk}(t) - \dot{\eta}(t)\mathrm{sgn}(s_k(t)))\\&= s_k(t)\Bigg[\sum_{j=1}^{n-1}\lambda_j e_{j+1,k}(t) - \dot{\eta}(t)\mathrm{sgn}(s_k(t)) + f(\boldsymbol{X}_k(t),t) + h(\boldsymbol{X}_{\tau,k}(t),t) +\\&\quad g_m(\boldsymbol{X}_k(t),t)v_k(t) + d_2(\boldsymbol{X}_k(t),t) - y_{\mathrm{d}}^{(n)}(t)\Bigg]\\&= s_k(t)\Bigg[\sum_{j=1}^{n-1}\lambda_j e_{j+1,k}(t) + Ke_{sk}(t) - Ke_{sk}(t) + K\eta(t)\mathrm{sgn}(s_k(t)) + f(\boldsymbol{X}_k(t),t) +\\&\quad h(\boldsymbol{X}_{\tau,k}(t),t) + g_m(\boldsymbol{X}_k(t),t)v_k(t) + d_2(\boldsymbol{X}_k(t),t) - y_{\mathrm{d}}^{(n)}(t)\Bigg]\\&= s_k(t)[(f(\boldsymbol{X}_k(t),t) + h(\boldsymbol{X}_{\tau,k}(t),t) + g_m(\boldsymbol{X}_k(t),t)v_k(t) +\\&\quad \mu_k(t) + d_2(\boldsymbol{X}_k(t),t)] - Ks_k^2(t)\end{aligned} \tag{3-8}$$

式中：$\mu_k(t) = \sum_{j=1}^{n-1}\lambda_j e_{j+1,k}(t) + Ke_{sk}(t) - y_{\mathrm{d}}^{(n)}(t)$，且利用到式(2-13)。

利用假设 3.2 及 Young 不等式，有

$$\begin{aligned}s_k(t)h(\boldsymbol{X}_{\tau,k}(t),t) &\leqslant |s_k(t)|\theta(t)\sum_{j=1}^{n}\rho_j(x_{\tau_j,k}(t))\\&\leqslant \frac{n}{2}s_k^2(t)\theta^2(t) + \frac{1}{2}\sum_{j=1}^{n}\rho_j^2(x_{\tau_j,k}(t))\end{aligned} \tag{3-9}$$

$$s_k(t)d_2(\boldsymbol{X}_k(t),t) \leqslant \frac{s_k^2(t)\bar{d}^2(\boldsymbol{X}_k(t))}{2a_1^2} + \frac{a_1^2}{2} \tag{3-10}$$

式中：a_1 为任意一个给定的小的正常数。

将式（3-9）和式（3-10）代回式（3-8），可得

$$\begin{aligned}\dot{V}_{s_k}(t) \leqslant s_k(t)\Bigg[&(f(\boldsymbol{X}_k(t),t) + g_m(\boldsymbol{X}_k(t),t)v_k(t) + \mu_k(t) + \frac{n}{2}s_k(t)\theta^2(t) +\\&\frac{s_k(t)\bar{d}^2(\boldsymbol{X}_k(t))}{2a_1^2}\Bigg] - Ks_k^2(t) + \frac{1}{2}\sum_{j=1}^{n}\rho_j^2(x_{\tau_j,k}(t)) + \frac{a_1^2}{2}\end{aligned} \tag{3-11}$$

为了补偿未知时变时滞状态函数$\rho_j^2(x_{\tau_j,k}(t))$给系统带来的影响，选取 L-K 泛函为

$$V_{U_k}(t) = \frac{1}{2(1-\kappa)}\sum_{j=1}^{n}\int_{t-\tau_j(t)}^{t}\rho_j^2(x_{j,k}(\sigma))\mathrm{d}\sigma \tag{3-12}$$

对 $V_{U_k}(t)$求导，并考虑假设 3.1 可以得到

$$\begin{aligned}\dot{V}_{U_k}(t) &= \frac{1}{2(1-\kappa)}\sum_{j=1}^{n}\rho_j^2(x_{j,k}) - \frac{1}{2}\sum_{j=1}^{n}\frac{1-\dot{\tau}_j(t)}{(1-\kappa)}\rho_j^2(x_{\tau_j,k}) \\ &\leqslant \frac{1}{2(1-\kappa)}\sum_{j=1}^{n}\rho_j^2(x_{j,k}) - \frac{1}{2}\sum_{j=1}^{n}\rho_j^2(x_{\tau_j,k})\end{aligned} \tag{3-13}$$

定义 Lyapunov 函数为 $V_k(t)=V_{s_k}(t)+V_{U_k}(t)$，结合式（3-11）及式（3-13）可得 $V_k(t)$ 对时间 t 的导数为

$$\begin{aligned}\dot{V}_k(t) \leqslant s_k(t)\Bigg[&(f(\boldsymbol{X}_k(t),t) + g_m(\boldsymbol{X}_k(t),t)v_k(t) + \mu_k(t) + \frac{n}{2}s_k(t)\theta^2(t) + \\ &\frac{s_k(t)\bar{d}^2(\boldsymbol{X}_k(t))}{2a_1^2}\Bigg] - Ks_k^2(t) + \frac{1}{2(1-\kappa)}\sum_{j=1}^{n}\rho_j^2(x_{j,k}) + \frac{a_1^2}{2}\end{aligned} \tag{3-14}$$

为使表述简洁，定义 $\xi(\boldsymbol{X}_k(t)) \triangleq \frac{a_1^2}{2} + \frac{1}{2(1-\kappa)}\sum_{j=1}^{n}\rho_j^2(x_{j,k}(t))$，则式(3-14)可写为

$$\begin{aligned}\dot{V}_k(t) \leqslant s_k(t)\Bigg[&(f(\boldsymbol{X}_k(t),t) + g_m(\boldsymbol{X}_k(t),t)v_k(t) + \mu_k(t) + \frac{n}{2}s_k(t)\theta^2(t) + \\ &\frac{s_k(t)\bar{d}^2(\boldsymbol{X}_k(t))}{2a_1^2} + \frac{\xi(\boldsymbol{X}_k(t))}{s_k(t)}\Bigg] - Ks_k^2(t)\end{aligned} \tag{3-15}$$

为了克服上式中可能的奇异性问题，按与第 2 章相同的处理方法引入双曲正切函数，则式（3-15）转化为

$$\begin{aligned}&\dot{V}_k(t) \\ &\leqslant s_k(t)\left[f(\boldsymbol{X}_k(t),t) + g_m(\boldsymbol{X}_k(t),t)v_k(t) + \mu_k(t) + \frac{n}{2}s_k(t)\theta^2(t) + \frac{s_k(t)\bar{d}^2(\boldsymbol{X}_k(t))}{2a_1^2}\right] - \\ &\quad Ks_k^2(t) + \xi(\boldsymbol{X}_k(t)) - b\tanh^2\left(\frac{s_k(t)}{\eta(t)}\right)\xi(\boldsymbol{X}_k(t)) + b\tanh^2\left(\frac{s_k(t)}{\eta(t)}\right)\xi(\boldsymbol{X}_k(t)) \\ &= s_k(t)\Bigg[f(\boldsymbol{X}_k(t),t) + g_m(\boldsymbol{X}_k(t),t)v_k(t) + \mu_k(t) + \frac{n}{2}s_k(t)\theta^2(t) + \frac{s_k(t)\bar{d}^2(\boldsymbol{X}_k(t))}{2a_1^2} + \\ &\quad \frac{b}{s_k(t)}\tanh^2\left(\frac{s_k(t)}{\eta(t)}\right)\xi(\boldsymbol{X}_k(t))\Bigg] - Ks_k^2(t) + (1 - b\tanh^2\left(\frac{s_k(t)}{\eta(t)}\right))\xi(\boldsymbol{X}_k(t))\end{aligned} \tag{3-16}$$

在式（3-16）两边同时乘 $1/g_m(\boldsymbol{X}_k,t)$，其转化为

$$\frac{\dot{V}_k(t)}{g_m(\boldsymbol{X}_k(t),t)}$$

$$\leqslant s_k(t)\left[\frac{1}{g_m(\boldsymbol{X}_k(t),t)}\left(f(\boldsymbol{X}_k(t),t)+\frac{n}{2}s_k(t)\theta^2(t)+\frac{s_k(t)\bar{d}^2(\boldsymbol{X}_k(t))}{2a_1^2}+\right.\right.$$

$$\left.\left.\frac{b}{s_k(t)}\tanh^2\left(\frac{s_k(t)}{\eta(t)}\right)\xi(\boldsymbol{X}_k(t))\right)+v_k(t)+\frac{1}{g_m(\boldsymbol{X}_k(t),t)}\mu_k(t)\right]-$$

$$\frac{K}{g_m(\boldsymbol{X}_k(t),t)}s_k^2(t)+\frac{1}{g_m(\boldsymbol{X}_k(t),t)}\left(1-b\tanh^2\left(\frac{s_k(t)}{\eta(t)}\right)\right)\xi(\boldsymbol{X}_k(t))$$

$$=s_k(t)[\Xi(\boldsymbol{X}_k,t)+\Psi(\boldsymbol{X}_k,t)\mu_k(t)+v_k(t)]-\frac{K}{g_m(\boldsymbol{X}_k(t),t)}s_k^2(t)+$$

$$\frac{1}{g_m(\boldsymbol{X}_k(t),t)}\left(1-b\tanh^2\left(\frac{s_k(t)}{\eta(t)}\right)\right)\xi(\boldsymbol{X}_k(t)) \tag{3-17}$$

式中：$\Xi(\boldsymbol{X}_k,t)=\frac{1}{g_m(\boldsymbol{X}_k(t),t)}\left[f(\boldsymbol{X}_k(t),t)+\frac{n}{2}s_k(t)\theta^2(t)+\frac{b}{s_k(t)}\tanh^2\left(\frac{s_k(t)}{\eta(t)}\right)\xi(\boldsymbol{X}_k(t))+\frac{s_k(t)\bar{d}^2(\boldsymbol{X}_k)}{2a_1^2}\right]$，$\Psi(\boldsymbol{X}_k,t)=\frac{1}{g_m(\boldsymbol{X}_k(t),t)}$。为了处理控制器设计中的不确定性，利用 RBF 神经网络逼近未知非线性函数 $\Xi(\boldsymbol{X}_k,t)$ 和 $\Psi(\boldsymbol{X}_k,t)$，有

$$\Xi(\boldsymbol{X}_k,t)=\boldsymbol{W}_{\Xi}^{*\mathrm{T}}(t)\boldsymbol{\Phi}_{\Xi}(\boldsymbol{X}_k^{\Xi})+\varepsilon_{\Xi}(\boldsymbol{X}_k^{\Xi},t) \tag{3-18}$$

$$\Psi(\boldsymbol{X}_k,t)=\boldsymbol{W}_{\Psi}^{*\mathrm{T}}(t)\boldsymbol{\Phi}_{\Psi}(\boldsymbol{X}_k^{\Psi})+\varepsilon_{\Psi}(\boldsymbol{X}_k^{\Psi},t) \tag{3-19}$$

式中：$\boldsymbol{X}_k^{\Xi}=[\boldsymbol{X}_k^{\mathrm{T}},\ \boldsymbol{X}_{\mathrm{d}}^{\mathrm{T}}]^{\mathrm{T}}\in\boldsymbol{\Omega}_{\Xi}\subset\mathbf{R}^{2n}$ 和 $\boldsymbol{X}_k^{\Psi}=\boldsymbol{X}_k\in\boldsymbol{\Omega}_{\Psi}\subset\mathbf{R}^{n}$ 神经网络输入向量，$\boldsymbol{\Omega}_{\Xi}$ 和 $\boldsymbol{\Omega}_{\Psi}$ 是两个紧集；$\delta_{\Xi}(\boldsymbol{X}_k^{\Xi},t)$ 和 $\delta_{\Psi}(\boldsymbol{X}_k^{\Psi},t)$ 为神经网络逼近误差，可以通过增加神经网络神经元数目使其任意小，且 $|\varepsilon_{\Xi}(\boldsymbol{X}_k^{\Xi},t)|\leqslant\varepsilon_{\Xi}$，$|\varepsilon_{\Xi}(\boldsymbol{X}_k^{\Xi},t)|\leqslant\varepsilon_{\Psi}$，$\forall t\in[0,T]$，$\varepsilon_{\Xi}$，$\varepsilon_{\Psi}>0$ 为未知正常数。定义 $\beta(t)$ 为 $\beta(t)=\max\{|\delta_{\Xi}(\boldsymbol{X}_k^{\Xi},t)|,|\delta_{\Xi}(\boldsymbol{X}_k^{\Xi},t)|\}$。$\boldsymbol{\Phi}_{\Xi}(X_k^{\Xi})$ 和 $\boldsymbol{\Phi}_{\Xi}(\boldsymbol{X}_k^{\Xi})$ 为高斯（Gauss）基函数向量，其形式为

$$\boldsymbol{\Phi}_{\Xi}(\boldsymbol{X}_k^{\Xi})=[\varphi_1(\boldsymbol{X}_k^{\Xi}),\varphi_2(\boldsymbol{X}_k^{\Xi}),\cdots,\varphi_{l_{\Xi}}(\boldsymbol{X}_k^{\Xi})]^{\mathrm{T}}:\mathbf{R}^{2n}\mapsto\mathbf{R}^{l_{\Xi}} \tag{3-20}$$

$$\boldsymbol{\Phi}_{\Psi}(\boldsymbol{X}_k^{\Psi})=[\varphi_1(\boldsymbol{X}_k^{\Psi}),\varphi_2(\boldsymbol{X}_k^{\Psi}),\cdots,\varphi_{l_{\Psi}}(\boldsymbol{X}_k^{\Psi})]^{\mathrm{T}}:\mathbf{R}^{n}\mapsto\mathbf{R}^{l_{\Psi}} \tag{3-21}$$

式中：$\varphi_i(\mathbf{Z})=\exp(-\|\mathbf{Z}-\boldsymbol{c}_i\|^2/\sigma_i^2)$，$\boldsymbol{c}_i\in\boldsymbol{\Omega}_Z$ 和 $\sigma_i\in\mathbf{R}$ 分别为第 i 个神经元的中心和宽度；l_{Ξ} 和 l_{Ψ} 分别为两个神经网络的神经元数目。$\boldsymbol{W}_{\Xi}^*(t)\in\mathbf{R}^{l_{\Xi}}$ 和 $\boldsymbol{W}_{\Psi}^*(t)\in\mathbf{R}_{\Psi}^{l}$ 是最优的时变网络权值，其定义为

$$\boldsymbol{W}_{\Xi}^*(t)=\arg\min_{W_{\Xi}(t)\in\mathbf{R}^{l_{\Xi}}}\left\{\sup_{\boldsymbol{X}_k^{\Psi}\in\mathbf{R}^n}|\Xi(\boldsymbol{X}_k,t)-\boldsymbol{W}_{\Xi}^{\mathrm{T}}(t)\boldsymbol{\Phi}_{\Xi}(\boldsymbol{X}_k^{\Xi})|\right\} \tag{3-22}$$

$$\boldsymbol{W}_{\Psi}^*(t)=\arg\min_{W_{\Psi}(t)\in\mathrm{R}^{l_{\Psi}}}\left\{\sup_{\boldsymbol{X}_k^{\Psi}\in\mathbf{R}^n}|\Psi(\boldsymbol{X}_k,t)-\boldsymbol{W}_{\Psi}^{\mathrm{T}}(t)\boldsymbol{\Phi}_{\Psi}(\boldsymbol{X}_k^{\Psi})|\right\} \tag{3-23}$$

对神经网络最优权值，下面的假设成立。

假设 3.4：最优神经网络权值 $\boldsymbol{W}_{\Xi}^*(t)$ 和 $\boldsymbol{W}_{\Psi}^*(t)$ 是有界的，即

$$\max_{t\in[0,T]}\|\boldsymbol{W}_{\Xi}^{*}(t)\|\leqslant\varepsilon_{\boldsymbol{W}_{\Xi}^{*}},\ \max_{t\in[0,T]}\|\boldsymbol{W}_{\Psi}^{*}(t)\|\leqslant\varepsilon_{\boldsymbol{W}_{\Psi}^{*}} \tag{3-24}$$

式中：$\varepsilon_{\boldsymbol{W}_{\Xi}^{*}}$ 和 $\varepsilon_{\boldsymbol{W}_{\Psi}^{*}}$ 为未知的正常数。

基于以上过程，设计自适应迭代学习控制器为

$$\begin{aligned}v_k(t)=&-\hat{\boldsymbol{W}}_{\Xi,k}^{\mathrm{T}}(t)\boldsymbol{\Phi}_{\Xi}(\boldsymbol{X}_k^{\Xi})-\hat{\boldsymbol{W}}_{\Psi,k}^{\mathrm{T}}(t)\boldsymbol{\Phi}_{\Psi}(\boldsymbol{X}_k^{\Psi})\mu_k(t)\\&-\mathrm{sat}\left(\frac{e_{sk}}{\eta(t)}\right)\hat{\beta}_k(t)(1+|\mu_k(t)|)\end{aligned} \tag{3-25}$$

式中：$\hat{\boldsymbol{W}}_{\Xi,k}^{\mathrm{T}}(t)$、$\hat{\boldsymbol{W}}_{\Psi,k}^{\mathrm{T}}(t)$ 和 $\hat{\beta}_k(t)$ 分别为 $\boldsymbol{W}_{\Xi}^{*}(t)$、$\boldsymbol{W}_{\Psi}^{*}(t)$ 和 β 的估计值。设计参数自适应迭代学习律为

$$\begin{cases}\hat{\boldsymbol{W}}_{\Xi,k}(t)=\hat{\boldsymbol{W}}_{\Xi,k-1}(t)+q_1s_k(t)\boldsymbol{\Phi}_{\Xi}(\boldsymbol{X}_k^{\Xi})\\ \hat{\boldsymbol{W}}_{\Xi,0}(t)=0,t\in[0,T]\end{cases} \tag{3-26}$$

$$\begin{cases}\hat{\boldsymbol{W}}_{\Psi,k}(t)=\hat{\boldsymbol{W}}_{\Psi,k-1}(t)+q_2s_k(t)\mu_k(t)\boldsymbol{\Phi}_{\Psi}(\boldsymbol{X}_k^{\Psi})\\ \hat{\boldsymbol{W}}_{\Psi,0}(t)=0,t\in[0,T]\end{cases} \tag{3-27}$$

$$\begin{cases}(1-\gamma)\dot{\hat{\beta}}_k(t)=-\gamma\hat{\beta}_k(t)+\gamma\hat{\beta}_{k-1}(t)+q_3|s_k(t)|(1+|\mu_k(t)|)\\ \hat{\beta}_k(0)=\hat{\beta}_{k-1}(T),\hat{\beta}_0(t)=0,t\in[0,T]\end{cases} \tag{3-28}$$

式中：$q_1,q_2,q_3>0$ 和 $0<\gamma<1$ 为设计参数。

定义参数估计误差为 $\tilde{\boldsymbol{W}}_{\Xi,k}(t)=\hat{\boldsymbol{W}}_{\Xi,k}(t)-\boldsymbol{W}_{\Xi}^{*}(t)$，$\tilde{\boldsymbol{W}}_{\Psi,k}(t)=\hat{\boldsymbol{W}}_{\Psi,k}(t)-\boldsymbol{W}_{\Psi}^{*}(t)$ 及 $\tilde{\beta}_k(t)=\hat{\beta}_k(t)-\beta$，则将控制器式（3-25）代入式（3-17）可得

$$\begin{aligned}&\frac{\dot{V}_k(t)}{g_m(\boldsymbol{X}_k(t),t)}\\&\leqslant s_k(t)\left[\boldsymbol{W}_{\Xi}^{*\mathrm{T}}(t)\boldsymbol{\Phi}_{\Xi}(\boldsymbol{X}_k^{\Xi})+\delta_{\Xi}(\boldsymbol{X}_k^{\Xi},t)+(\boldsymbol{W}_{\Psi}^{*\mathrm{T}}(t)\boldsymbol{\Phi}_{\Psi}(\boldsymbol{X}_k^{\Psi})+\delta_{\Xi}(\boldsymbol{X}_k^{\Psi},t))\mu_k(t)-\right.\\&\left.\hat{\boldsymbol{W}}_{\Xi,k}^{\mathrm{T}}(t)\boldsymbol{\Phi}_{\Xi}(\boldsymbol{X}_k^{\Xi})-\hat{\boldsymbol{W}}_{\Psi,k}^{\mathrm{T}}(t)\boldsymbol{\Phi}_{\Psi}(\boldsymbol{X}_k^{\Psi})\mu_k(t)-\mathrm{sat}\left(\frac{e_{sk}}{\eta(t)}\right)\hat{\beta}_k(1+|\mu_k(t)|)\right]-\\&\frac{K}{g_m(\boldsymbol{X}_k(t),t)}s_k^2(t)+\frac{1}{g_m(\boldsymbol{X}_k(t),t)}\left(1-b\tanh^2\left(\frac{s_k(t)}{\eta(t)}\right)\right)\xi(\boldsymbol{X}_k(t))\\&\leqslant-s_k(t)\tilde{\boldsymbol{W}}_{\Xi,k}^{\mathrm{T}}(t)\boldsymbol{\Phi}_{\Xi}(\boldsymbol{X}_k^{\Xi})-s_k(t)\tilde{\boldsymbol{W}}_{\Psi,k}^{\mathrm{T}}(t)\boldsymbol{\Phi}_{\Psi}(\boldsymbol{X}_k^{\Psi})\mu_k(t)-|s_k(t)|\tilde{\beta}_k(1+|\mu_k(t)|)-\\&\frac{K}{g_m(\boldsymbol{X}_k(t),t)}s_k^2(t)+\frac{1}{g_m(\boldsymbol{X}_k(t),t)}\left(1-b\tanh^2\left(\frac{s_k(t)}{\eta(t)}\right)\right)\xi(\boldsymbol{X}_k(t))\end{aligned} \tag{3-29}$$

式（3-29）可进一步写为

$$\begin{aligned}&s_k(t)\tilde{\boldsymbol{W}}_{\Xi,k}^{\mathrm{T}}(t)\boldsymbol{\Phi}_{\Xi}(\boldsymbol{X}_k^{\Xi})+s_k(t)\tilde{\boldsymbol{W}}_{\Psi,k}^{\mathrm{T}}(t)\boldsymbol{\Phi}_{\Psi}(\boldsymbol{X}_k^{\Psi})\mu_k(t)+|s_k(t)|\tilde{\beta}_k(1+|\mu_k(t)|)\leqslant\\&\frac{\dot{V}_k(t)}{g_m(\boldsymbol{X}_k(t),t)}-\frac{K}{g_m(\boldsymbol{X}_k(t),t)}s_k^2(t)+\frac{1}{g_m(\boldsymbol{X}_k(t),t)}\left(1-b\tanh^2\left(\frac{s_k(t)}{\eta(t)}\right)\right)\xi(\boldsymbol{X}_k(t))\end{aligned} \tag{3-30}$$

所设计的神经网络自适应迭代学习控制系统结构图如图 3-2 所示。

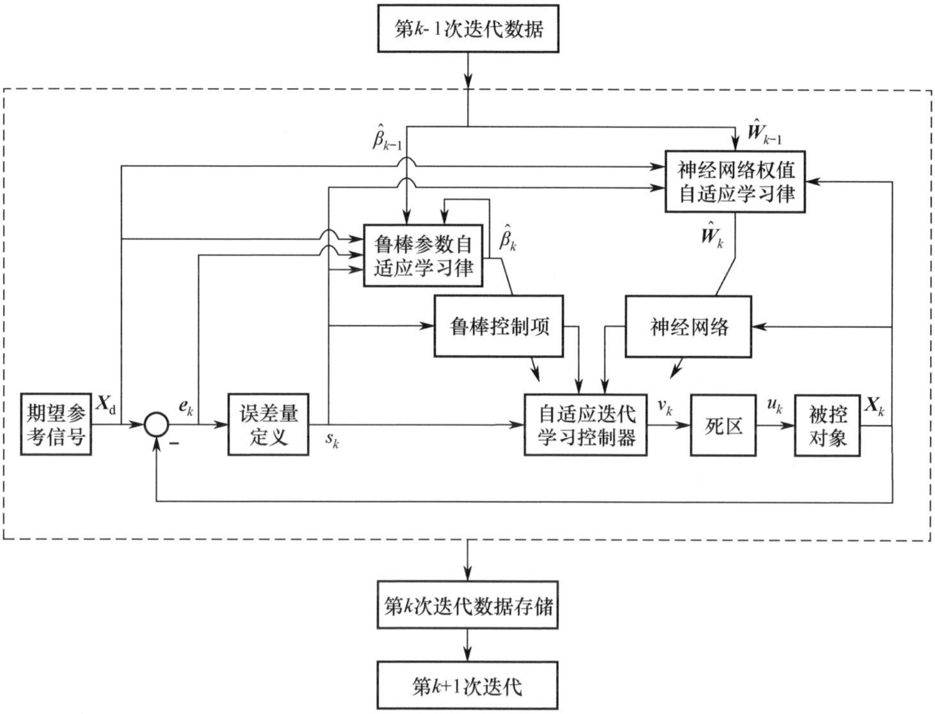

图 3-2　神经网络自适应迭代学习控制系统结构图

3.4　稳定性分析

对于本章提出的自适应迭代学习控制方案，有以下的结论。

定理 3.1：考虑如式（3-1）所描述的在$[0,T]$上重复运行的非线性时滞系统，在假设 3.1～3.4 和假设 2.4～2.8 成立的条件下，设计神经网络自适应迭代学习控制器式（3-25）及参数自适应迭代学习律式（3-26）～式（3-28），可以得到与定理 2.1 相同的结论，即：①闭环系统所有信号均有界；②$\lim\limits_{k\to\infty}\int_0^T(e_{sk}(\sigma))^2\mathrm{d}\sigma\leqslant\varepsilon_{esk}$，$\varepsilon_{esk}=\dfrac{1}{2K}(1+m)^2\varepsilon^2$；③系统动态性能，输出跟踪误差 $e_{1,k}(t)$ 满足$\lim\limits_{k\to\infty}|e_{1,k}(t)|=k_0\sum\limits_{i=1}^{n-1}\sqrt{\varepsilon_i^2}e^{-\lambda_0 t}+(1+m)\varepsilon k_0\dfrac{1}{\lambda_0-K}(e^{-Kt}-e^{-\lambda_0 t})$。

证明：根据引理 2.2，分以下两种情况进行讨论。

情况 1：$s_k(t)\in\boldsymbol{\Omega}_{s_k}$

根据 2.4 节中的分析，在 $s_k(t)\in\boldsymbol{\Omega}_{s_k}$ 的情况下，$|e_{sk}(t)|\leqslant(1+m)\eta(t)$。由于

$\boldsymbol{X}_{\mathrm{d}}(t)$是有界的，$x_{i,k}(t)$有界。由自适应迭代学习律式(3-26)~(3-28)可知，当$s_k(t)\in\boldsymbol{\Omega}_{s_k}$时,$\hat{\boldsymbol{W}}_{\Xi,k}(t)$、$\hat{\boldsymbol{W}}_{\Psi,k}(t)$和$\hat{\beta}_k(t)$也是有界的。通过以上的分析，自然得到$v_k(t)$的有界性。这样，闭环系统的所有信号均有界，且跟踪误差满足$|e_{sk}(t)|\leqslant(1+m)\eta(t)$。

情况 2：$s_k(t)\notin\boldsymbol{\Omega}_{s_k}$

由引理 2.2 可知，在这种情况下，式（3-30）的最后一项小于 0 可以去掉，则式（3-30）简化为

$$s_k(t)\tilde{\boldsymbol{W}}_{\Xi,k}^{\mathrm{T}}(t)\boldsymbol{\Phi}_{\Xi}(\boldsymbol{X}_k^{\Xi})+s_k(t)\tilde{\boldsymbol{W}}_{\Psi,k}^{\mathrm{T}}(t)\boldsymbol{\Phi}_{\Psi}(\boldsymbol{X}_k^{\Psi})\mu_k(t)+|s_k(t)|\tilde{\beta}_k(1+|\mu_k(t)|)$$
$$\leqslant-\frac{\dot{V}_k(t)}{g_m(\boldsymbol{X}_k(t),t)}-\frac{K}{g_m(\boldsymbol{X}_k(t),t)}s_k^2(t) \tag{3-31}$$

选取类 Lyapunov CEF 为

$$E_k(t)=\frac{1}{2q_1}\int_0^t\tilde{\boldsymbol{W}}_{\Xi,k}^{\mathrm{T}}(\sigma)\tilde{\boldsymbol{W}}_{\Xi,k}(\sigma)\mathrm{d}\sigma+\frac{1}{2q_2}\int_0^t\tilde{\boldsymbol{W}}_{\Psi,k}^{\mathrm{T}}(\sigma)\tilde{\boldsymbol{W}}_{\Psi,k}(\sigma)\mathrm{d}\sigma+$$
$$\frac{\gamma}{2q_3}\int_0^t\tilde{\beta}_k^2(\sigma)\mathrm{d}\sigma+\frac{(1-\gamma)}{2q_3}\tilde{\beta}_k^2 \tag{3-32}$$

注 3.3：CEF 的选取应能够包含跟踪误差及参数估计误差的信息，根据 2.4 节的分析可以看出，选取 CEF 为参数估计误差的指标函数，也可以得到跟踪误差的收敛特性，因此在这里选取的 CEF 为 3.3 节中 3 个参数估计误差的指标函数。此外，式（3-32）的后两项是根据鲁棒项估计参数$\hat{\beta}_k(t)$的迭代学习律式（3-28）所确定的。

接下来的证明内容包含 4 部分，其主要证明思路如图 3-3 所示。

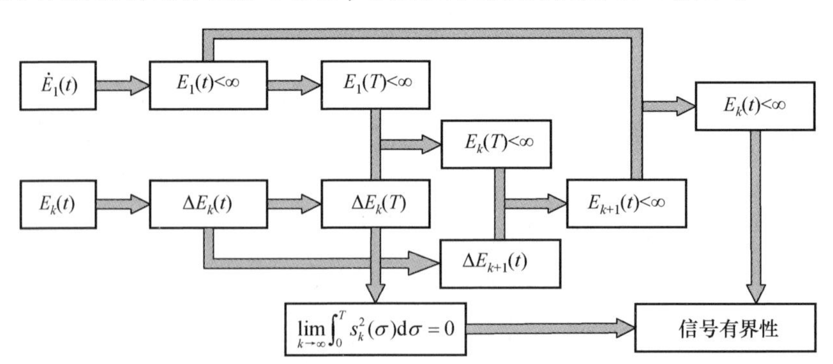

图 3-3　基于 CEF 证明思路示意图（定理 3.1）

1）$E_k(t)$的差分

根据定义式（3-32）可知，$E_k(t)$的差分为

$$\Delta E_k(t)=\frac{1}{2q_1}\int_0^t(\tilde{\boldsymbol{W}}_{\Xi,k}^{\mathrm{T}}(\sigma)\tilde{\boldsymbol{W}}_{\Xi,k}(\sigma)-\tilde{\boldsymbol{W}}_{\Xi,k-1}^{\mathrm{T}}(\sigma)\tilde{\boldsymbol{W}}_{\Xi,k-1}(\sigma))\mathrm{d}\sigma+$$

$$\frac{1}{2q_2}\int_0^t(\tilde{\boldsymbol{W}}_{\Psi,k}^{\mathrm{T}}(\sigma)\tilde{\boldsymbol{W}}_{\Psi,k}(\sigma)-\tilde{\boldsymbol{W}}_{\Psi,k-1}^{\mathrm{T}}(\sigma)\tilde{\boldsymbol{W}}_{\Psi,k-1}(\sigma))\mathrm{d}\sigma+$$
$$\frac{\gamma}{2q_3}\int_0^t(\tilde{\beta}_k^2(\sigma)-\tilde{\beta}_{k-1}^2(\sigma))\mathrm{d}\sigma+\frac{(1-\gamma)}{2q_3}(\tilde{\beta}_k^2(t)-\tilde{\beta}_{k-1}^2(t))\tag{3-33}$$

考虑自适应迭代学习律式（3-26）和式（3-27），可得到等式

$$\begin{aligned}&\frac{1}{2q_1}\int_0^t(\tilde{\boldsymbol{W}}_{\Xi,k}^{\mathrm{T}}(\sigma)\tilde{\boldsymbol{W}}_{\Xi,k}(\sigma)-\tilde{\boldsymbol{W}}_{\Xi,k-1}^{\mathrm{T}}(\sigma)\tilde{\boldsymbol{W}}_{\Xi,k-1}(\sigma))\mathrm{d}\sigma\\&=\int_0^t s_k(\sigma)\tilde{\boldsymbol{W}}_{\Xi,k}^{\mathrm{T}}(\sigma)\boldsymbol{\Phi}_{\Xi}(\boldsymbol{X}_k^{\Xi})\mathrm{d}\sigma-\frac{q_1}{2}\int_0^t s_k^2(\sigma)\|\boldsymbol{\Phi}_{\Xi}(\boldsymbol{X}_k^{\Xi})\|^2\mathrm{d}\sigma\end{aligned}\tag{3-34}$$

$$\begin{aligned}&\frac{1}{2q_2}\int_0^t(\tilde{\boldsymbol{W}}_{\Psi,k}^{\mathrm{T}}(\sigma)\tilde{\boldsymbol{W}}_{\Psi,k}(\sigma)-\tilde{\boldsymbol{W}}_{\Psi,k-1}^{\mathrm{T}}(\sigma)\tilde{\boldsymbol{W}}_{\Psi,k-1}(\sigma))\mathrm{d}\sigma\\&=\int_0^t s_k(\sigma)\tilde{\boldsymbol{W}}_{\Psi,k}^{\mathrm{T}}(\sigma)\boldsymbol{\Phi}_{\Psi}(\boldsymbol{X}_k^{\Psi})\mu_k(\sigma)\mathrm{d}\sigma-\frac{q_2}{2}\int_0^t s_k^2(\sigma)\mu_k^2(\sigma)\|\boldsymbol{\Phi}_{\Psi}(\boldsymbol{X}_k^{\Psi})\|^2\mathrm{d}\sigma\end{aligned}\tag{3-35}$$

考虑自适应学习律式（3-28），式（3-33）的最后两项可转化为

$$\begin{aligned}&\frac{\gamma}{2q_3}\int_0^t(\tilde{\beta}_k^2(\sigma)-\tilde{\beta}_{k-1}^2(\sigma))\mathrm{d}\sigma+\frac{(1-\gamma)}{2q_3}(\tilde{\beta}_k^2(t)-\tilde{\beta}_{k-1}^2(t))\\&=\frac{\gamma}{2q_3}\int_0^t(\tilde{\beta}_k^2(\sigma)-\tilde{\beta}_{k-1}^2(\sigma))\mathrm{d}\sigma+\frac{(1-\gamma)}{q_3}\int_0^T\tilde{\beta}_k(\sigma)\dot{\tilde{\beta}}_k(\sigma)\mathrm{d}\sigma+\\&\quad\frac{(1-\gamma)}{2q_3}[\tilde{\beta}_k^2(0)-\tilde{\beta}_{k-1}^2(t)]\\&=\int_0^t|s_k(\sigma)|\tilde{\beta}_k(\sigma)(1+|\mu_k(\sigma)|)\mathrm{d}\sigma-\frac{\gamma}{q_3}\int_0^t\tilde{\beta}_k(\sigma)(\hat{\beta}_k(\sigma)-\hat{\beta}_{k-1}(\sigma))\mathrm{d}\sigma+\\&\quad\frac{\gamma}{2q_3}\int_0^t(\tilde{\beta}_k^2(\sigma)-\tilde{\beta}_{k-1}^2(\sigma))\mathrm{d}\sigma+\frac{(1-\gamma)}{2q_3}[\tilde{\beta}_k^2(0)-\tilde{\beta}_{k-1}^2(t)]\\&=\int_0^t|s_k(\sigma)|\tilde{\beta}_k(\sigma)(1+|\mu_k(\sigma)|)\mathrm{d}\sigma-\frac{\gamma}{q_3}\int_0^t\tilde{\beta}_k(\sigma)(\tilde{\beta}_k(\sigma)-\tilde{\beta}_{k-1}(\sigma))\mathrm{d}\sigma+\\&\quad\frac{\gamma}{2q_3}\int_0^t(\tilde{\beta}_k^2(\sigma)-\tilde{\beta}_{k-1}^2(\sigma))\mathrm{d}\sigma+\frac{(1-\gamma)}{2q_3}[\tilde{\beta}_k^2(0)-\tilde{\beta}_{k-1}^2(t)]\\&=\int_0^t|s_k(\sigma)|\tilde{\beta}_k(\sigma)(1+|\mu_k(\sigma)|)\mathrm{d}\sigma+\frac{(1-\gamma)}{2q_3}[\tilde{\beta}_k^2(0)-\tilde{\beta}_{k-1}^2(t)]-\\&\quad\frac{\gamma}{2q_3}\int_0^t(\tilde{\beta}_k(\sigma)-\tilde{\beta}_{k-1}(\sigma))^2\mathrm{d}\sigma\end{aligned}\tag{3-36}$$

将式（3-34）~式（3-36）代回到式（3-33），可得

$$\Delta E_k(t) \leqslant -\int_0^t \frac{\dot{V}_k(\sigma)}{g_m(\boldsymbol{X}_k(\sigma),\sigma)}\mathrm{d}\sigma - \int_0^t \frac{K}{g_m(\boldsymbol{X}_k(\sigma),\sigma)}s_k^2(\sigma)\mathrm{d}\sigma + \frac{(1-\gamma)}{2q_3}[\tilde{\beta}_k^2(0) - \tilde{\beta}_{k-1}^2(t)]$$

$$\leqslant -\frac{1}{\bar{g}_m}V_k(t) - \int_0^t \frac{K}{g_m(\boldsymbol{X}_k(\sigma),\sigma)}s_k^2(\sigma)\mathrm{d}\sigma + \frac{(1-\gamma)}{2q_3}[\tilde{\beta}_k^2(0) - \tilde{\beta}_{k-1}^2(t)] \tag{3-37}$$

令式（3-37）中 $t=T$，由于 $\hat{\beta}_k(0)=\hat{\beta}_{k-1}(T)$，$\hat{\beta}_1(0)=0$，因此可得

$$\Delta E_k(T) < -\frac{1}{\bar{g}_m}V_k(T) - \int_0^T \frac{K}{g_m(\boldsymbol{X}_k(\sigma),\sigma)}s_k^2(\sigma)\mathrm{d}\sigma \leqslant 0 \tag{3-38}$$

不等式（3-38）表明，$E_k(T)$ 沿着迭代轴是递减的。因此，只要 $E_1(T)$ 是有界的，就能保证 $E_k(T)$ 的有界性。

2）$E_1(T)$ 的有界性

由 CEF 可知 $E_1(t)$ 为

$$E_1(t) = \frac{1}{2q_1}\int_0^t \tilde{\boldsymbol{W}}_{\Xi,1}^{\mathrm{T}}(\sigma)\tilde{\boldsymbol{W}}_{\Xi,1}(\sigma)\mathrm{d}\sigma + \frac{1}{2q_2}\int_0^t \tilde{\boldsymbol{W}}_{\Psi,1}^{\mathrm{T}}(\sigma)\tilde{\boldsymbol{W}}_{\Psi,1}(\sigma)\mathrm{d}\sigma + \frac{\gamma}{2q_3}\int_0^t \tilde{\beta}_1^2(\sigma)\mathrm{d}\sigma + \frac{(1-\gamma)}{2q_3}\tilde{\beta}_1^2 \tag{3-39}$$

则 $E_1(t)$ 对时间的导数为

$$\dot{E}_1(t) = \frac{1}{2q_1}\tilde{\boldsymbol{W}}_{\Xi,1}^{\mathrm{T}}(t)\tilde{\boldsymbol{W}}_{\Xi,1}(t) + \frac{1}{2q_2}\tilde{\boldsymbol{W}}_{\Psi,1}^{\mathrm{T}}(t)\tilde{\boldsymbol{W}}_{\Psi,1}(t) + \frac{\gamma}{2q_3}\tilde{\beta}_1^2(t) + \frac{(1-\gamma)}{q_3}\tilde{\beta}_1\dot{\tilde{\beta}}_1 \tag{3-40}$$

根据自适应迭代学习律式（3-26）~式（3-28），可知 $\hat{\boldsymbol{W}}_{\Xi,1}(t) = q_1 s_1(t)\boldsymbol{\Phi}_{\Xi}(\boldsymbol{X}_1^{\Xi})$，$\hat{\boldsymbol{W}}_{\Psi,1}(t)=q_2 s_1(t)\mu_1(t)\boldsymbol{\Phi}_{\Psi}(X_1^{\Psi})$，$(1-\gamma)\dot{\hat{\beta}}_1=-\gamma\hat{\beta}_1+q_3|s_1(t)|(1+|\mu_1(t)|)$，则可得

$$\frac{1}{2q_1}\tilde{\boldsymbol{W}}_{\Xi,1}^{\mathrm{T}}(t)\tilde{\boldsymbol{W}}_{\Xi,1}(t)$$

$$= \frac{1}{2q_1}(\tilde{\boldsymbol{W}}_{\Xi,1}^{\mathrm{T}}(t)\tilde{\boldsymbol{W}}_{\Xi,1}(t) - 2\tilde{\boldsymbol{W}}_{\Xi,1}^{\mathrm{T}}(t)\hat{\boldsymbol{W}}_{\Xi,1}(t)) + \frac{1}{q_1}\tilde{\boldsymbol{W}}_{\Xi,1}^{\mathrm{T}}(t)\hat{\boldsymbol{W}}_{\Xi,1}(t)$$

$$= \frac{1}{2q_1}((\hat{\boldsymbol{W}}_{\Xi,1}(t) - \boldsymbol{W}_{\Xi}^*(t))^{\mathrm{T}}(\hat{\boldsymbol{W}}_{\Xi,1}(t) - \boldsymbol{W}_{\Xi}^*(t)) - 2(\hat{\boldsymbol{W}}_{\Xi,1}(t) - \boldsymbol{W}_{\Xi}^*(t))^{\mathrm{T}}\hat{\boldsymbol{W}}_{\Xi,1}(t)) + s_1(t)\tilde{\boldsymbol{W}}_{\Xi,1}^{\mathrm{T}}(t)\boldsymbol{\Phi}_{\Xi}(X_1^{\Xi})$$

$$= \frac{1}{2q_1}(-\hat{\boldsymbol{W}}_{\Xi,1}^{\mathrm{T}}(t)\hat{\boldsymbol{W}}_{\Xi,1}(t) + \boldsymbol{W}_{\Xi}^{*\mathrm{T}}(t)\boldsymbol{W}_{\Xi}^*(t)) + s_1(t)\tilde{\boldsymbol{W}}_{\Xi,1}^{\mathrm{T}}(t)\boldsymbol{\Phi}_{\Xi}(X_1^{\Xi}) \tag{3-41}$$

$$\frac{1}{2q_2}\tilde{\boldsymbol{W}}_{\Psi,1}^{\mathrm{T}}(t)\tilde{\boldsymbol{W}}_{\Psi,1}(t)=\frac{1}{2q_2}(-\hat{\boldsymbol{W}}_{\Psi,1}^{\mathrm{T}}(t)\hat{\boldsymbol{W}}_{\Psi,1}(t)+\boldsymbol{W}_{\Psi}^{\mathrm{T}}(t)\boldsymbol{W}_{\Psi}^{*}(t))+s_1(t)\tilde{\boldsymbol{W}}_{\Psi,1}^{\mathrm{T}}(t)\boldsymbol{\Phi}_{\Psi}(\boldsymbol{X}_1^{\Psi}) \tag{3-42}$$

$$\begin{aligned}&\frac{\gamma}{2q_3}\tilde{\beta}_1^2(t)+\frac{(1-\gamma)}{q_3}\tilde{\beta}_1(t)\dot{\tilde{\beta}}_1(t)\\
&=\frac{\gamma}{2q_3}\tilde{\beta}_1^2(t)-\frac{\gamma}{q_3}\tilde{\beta}(t)\hat{\beta}_1(t)+|s_1(t)|\tilde{\beta}_1(t)(1+|\mu_1(t)|)\\
&=\frac{\gamma}{2q_3}(\hat{\beta}_1^2(t)-2\tilde{\beta}_1(t)\hat{\beta}_1(t)+\tilde{\beta}_1^2(t))-\frac{\gamma}{2q_3}\hat{\beta}_1^2(t)+|s_1(t)|\tilde{\beta}_1(t)(1+|\mu_1(t)|)\\
&\leqslant\frac{\gamma}{2q_3}(\hat{\beta}_1(t)-\tilde{\beta}_1(t))^2+|s_1(t)|\tilde{\beta}_1(t)(1+|\mu_1(t)|)\\
&=\frac{\gamma}{2q_3}\beta^2+|s_1(t)|\tilde{\beta}_1(t)(1+|\mu_1(t)|)\end{aligned} \tag{3-43}$$

将式（3-41）~式（3-43）代回到式（3-40），则 $\dot{E}_1(t)$转化为

$$\begin{aligned}\dot{E}_1(t)&\leqslant s_1(t)\tilde{\boldsymbol{W}}_{\Xi,1}^{\mathrm{T}}(t)\boldsymbol{\Phi}_{\Xi}(X_1^{\Xi})+s_1(t)\tilde{\boldsymbol{W}}_{\Psi,1}^{\mathrm{T}}(t)\boldsymbol{\Phi}_{\Psi}(\boldsymbol{X}_1^{\Psi})+|s_1(t)|\tilde{\beta}_1(1+|\mu_1(t)|)+\\
&\quad\frac{1}{2q_1}\boldsymbol{W}_{\Xi}^{*\mathrm{T}}(t)\boldsymbol{W}_{\Xi}^{*}(t)+\frac{1}{2q_2}\boldsymbol{W}_{\Psi}^{*\mathrm{T}}(t)\boldsymbol{W}_{\Psi}^{*}(t)+\frac{\gamma}{2q_3}\beta^2(t)\\
&\leqslant-\frac{\dot{V}_k(t)}{g_m(\boldsymbol{X}_k,t)}-\frac{K}{g_m(\boldsymbol{X}_k,t)}s_k^2(t)+\frac{1}{2q_1}\boldsymbol{W}_{\Xi}^{*\mathrm{T}}(t)\boldsymbol{W}_{\Xi}^{*}(t)+\\
&\quad\frac{1}{2q_2}\boldsymbol{W}_{\Psi}^{*\mathrm{T}}(t)\boldsymbol{W}_{\Psi}^{*}(t)+\frac{\gamma}{2q_3}\beta^2(t)\end{aligned} \tag{3-44}$$

记 $c_{\max}=\max\limits_{t\in[0,T]}\left\{\frac{1}{2q_1}\boldsymbol{W}_{\Xi}^{*\mathrm{T}}(t)\boldsymbol{W}_{\Xi}^{*}(t)+\frac{1}{2q_2}\boldsymbol{W}_{\Psi}^{*\mathrm{T}}(t)\boldsymbol{W}_{\Psi}^{*}(t)+\frac{\gamma}{2q_3}\beta^2\right\}$。对式（3-44）在$[0,t]$上积分可得

$$E_1(t)-E_1(0)\leqslant-\frac{1}{\underline{g}_m}V_1(t)-\int_0^t\frac{K}{g_m(\boldsymbol{X}_1(\sigma),\sigma)}s_1^2(\sigma)\mathrm{d}\sigma+t\cdot c_{\max} \tag{3-45}$$

由 $\hat{\beta}_1(0)=0$，可知

$$E_1(0)=\frac{(1-\gamma)}{2q_3}\tilde{\beta}_1^2(0)=\frac{(1-\gamma)}{2q_3}\beta^2(0) \tag{3-46}$$

由式（3-45）和式（3-46）可知

$$E_1(t)\leqslant t\cdot c_{\max}+\frac{(1-\gamma)}{2q_3}\beta^2(0)<\infty \tag{3-47}$$

因此，$E_1(t)$ 在 $[0, T]$ 上是有界的，当 $t=T$ 时，

$$E_1(T)\leqslant T\cdot c_{\max}+\frac{(1-\gamma)}{2q_3}\beta^2(0)<\infty \tag{3-48}$$

由以上分析，即得到 E_k（T）的有界性结论。

3）$E_k(t)$的有界性

下面通过利用归纳法证明 $E_k(t)$的有界性。首先将 $E_k(t)$分解为两部分，即

$$E_k^1(t)=\frac{1}{2q_1}\int_0^t\tilde{\boldsymbol{W}}_{\Xi,k}^{\mathrm{T}}(\sigma)\tilde{\boldsymbol{W}}_{\Xi,k}(\sigma)\mathrm{d}\sigma+\frac{1}{2q_2}\int_0^t\tilde{\boldsymbol{W}}_{\Psi,k}^{\mathrm{T}}(\sigma)\tilde{\boldsymbol{W}}_{\Psi,k}(\sigma)\mathrm{d}\sigma+\frac{\gamma}{2q_3}\int_0^t\tilde{\beta}_k^2(\sigma)\mathrm{d}\sigma \tag{3-49}$$

$$E_k^2(t)=\frac{(1-\gamma)}{2q_3}\tilde{\beta}_k^2(t) \tag{3-50}$$

由上面的分析可知，$E_k^1(T)$ 和 $E_k^2(T)$ 的有界性对于 $\forall k\in\mathbf{N}$ 都成立。因此，$\forall k\in\mathbf{N}$，存在常数 M_1 和 M_2 满足

$$E_k^1(t)\leqslant E_k^1(T)\leqslant M_1<\infty \tag{3-51}$$

$$E_k^2(T)\leqslant M_2 \tag{3-52}$$

因此，有

$$E_k(t)=E_k^1(t)+E_k^2(t)\leqslant E_k^2(t)+M_1 \tag{3-53}$$

另一方面，通过式（3-28）可知 $E_{k+1}^2(0)=E_k^2(T)$，因此有

$$\Delta E_{k+1}(t)<\frac{(1-\gamma)}{2q_3}[\tilde{\beta}_{k+1}^2(0)-\tilde{\beta}_k^2(t)]\leqslant M_2-E_k^2(t) \tag{3-54}$$

将式（3-53）和式（3-54）相加后，可得

$$E_{k+1}(t)=E_k(t)+\Delta E_{k+1}(t)\leqslant M_1+M_2 \tag{3-55}$$

由于我们已经证明 $E_1(t)$是有界的，因此由归纳法可知 $E_k(t)$是有界的。进一步地，通过式（3-31）可知，$\hat{\boldsymbol{W}}_{\Xi,k}(t)$、$\hat{\boldsymbol{W}}_{\Psi,k}(t)$和$\hat{\beta}_k(t)$是有界的。

4）误差收敛性

由式（3-38）可知

$$\begin{aligned}E_k(T)&=E_1(T)+\sum_{l=2}^{k}\Delta E_l(T)\\&<E_1(T)-\frac{1}{\bar{g}_m}\sum_{l=2}^{k}V_l(T)-\sum_{l=2}^{k}\int_0^T\frac{K}{g_m(\boldsymbol{X}_k(\sigma),\sigma)}s_l^2(\sigma)\mathrm{d}\sigma\\&\leqslant E_1(T)-\sum_{l=2}^{k}\int_0^T\frac{K}{g_m(\boldsymbol{X}_k(\sigma),\sigma)}s_l^2(\sigma)\mathrm{d}\sigma\end{aligned} \tag{3-56}$$

将上面的不等式写为

$$\frac{K}{\bar{g}_m}\sum_{l=2}^{k}\int_0^Ts_l^2(\sigma)\mathrm{d}\sigma\leqslant\sum_{l=2}^{k}\int_0^T\frac{K}{g_m(\boldsymbol{X}_k(\sigma),\sigma)}s_l^2(\sigma)\mathrm{d}\sigma\leqslant E_1(T)-E_k(T)\leqslant E_1(T) \tag{3-57}$$

对式（3-57）求极限，可得

$$\lim_{k\to\infty}\sum_{l=2}^{k}\int_{0}^{T}s_l^2(\sigma)\mathrm{d}\sigma \leqslant \frac{g_m}{K}(E_1(T)-E_k(T)) \leqslant \frac{g_m}{K}E_1(T) \tag{3-58}$$

由级数收敛的必要条件可知，$\lim\limits_{k\to\infty}\int_{0}^{T}s_k^2(\sigma)\mathrm{d}\sigma=0$，这意味着$\lim\limits_{k\to\infty}s_k(t)=s_\infty(t)=0$，$\forall t\in[0,T]$。由 $s_k(t)$ 的定义式（3-3）可知，当$|e_{sk}(t)|\leqslant\eta(t)$时，$s_k(t)=0$，则$\lim\limits_{k\to\infty}\int_{0}^{T}s_k^2(\sigma)\mathrm{d}\sigma=0$ 等价于$\lim\limits_{k\to\infty}|e_{sk}(t)|\leqslant\eta(t)$，进一步地，$\lim\limits_{k\to\infty}\int_{0}^{T}(e_{sk}(\sigma))^2\mathrm{d}\sigma\leqslant\int_{0}^{T}(\eta(\sigma))^2\mathrm{d}\sigma$。

由 $E_k(t)$的有界性，我们已经得到 $\hat{\boldsymbol{W}}_{\Xi,k}(t)$、$\hat{\boldsymbol{W}}_{\Psi,k}(t)$和 $\hat{\beta}_k(t)$的有界性。$\int_{0}^{t}s_k^2(\sigma)\mathrm{d}\sigma\leqslant\int_{0}^{T}s_k^2(\sigma)\mathrm{d}\sigma$ 可以得到 $s_k(t)$的有界性，则由 $\boldsymbol{X}_\mathrm{d}(t)$的有界性进一步可以得到 $x_{i,k}(t)$的有界性。类似于情况 1，可以得到 $v_k(t)$的有界性结论。

综合以上两种情况的结论可知，本章所提出的自适应迭代学习控制方案能够保证闭环系统的所有信号都有界的，且$\lim\limits_{k\to\infty}|e_{sk}(t)|\leqslant(1+m)\eta(t)$。因此，可以进一步得到$\lim\limits_{k\to\infty}\int_{0}^{T}(e_{sk}(\sigma))^2\mathrm{d}\sigma\leqslant\varepsilon_e$，$\varepsilon_e=\int_{0}^{T}((1+m)\eta(\sigma))^2\mathrm{d}\sigma=\frac{1}{2K}(1+m)^2\varepsilon^2(1-e^{-2KT})\leqslant\frac{1}{2K}(1+m)^2\varepsilon^2=\varepsilon_{esk}$。此外，$e_{s\infty}(t)$ 满足$\lim\limits_{k\to\infty}|e_{sk}(t)|=e_{s\infty}(t)=(1+m)\varepsilon e^{-Kt}$，$\forall t\in[0,T]$。

跟踪误差动态性能的证明过程与 2.4 节相同，不再赘述。

证毕。

3.5　仿真分析

在本节，将通过一个仿真实例来验证所提出自适应迭代学习控制方案的有效性。考虑二阶系统为

$$\begin{cases}\dot{x}_{1,k}(t)=x_{2,k}(t)\\ \dot{x}_{2,k}(t)=f(\boldsymbol{X}_k(t),t)+h(\boldsymbol{X}_{\tau,k}(t),t)+g(\boldsymbol{X}_k(t),t)u_k(t)+d(t)\\ y_k(t)=x_{1,k}(t),u_k(t)=D(v_k(t))\end{cases} \tag{3-59}$$

式中：$f(\boldsymbol{X}_k(t),t)=-x_{1,k}(t)x_{2,k}(t)\sin(x_{1,k}(t)x_{2,k}(t))$；$g(\boldsymbol{X}_k(t),t)=0.9+0.1|\cos(2t)|^2\sin^2(x_{1,k}x_{2,k})$；$h(\boldsymbol{X}_{\tau,k}(t),t)=0.2\sin(t)\mathrm{e}^{-|\cos(2t)|}[x_{1,k}(t-\tau_1)\times\sin(x_{1,k}(t-\tau_1))+x_{2,k}(t-\tau_2(t))\sin(x_{2,k}(t-\tau_2(t)))]$。未知时变时滞为 $\tau_1(t)=0.5(1+\sin t)$，$\tau_2(t)=1-0.5\cos(t)$，则 $\tau_{1\max}=1$，$\dot{\tau}_1\leqslant0.5$，$\tau_{2\max}=1.5$，$\dot{\tau}_2\leqslant0.5$。未知外界扰动 $d(t)=0.5\cdot\mathrm{rand}\cdot\sin t$，其中 rand 代表在[0,1]上随机取值的 Gauss 噪声。

3.5.1　神经网络自适应迭代学习控制方案验证

为验证上面的结论，设计如下 3 个实验。

实验1：设期望参考轨迹向量取为 $\boldsymbol{X}_{\mathrm{d}}(t)=[\sin t,\cos t]^{\mathrm{T}}$。设计参数选取为$\varepsilon_1=\varepsilon_2=1$，$\lambda=2$，$K=3$，$\gamma=0.5$，$q_1=q_2=1$，$q_3=0.01$，$\varepsilon=\lambda\varepsilon_1+\varepsilon_2=3$。死区参数选取为 $m=1+0.2\sin t$，$b_{\mathrm{r}}=0.25$，$b_{\mathrm{l}}=-0.25$。神经网络参数为 $l^{\Xi}=30$，$\mu_{\Xi j}=\dfrac{1}{l^{\Xi}}(2j-l^{\Xi})[2,3,1,1.5]^{\mathrm{T}}$，$\sigma_{\Xi j}=2$，$(j=1,2,\cdots,l^{\Xi})$；$l^{\Psi}=20$，$\mu_{\Psi j}=\dfrac{1}{l^{\Xi}}(2j-l^{\Xi})[2,3]^{\mathrm{T}}$，$\sigma_{\Psi j}=2$，$(j=1,2,\cdots,l^{\Psi})$。初始条件 $x_{1,k}(0)$ 和 $x_{2,k}(0)$ 分别在$[-0.5,0.5]$和$[0.5,1.5]$上随机选取。系统在有限时间区间$[0,4\pi]$上迭代运行5次。部分仿真结果如图3-4~图3-8所示。

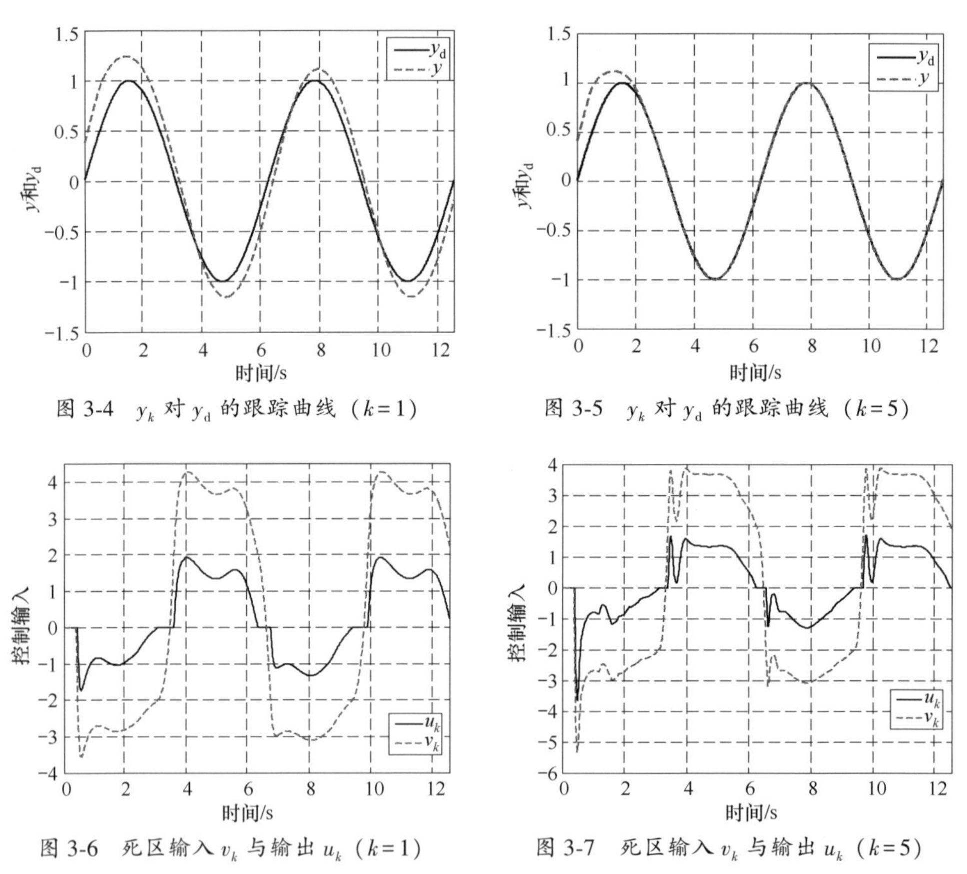

图3-4　y_k 对 y_{d} 的跟踪曲线（$k=1$）

图3-5　y_k 对 y_{d} 的跟踪曲线（$k=5$）

图3-6　死区输入 v_k 与输出 u_k（$k=1$）

图3-7　死区输入 v_k 与输出 u_k（$k=5$）

图3-4和图3-5分别为第1次迭代和第5次迭代时系统输出跟踪期望参考轨迹的曲线，可以看到，通过4次的迭代学习过程，跟踪效果大大改善，在第5次迭代时，除了初始一段时间由于重置误差无法跟踪外，已经实现了完全跟踪，达到了控制器设计目标。这种通过学习不断改善控制效果的过程由图3-8可以更加清晰地体现出来。图3-6和图3-7给出了第1次迭代和第5次迭代时的控制曲线，结果表明，控制信号有界，且可以看出死区特性对于控制输入的影响。

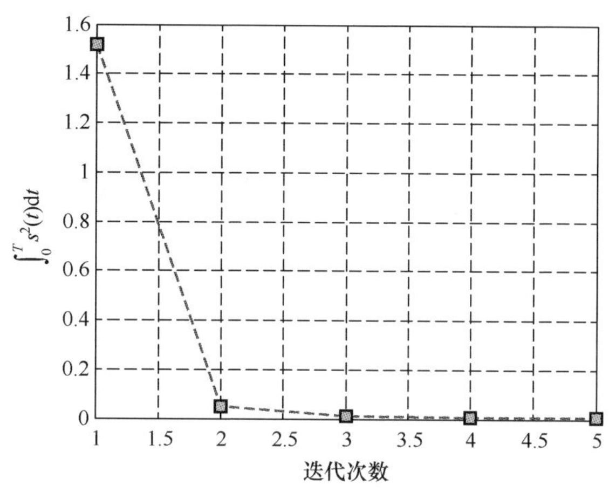

图 3-8　$\int_0^T s_k^2(t)\,\mathrm{d}t$ 随迭代次数变化曲线（实验 1）

实验 2：为了看出本章所提出方法对于更为复杂情况的控制效果，选取期望参考轨迹向量为 $X_\mathrm{d}(t)=[\sin t+\sin(2t),\cos t+2\cos(2t)]^\mathrm{T}$。控制参数的选取同实验 1。初始条件 $x_{1,k}(0)$ 和 $x_{2,k}(0)$ 分别在 $[-0.5,0.5]$ 和 $[2.5,3.5]$ 上随机选取。系统在有限时间区间 $[0,4\pi]$ 上迭代运行 15 次。部分仿真结果如图 3-9～图 3-13 所示。

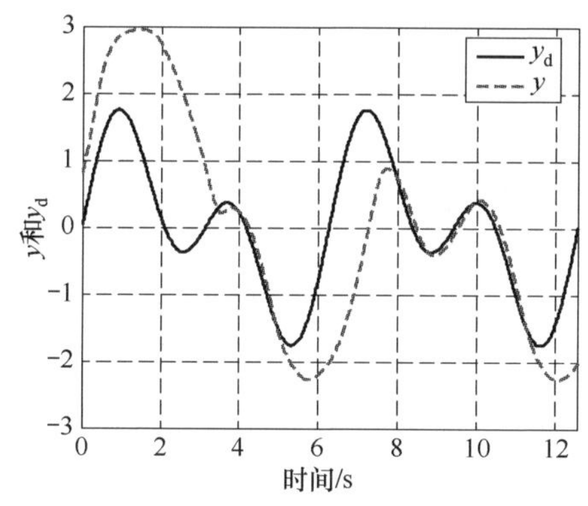

图 3-9　y_k 对 y_d 的跟踪曲线（$k=1$）

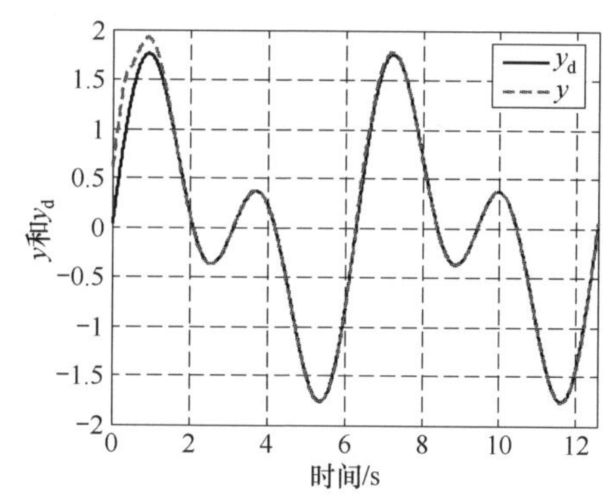

图 3-10　y_k 对 y_d 的跟踪曲线（$k=15$）

由以上仿真结果可以看出，本章所提出的自适应迭代学习控制方案对于更为复杂的期望轨迹同样能够得到较好的控制效果。

实验 3：为了验证不同的设计参数对仿真效果的影响，考虑下面的仿真条件。期望参考轨迹向量同实验 2。$\lambda=3$，$K=4$，$\gamma=0.5$，$q_1=q_2=2$，$q_3=0.02$，$\varepsilon=\lambda\varepsilon_1+\varepsilon_2=4$。在这里，我们只给出 $\int_0^T s_k^2(t)\,\mathrm{d}t$ 随迭代次数变化的曲线，如图 3-14 所示。

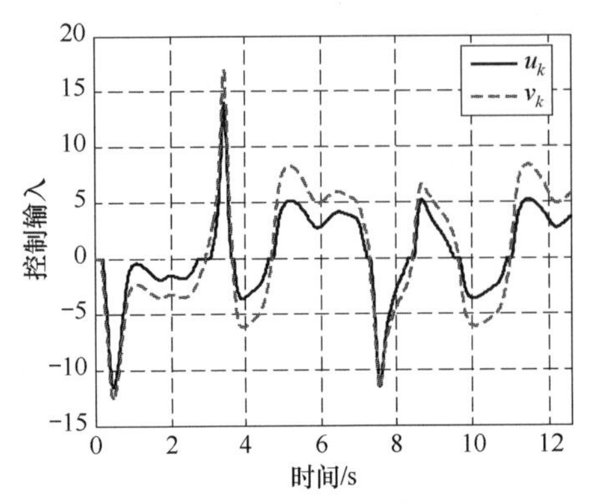

图 3-11　死区输入 v_k 与输出 u_k（$k=1$）

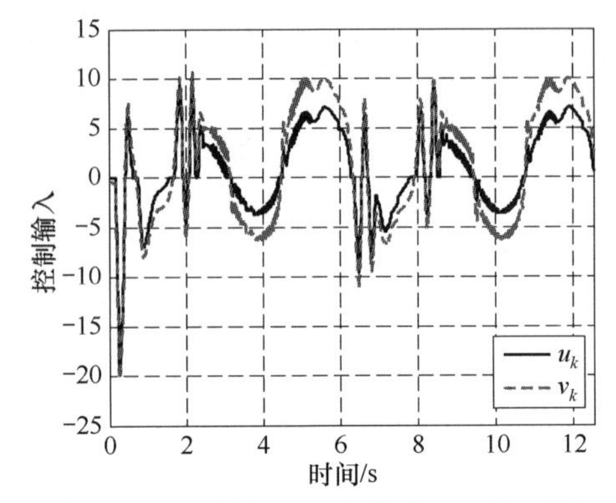

图 3-12　死区输入 v_k 与输出 u_k（$k=15$）

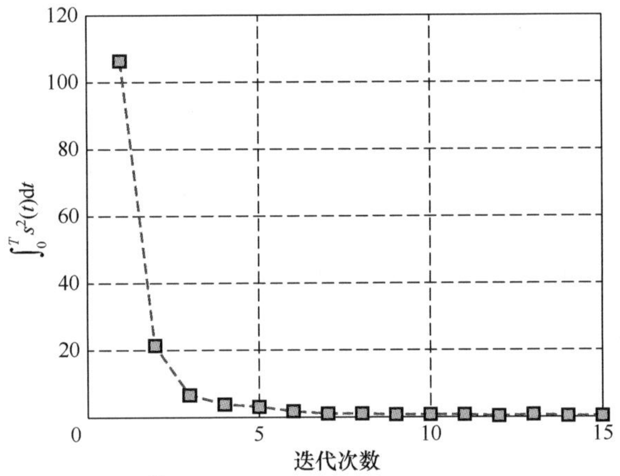

图 3-13　$\int_0^T s_k^2(t)\,\mathrm{d}t$ 随迭代次数变化曲线（实验 2）

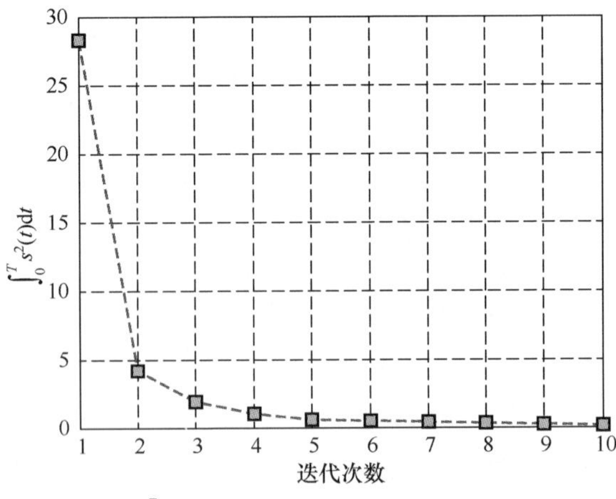

图 3-14　$\int_0^T s_k^2(t)\,\mathrm{d}t$ 随迭代次数变化曲线（实验 3）

通过对比图 3-13 和图 3-14 可知，选取较大的设计参数，可以获得更快的学习收敛速度。但设计参数也不能过大，过大的参数会产生过大的控制信号，导致系统产生较大的超调和振荡。

3.5.2　对比分析：神经网络自适应控制

实验 4：最后，我们将通过与传统自适应控制方法相比较，来验证本章方法的优势。采用自适神经网络控制器[136] 对系统式（3-59）进行跟踪控制。其中控制器的形式与本章方法相同，根据自适应神经网络控制设计方法，设计自适应律的形式为

$$\dot{\hat{\boldsymbol{W}}}_{\Xi,k}=-\boldsymbol{\Gamma}_{W_\Xi}[\boldsymbol{\Phi}_\Xi(\boldsymbol{X}_k^\Xi)s_k+\sigma_1\hat{\boldsymbol{W}}_{\Xi,k}],\hat{\boldsymbol{W}}_{\Xi,k}(0)=0$$

$$\dot{\hat{\boldsymbol{W}}}_{\Psi,k}(t)=-\boldsymbol{\Gamma}_{W_\Psi}[s_k\mu_k\boldsymbol{\Phi}_\Psi^{\mathrm{T}}(\boldsymbol{X}_k^\Psi)+\sigma_2\hat{\boldsymbol{W}}_{\Psi,k}],\hat{\boldsymbol{W}}_{\Psi,k}(0)=0$$

$$\dot{\hat{\beta}}_k=-\gamma\hat{\beta}_k+q_3|s_k(t)|(1+|\mu_k(t)|),\hat{\beta}_k(0)=0$$

设计参数选取为 $\boldsymbol{\Gamma}_{W_\Xi}=\mathrm{diag}\{2\}$，$\boldsymbol{\Gamma}_{W_\Psi}=\mathrm{diag}\{2\}$，$\sigma_1=\sigma_2=0.5$，$\gamma=0.5$，$q_3=0.02$。期望参考轨迹向量为 $\boldsymbol{X}_{\mathrm{d}}(t)=[\sin t+\sin(2t),\cos t+2\cos(2t)]^{\mathrm{T}}$，其他设计参数同实验 2。由于传统自适应神经网络控制方法不存在迭代运行的过程，因此，控制器及自适应律中的下标“k”没有实际意义。图 3-15 所示为系统输出跟踪期望参考轨迹的曲线，图 3-16 所示为死区非线性的输入与输出曲线。通过仿真结果可以看出，对于形如式（3-59）的系统，传统神经网络自适应控制器不能实现较好的跟踪效果，跟踪误差不能通过微分型的参数自适应律的学习而消除掉。

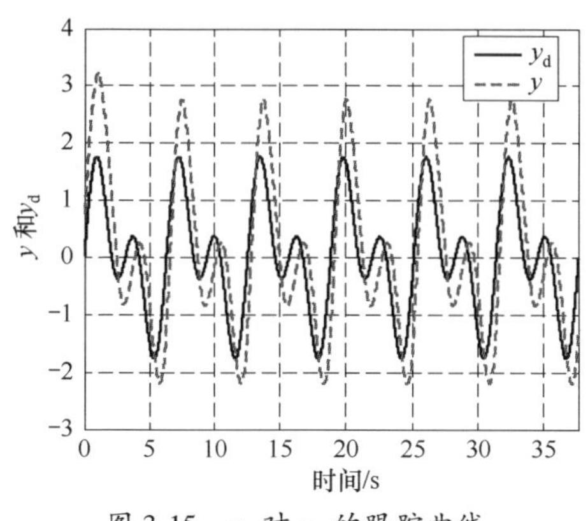

图 3-15　y_k 对 y_{d} 的跟踪曲线

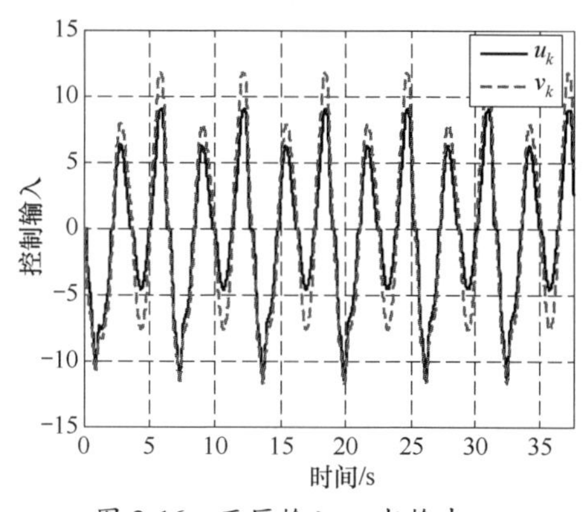

图 3-16　死区输入 v_k 与输出 u_k

通过以上 4 组实验的仿真验证，可以看出，本章提出的神经网络自适应迭代学习控制方法对于具有输出死区特性的不确定非参数化非线性时滞系统具有良好的控制性能，通过迭代学习过程，能够实现控制目标。以上仿真结果与定理 3.1 的结论完全相符，充分验证了本章所提出控制系统设计方案的效果。

3.6 小结与评述

在第 2 章研究的基础上，本章对一类具有未知死区输入和时变状态时滞的非参数化不确定非线性时变系统的控制问题进行了深入研究，综合利用 L-K 泛函方法、时变神经网络逼近技术和鲁棒学习控制等设计了自适应迭代学习控制器。利用 L-K 泛函方法解决了未知时变时滞项给控制器设计带来的难题，利用时变神经网络对系统中的时变不确定性进行逼近，设计鲁棒学习项对神经网络逼近余项进行了处理，解决了时变非线性不确定性给控制系统设计带来的难题。通过类 Lyapunov CEF 分析方法证明了控制系统的稳定性，并通过数值仿真验证了所提出方法的有效性和较之自适应神经网络控制在处理这类系统上的优越性。该控制方案放松了相关研究成果中时变不确定性满足全局或局部 Lipschitz 的限制，降低了相关已有方法的保守性，较好地解决了未知死区输入、未知时变状态时滞和非参数化时变不确定性带来的设计难题，提高了自适应迭代学习控制方法的适用范围和鲁棒性。

第4章　控制方向未知的非线性时滞系统自适应迭代学习控制

4.1 引　　言

第3章对带有死区输入和未知时变状态时滞的非线性系统的自适应迭代学习控制问题进行了深入研究，所提出的基于时变神经网络估计器的控制方案能够较好地解决这类系统的控制问题。但是，所提出的设计方法一个重要的前提条件是未知控制增益函数的符号是已知的，而该条件在一些实际的控制系统中是不能满足的，因此该设计方法对于控制方向未知的系统并不适用。

对于控制方向未知的系统，目前主要有两种方法能够对其进行处理，一种方法是直接对方向未知的控制参数进行估计[138-140]，另一种是 Nussbaum 增益法[141]。其中，Nussbaum 增益法由 Nussbaum 于 1983 年提出[141]，在随后的几十年中，该方法被广泛地应用到各种不同的控制方向未知系统的控制系统设计中[109,127,136]，发展相对成熟。在迭代学习控制领域，对控制方向未知系统的研究则相对较少[71,74,142]，这主要是因为迭代学习控制要同时考虑时间轴和迭代轴两个方向上的“特性”，其稳定性分析方法也不同于时域方法，需要同时考虑时间方向上的稳定性和迭代方向上的收敛性，因此，在利用非线性控制技术解决控制方向未知系统的迭代学习控制问题时，会面临很多新的挑战。虽然现有的文献已经进行了一些探索性研究，但是其研究对象基本都是一阶系统，而且时变特性均以线性参数化的形式存在[74,143]，结构比较特殊，一些文献还要求未知非线性特性满足 Lipchitz 条件[71]，这些苛刻的要求都极大地限制了方法的推广。

除了前面两章考虑的死区非线性特性外，齿隙非线性特性是另外一种常见的物理现象，是由传动装置各运动零件之间存在的间隙引起的，它存在同样会对控制系统的性能产生恶劣影响，引起震荡甚至造成系统的不稳定，因此在控制器设计时有必要考虑齿隙非线性进行补偿，消除它对控制性能的影响。对具有齿隙非线性输入的系统进行控制器设计是一个富有挑战性但具有理论意义和实际价值的问题。为了解决带有齿隙非线性输入系统的控制问题，首先需要建立描述齿隙非线性特性的数学模型。随着研究的不断深入，描述齿隙非线性特性的模型在不断拓展，建立了齿隙非线性特性的多种模型，例如 Ishlinskii 算子[144]、Krasnoskl’skii-Pokrovskii hysteron 模型[144]、Preisach 模型[145]、Duhem hysteresis 模型[146]、

backlash-like hysteresis 模型[147] 等。其中，backlash-like hysteresis 模型被广泛应用，因为其不仅可以较为精确地描述齿隙非线性的真实动态，其描述方式还便于控制器设计。在时域中，许多不同的方法针对不同的带有齿隙非线性特性的系统被提出[148,149]，在迭代学习控制领域，关于考虑齿隙非线性特性的结果很少。据笔者所知，只有朱胜讨论了一类具有齿隙非线性输入的参数化系统的迭代学习控制问题[47]。

本章所研究的系统是一类具有齿隙非线性特性且控制方向未知的非线性时变时滞系统，控制方向未知、未知时变状态时滞和齿隙非线性输入等诸多复杂因素相互交织，使得这类系统的控制问题十分棘手，目前时域和迭代域已有的设计方法对这类系统都无法有效控制。本章将在前两章研究成果的基础上，综合利用积分型 Lyapunov 函数方法、自适应迭代控制技术、Nussbaum 函数增益法等方法，解决这类系统的控制难题。

4.2 问题描述与准备

4.2.1 问题描述

考虑在有限时间段$[0,T]$上重复运行、控制方向未知且具有未知时变时滞和齿隙非线性输入的不确定时变非线性系统，数学模型描述可表示为

$$\begin{cases}\dot{x}_{i,k}(t)=x_{i+1,k}(t),i=1,2,\cdots,n-1\\ \dot{x}_{n,k}(t)=f(\boldsymbol{X}_k(t),t)+h(\boldsymbol{X}_{\tau,k}(t),t)+g(\boldsymbol{X}_k(t),t)u_k(v_k(t))+d(t)\\ y_k(t)=x_{1,k}(t),t\in[0,T]\\ x_k(t)=\varpi(t),t\in[-\tau_{\max},0)\end{cases}\tag{4-1}$$

式中：$g(\cdot,\cdot)$为未知时变的系统控制增益，且其正负未知，表示控制方向未知；$u_k(v_k(t))$为齿隙非线性特性；v_k 为齿隙非线性特性的输入；u_k 为齿隙非线性特性的输出，其具体形式在后文中给出。其余符号定义与第 3 章相同。

控制目标与前面的章节相同，在第 3 章假设的基础上，对控制增益函数作如下假设：

假设 4.1：非线性增益函数 $g(\cdot,\cdot)$及它的符号均是未知的，其符号严格为正或严格为负，且存在正常数 $0<g_{\min}\leqslant g_{\max}$ 使得 $g_{\min}\leqslant|g(\cdot,\cdot)|\leqslant g_{\max}$。

注 4.1：假设 4.1 是一个很合理的假设，因为对于系统式（4-1）来说 $g(\cdot,\cdot)$不为零是系统可控的条件，这在大部分控制方案中都是必要的条件[151,152]。此外，控制增益的界 $g_{\min}$ 和 $g_{\max}$ 仅用于分析，它们的真值不需要已知。

4.2.2 Backlash-like hysteresis 齿隙非线性特性模型

传统来说，backlash-like hysteresis 非线性特性可描述为

$$\dot{u}_k(t)=\begin{cases} c\dot{v}_k & \dot{v}_k>0,\ u_k=c(v_k-B) \\ c\dot{v}_k & \dot{v}_k<0,\ u_k=c(v_k+B) \\ 0 & \text{其他} \end{cases} \tag{4-2}$$

式中：$c>0$ 为直线部分的斜率；$B>0$ 为齿隙的间距。由式（4-2）可以看出，这个模型是不连续的，不适合用于控制器设计。因此，在本章中，采用文献［147］给出的 backlash-like hysteresis 模型来描述齿隙非线性特性，其数学动态模型为

$$\frac{\mathrm{d}u_k}{\mathrm{d}t}=\alpha\left|\frac{\mathrm{d}v_k}{\mathrm{d}t}\right|(cv_k-u_k)+B_1\frac{\mathrm{d}v_k}{\mathrm{d}t} \tag{4-3}$$

式中：α、c 和 B_1 为未知常数，且满足 $c>B_1$。基于文献［147］中的分析可知，通过模型式（4-3）求解 $u_k(t)$ 的解为

$$u_k(t)=cv_k(t)+d_1(v_k) \tag{4-4}$$

式中：

$$d_1(v_k)=(u_k(0)-cv_k(0))\mathrm{e}^{-\alpha(v_k-v_k(0))\operatorname{sgn}\dot{v}_k}+\mathrm{e}^{-\alpha v_k\operatorname{sgn}\dot{v}_k}\int_{v_k(0)}^{v_k(t)}(B_1-c)\mathrm{e}^{\alpha\sigma(\operatorname{sgn}\dot{v}_k)}\mathrm{d}\sigma \tag{4-5}$$

观察式（4-4）可知，它由一条斜率为 c 的直线和 $d_1(v_k)$ 项构成。对于 $d_1(v_k)$，已证明它是有界的。更多地，有

$$\begin{cases} \lim\limits_{v_k\to-\infty}d_1(v_k)=\lim\limits_{v_k\to-\infty}(u_k(v_k;v_k(0),u_k(0))-cv_k)=\dfrac{c-B_1}{\alpha} \\ \lim\limits_{v_k\to+\infty}d_1(v_k)=\lim\limits_{v_k\to+\infty}(u_k(v_k;v_k(0),u_k(0))-cv_k)=-\dfrac{c-B_1}{\alpha} \end{cases} \tag{4-6}$$

这表明，α 决定了 u_k 在$[-(c-B_1)/\alpha,(c-B_1)/\alpha]$之间切换的速率，即 α 越大，u_k 变换的频率越快。选择一组合适的参数$\{\alpha,\ c,\ B_1\}$，就能够使我们获得所需要的齿隙非线性的形状。图 4-1 给出一组齿隙非线性特性的曲线，参数为

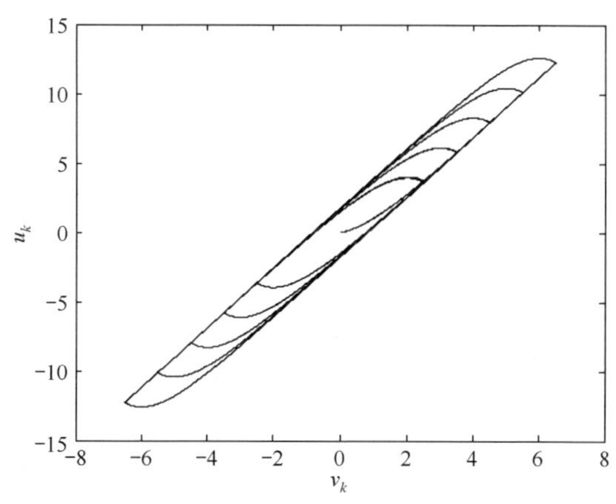

图 4-1　Backlash-like hysteresis 模型曲线

$\alpha=1$，$c=1.1635$，$B_1=0.345$，输入信号为 $v_k(t)=m\sin(2.3t)$（$m=2.5,3.5,4.5,5.5$ 及 6.5），初始条件为 $u_k(0)=0$。

4.2.3 Nussbaum 增益技术

为了处理控制方向未知的问题，在本章中使用 Nussbaum 增益技术。Nussbaum 型函数的定义如下。

定义 4.1：连续函数 $N(\zeta)$ 如果满足性质

$$\lim_{s\to+\infty}\sup\frac{1}{s}\int_0^s N(\zeta)\,\mathrm{d}\zeta=+\infty \tag{4-7}$$

$$\lim_{s\to+\infty}\inf\frac{1}{s}\int_0^s N(\zeta)\,\mathrm{d}\zeta=-\infty \tag{4-8}$$

就称其为 Nussbaum 型函数。

常用的 Nussbaum 型函数包括 $\zeta^2\cos\zeta$、$\zeta^2\sin\zeta$ 及 $\exp(\zeta^2)\cos((\pi/2)\zeta)$。以 $N(\zeta)=\zeta^2\sin\zeta$ 为例，需要证明

$$\lim_{n\to\infty}\frac{1}{2n\pi}\int_0^{2n\pi}N(\zeta)\,\mathrm{d}\zeta=-\infty \tag{4-9}$$

$$\lim_{n\to\infty}\frac{1}{2n\pi+\pi}\int_0^{2n\pi+\pi}N(\zeta)\,\mathrm{d}\zeta=+\infty \tag{4-10}$$

式（4-9）证明为

$$\begin{aligned}
&\lim_{n\to\infty}\frac{1}{2n\pi}\int_0^{2n\pi}\zeta^2\sin\zeta\,\mathrm{d}\zeta\\
&=-\lim_{n\to\infty}\frac{1}{2n\pi}\int_0^{2n\pi}\zeta^2\,\mathrm{d}\cos\zeta\\
&=-\lim_{n\to\infty}\frac{1}{2n\pi}\left(\zeta^2\cos(\zeta)\Big|_0^{2n\pi}-2\int_0^{2n\pi}\zeta\cos\zeta\,\mathrm{d}\zeta\right)\\
&=-\lim_{n\to\infty}2n\pi+\lim_{n\to\infty}\frac{1}{n\pi}\int_0^{2n\pi}\zeta\,\mathrm{d}\sin\zeta\\
&=-\lim_{n\to\infty}2n\pi+\lim_{n\to\infty}\frac{1}{n\pi}\left(\zeta\sin\zeta\Big|_0^{2n\pi}-\int_0^{2n\pi}\sin\zeta\,\mathrm{d}\zeta\right)\\
&=-\infty
\end{aligned} \tag{4-11}$$

式（4-10）的证明类似，不再赘述。

结合 Nussbaum 型函数，有以下的结论。

引理 4.1[153]：$V(\cdot)$ 和 $\zeta(\cdot)$ 为定义在 $[0,t_f)$ 上的连续函数，且 $V(t)\geqslant 0$，$\forall t\in[0,t_f)$，$N(\cdot)$ 为一 Nussbaum 型函数。如果下面的不等式成立

$$V(t)\leqslant c_0+\int_0^t(g_0N(\zeta)+1)\dot{\zeta}\,\mathrm{d}\sigma,\ \forall t\in[0,t_f) \tag{4-12}$$

式中：g_0 是一个非零常数；c_0 为一合适的常数。则 $V(t)$、$\zeta(t)$ 和 $\int_0^t(g_0N(\zeta)+1)$

$\dot{\zeta}\mathrm{d}\sigma$ 在 $[0,t_f)$ 上一定是有界的。

引理4.2[154]：对于任意给定的正常数 $t_f>0$，如果闭环系统的解是有界的，则 $t_f=\infty$。

4.3　自适应迭代学习控制方案设计

e_{sk}、s_k 的定义与前两章相同，将模型式（4-4）代入被控对象式（4-1）中，可以得到 $e_{n,k}$ 的导数为

$$\begin{aligned}\dot{e}_{n,k} &= f(\boldsymbol{X}_k,t)+h(\boldsymbol{X}_{\tau,k},t)+g(\boldsymbol{X}_k,t)(cv_k+d_1(v_k))+d(t)-y_{\mathrm{d}}^{(n)}\\ &= f(\boldsymbol{X}_k,t)+h(\boldsymbol{X}_{\tau,k},t)+cg(\boldsymbol{X}_k,t)v_k+d_2(\boldsymbol{X}_k)-y_{\mathrm{d}}^{(n)}\end{aligned} \tag{4-13}$$

式中：$d_2(\boldsymbol{X}_k)=g(\boldsymbol{X}_k,t)d_1(v_k)+d(t)$。显然，$d_2(\boldsymbol{X}_k)$ 是有界的，即存在未知连续正函数 $\bar{d}(\boldsymbol{X}_k)$ 使得 $|d_2(\boldsymbol{X}_k)|\leqslant\bar{d}(\boldsymbol{X}_k)$。为表述方便，标记 $cg(\boldsymbol{X}_k,t)$ 为 $g_c(\boldsymbol{X}_k,t)\triangleq cg(\boldsymbol{X}_k,t)$。显然，$\underline{g}_c=cg_{\min}\leqslant|g_c(\boldsymbol{X}_k,t)|\leqslant cg_{\max}=\bar{g}_c$。为进行下面的设计，定义一个正函数为 $\beta(\boldsymbol{X}_k)=1/|g_c(\boldsymbol{X}_k,t)|$。为避免控制奇异性问题，定义积分型 Lyapunov 函数为

$$V_{s_k}=\int_0^{s_k}\sigma\beta(\bar{\boldsymbol{x}}_{n-1,k},\sigma+\omega_k)\mathrm{d}\sigma \tag{4-14}$$

式中：$\bar{\boldsymbol{x}}_{n-1,k}(t)=[x_{1,k}(t),\cdots,x_{n-1,k}(t)]^{\mathrm{T}}$，$\omega_k=y_{\mathrm{d}}^{(n-1)}-[\boldsymbol{\Lambda}^{\mathrm{T}}\quad 0]\boldsymbol{e}_k+\eta(t)\,\mathrm{sat}(e_{sk}/\eta(t))$。

利用变量变换 $\sigma=\vartheta s_k$，可将 V_{s_k} 重写为 $V_{s_k}=s_k^2\int_0^1\vartheta\beta(\bar{x}_{n-1,k},\theta s_k+\omega_k)\mathrm{d}\vartheta$。注意到 $1/\bar{g}_c\leqslant\beta(\bar{x}_{n-1,k},\sigma+\omega_k)\leqslant1/\underline{g}_c$，可得到

$$\frac{s_k^2}{2\bar{g}_c}\leqslant V_{s_k}\leqslant\frac{s_k^2}{2\underline{g}_c} \tag{4-15}$$

显然，V_{s_k} 关于 s_k 是正定的。将 V_{s_k} 对时间 t 求导，可得

$$\begin{aligned}\dot{V}_{s_k} &= \frac{\partial V_{s_k}}{\partial s_k}\dot{s}_k+\dot{\bar{\boldsymbol{x}}}_{n-1,k}^{\mathrm{T}}\frac{\partial V_{s_k}}{\partial\bar{\boldsymbol{x}}_{n-1,k}}+\frac{\partial V_{s_k}}{\partial\omega_k}\dot{\omega}_k\\ &= \beta(\boldsymbol{X}_k)s_k\dot{s}_k+\dot{\bar{\boldsymbol{x}}}_{n-1,k}^{\mathrm{T}}\int_0^{s_k}\sigma\frac{\partial\beta(\bar{\boldsymbol{x}}_{n-1,k},\sigma+\omega_k)}{\partial\bar{\boldsymbol{x}}_{n-1,k}}\mathrm{d}\sigma+\dot{\omega}_k\int_0^{s_k}\sigma\frac{\partial\beta(\bar{\boldsymbol{x}}_{n-1,k},\sigma+\omega_k)}{\partial\omega_k}\mathrm{d}\sigma\end{aligned} \tag{4-16}$$

考虑式（4-16）中的第一项

$$\beta(\boldsymbol{X}_k)s_k\dot{s}_k=\begin{cases}\beta(\boldsymbol{X}_k)s_k(\dot{e}_{sk}-\dot{\eta}(t)) & e_{sk}>\eta(t)\\ 0 & |e_{sk}|\leqslant\eta(t)\\ \beta(\boldsymbol{X}_k)s_k(\dot{e}_{sk}+\dot{\eta}(t)) & e_{sk}<-\eta(t)\end{cases}$$

$$=\beta(\boldsymbol{X}_k)s_k(\dot{e}_{sk}-\dot{\eta}(t)\operatorname{sgn}(s_k))$$

$$=\beta(\boldsymbol{X}_k)s_k\left[\sum_{j=1}^{n-1}\lambda_j e_{j+1,k}-\dot{\eta}(t)\operatorname{sgn}(s_k)-y_{\mathrm{d}}^{(n)}+f(\boldsymbol{X}_k,t)+h(\boldsymbol{X}_{\tau,k},t)\right.$$

$$\left.+g_c(\boldsymbol{X}_k,t)v_k+d_2(\boldsymbol{X}_k)\right] \tag{4-17}$$

通过变量变换，可以得到

$$\dot{\bar{\boldsymbol{x}}}_{n-1,k}^{\mathrm{T}}\int_0^{s_k}\sigma\frac{\partial\beta(\bar{\boldsymbol{x}}_{n-1,k},\sigma+\omega_k)}{\partial\bar{\boldsymbol{x}}_{n-1,k}}\mathrm{d}\sigma=s_k^2\sum_{i=1}^{n-1}x_{i+1,k}\int_0^1\vartheta\frac{\partial\beta(\bar{\boldsymbol{x}}_{n-1,k},\vartheta s_k+\omega_k)}{\partial x_{i,k}}\mathrm{d}\vartheta \tag{4-18}$$

由于$\partial\beta(\bar{\boldsymbol{x}}_{n-1,k},\sigma+\omega_k)/\partial\omega_k=\partial\beta(\bar{\boldsymbol{x}}_{n-1,k},\sigma+\omega_k)/\partial\sigma$，因此

$$\dot{\omega}_k\int_0^{s_k}\sigma\frac{\partial\beta(\bar{\boldsymbol{x}}_{n-1,k},\sigma+\omega_k)}{\partial\omega_k}\mathrm{d}\sigma$$

$$=\dot{\omega}_k\left[\sigma\beta(\bar{\boldsymbol{x}}_{n-1,k},\sigma+\omega_k)\Big|_0^{s_k}-\int_0^{s_k}\beta(\bar{\boldsymbol{x}}_{n-1,k},\sigma+\omega_k)\mathrm{d}\sigma\right]$$

$$=s_k\dot{\omega}_k\left[\beta(\boldsymbol{X}_k)-\int_0^1\beta(\bar{\boldsymbol{x}}_{n-1,k},\vartheta s_k+\omega_k)\mathrm{d}\vartheta\right]$$

$$=\begin{cases}s_k\left[y_{\mathrm{d}}^{(n)}-\sum_{j=1}^{n-1}\lambda_j e_{j+1,k}+\dot{\eta}(t)\right]\left[\beta(\boldsymbol{X}_k)-\int_0^1\beta(\bar{\boldsymbol{x}}_{n-1,k},\vartheta s_k+\omega_k)\mathrm{d}\vartheta\right] & e_{sk}(t)>\eta(t)\\ 0 & |e_{sk}(t)|\leqslant\eta(t)\\ s_k\left[y_{\mathrm{d}}^{(n)}-\sum_{j=1}^{n-1}\lambda_j e_{j+1,k}-\dot{\eta}(t)\right]\left[\beta(\boldsymbol{X}_k)-\int_0^1\beta(\bar{\boldsymbol{x}}_{n-1,k},\vartheta s_k+\omega_k)\mathrm{d}\vartheta\right] & e_{sk}(t)<-\eta(t)\end{cases}$$

$$=s_k\left[y_{\mathrm{d}}^{(n)}-\sum_{j=1}^{n-1}\lambda_j e_{j+1,k}+\dot{\eta}(t)\operatorname{sgn}(s_k)\right]\left[\beta(\boldsymbol{X}_k)-\int_0^1\beta(\bar{\boldsymbol{x}}_{n-1,k},\vartheta s_k+\omega_k)\mathrm{d}\vartheta\right]$$

$$=s_k\beta(\boldsymbol{X}_k)\left[y_{\mathrm{d}}^{(n)}-\sum_{j=1}^{n-1}\lambda_j e_{j+1,k}+\dot{\eta}(t)\operatorname{sgn}(s_k)\right]-$$

$$s_k\left[y_{\mathrm{d}}^{(n)}-\sum_{j=1}^{n-1}\lambda_j e_{j+1,k}+\dot{\eta}(t)\operatorname{sgn}(s_k)\right]\int_0^1\beta(\bar{\boldsymbol{x}}_{n-1,k},\vartheta s_k+\omega_k)\mathrm{d}\vartheta \tag{4-19}$$

将式（4-17）~式（4-19）代入式（4-16）可得

$$\dot{V}_{s_k}=\frac{\partial V_{s_k}}{\partial s_k}\dot{s}_k+\dot{\bar{\boldsymbol{x}}}_{n-1,k}^{\mathrm{T}}\frac{\partial V_{s_k}}{\partial\bar{\boldsymbol{x}}_{n-1,k}}+\frac{\partial V_{s_k}}{\partial\omega_k}\dot{\omega}_k$$

$$=s_k\beta(\boldsymbol{X}_k)[f(\boldsymbol{X}_k,t)+h(\boldsymbol{X}_{\tau,k},t)+g_c(\boldsymbol{X}_k,t)v_k+d_2(\boldsymbol{X}_k)]+$$

$$s_k^2\sum_{i=1}^{n-1}x_{i+1,k}\int_0^1\vartheta\frac{\partial\beta(\bar{\boldsymbol{x}}_{n-1,k},\vartheta s_k+\omega_k)}{\partial x_{i,k}}\mathrm{d}\vartheta-$$

$$s_k\left[y_d^{(n)}-\sum_{j=1}^{n-1}\lambda_j e_{j+1,k}+\dot{\eta}(t)\operatorname{sgn}(s_k)\right]\int_0^1\beta(\bar{x}_{n-1,k},\vartheta s_k+\omega_k)\mathrm{d}\vartheta$$
$$=s_k\{\beta(x_k)[f(\boldsymbol{X}_k,t)+h(\boldsymbol{X}_{\tau,k},t)+g_c(\boldsymbol{X}_k,t)v_k+d_2(\boldsymbol{X}_k)]+$$
$$s_k\sum_{i=1}^{n-1}x_{i+1,k}\int_0^1\vartheta\frac{\partial\beta(\bar{\boldsymbol{x}}_{n-1,k},\vartheta s_k+\omega_k)}{\partial x_{i,k}}\mathrm{d}\vartheta-$$
$$\left[y_d^{(n)}-\sum_{j=1}^{n-1}\lambda_j e_{j+1,k}+\dot{\eta}(t)\operatorname{sgn}(s_k)\right]\int_0^1\beta(\bar{\boldsymbol{x}}_{n-1,k},\vartheta s_k+\omega_k)\mathrm{d}\vartheta\Big\}\tag{4-20}$$

利用 Young 不等式，可知

$$s_k\beta(\boldsymbol{X}_k)h(\boldsymbol{X}_{\tau,k},t)\leqslant|s_k|\beta(\boldsymbol{X}_k)\theta(t)\sum_{j=1}^{n}\rho_j(x_{\tau_j,k}(t))$$
$$\leqslant\frac{n}{2}s_k^2(\beta(\boldsymbol{X}_k))^2(\theta(t))^2+\frac{1}{2}\sum_{j=1}^{n}\rho_j^2(x_{\tau_j,k})\tag{4-21}$$

$$s_k\beta(\boldsymbol{X}_k)d_2(\boldsymbol{X}_k)\leqslant\frac{s_k^2\beta^2(\boldsymbol{X}_k)\bar{d}^2(\boldsymbol{X}_k)}{4a_1}+a_1\tag{4-22}$$

式中：a_1 为一小的任意正常数。

将式（4-21）和式（4-22）代回式（4-20），则其转化为

$$\dot{V}_{s_k}\leqslant s_k\Big\{\beta(\boldsymbol{X}_k)[f(\boldsymbol{X}_k,t)+g_c(\boldsymbol{X}_k,t)v_k]+s_k\sum_{i=1}^{n-1}x_{i+1,k}\int_0^1\vartheta\frac{\partial\beta(\bar{\boldsymbol{x}}_{n-1,k},\vartheta s_k+\omega_k)}{\partial x_{i,k}}\mathrm{d}\vartheta+$$
$$\frac{n}{2}s_k\beta^2(\boldsymbol{X}_k)\theta^2(t)+\frac{s_k\beta^2(\boldsymbol{X}_k)\bar{d}^2(\boldsymbol{X}_k)}{4a_1}-$$
$$\left[y_d^{(n)}-\sum_{j=1}^{n-1}\lambda_j e_{j+1,k}+\dot{\eta}(t)\operatorname{sgn}(s_k)\right]\int_0^1\beta(\bar{x}_{n-1,k},\vartheta s_k+\omega_k)\mathrm{d}\vartheta\Big\}+$$
$$\frac{1}{2}\sum_{j=1}^{n}\rho_j^2(x_{\tau_j,k})+a_1\tag{4-23}$$

为了处理式（4-23）中的时滞项，定义 L-K 泛函为

$$V_{U_k}(t)=\frac{1}{2(1-\kappa)}\sum_{j=1}^{n}\int_{t-\tau_j(t)}^{t}\rho_j^2(x_{j,k}(\sigma))\mathrm{d}\sigma\tag{4-24}$$

对 $V_{U_k}(t)$ 求导可得

$$\dot{V}_{U_k}(t)=\frac{1}{2(1-\kappa)}\sum_{j=1}^{n}\rho_j^2(x_{j,k})-\frac{1}{2}\sum_{j=1}^{n}\frac{1-\dot{\tau}_j(t)}{(1-\kappa)}\rho_j^2(x_{\tau_j,k})$$
$$\leqslant\frac{1}{2(1-\kappa)}\sum_{j=1}^{n}\rho_j^2(x_{j,k})-\frac{1}{2}\sum_{j=1}^{n}\rho_j^2(x_{\tau_j,k})\tag{4-25}$$

定义总的 Lyapunov 函数为 $V_k(t)=V_{s_k}(t)+V_{U_k}(t)$，结合式（4-23）和式（4-25），可得 V_k（t）的导数为

$$\dot{V}_k\leqslant s_k\Big\{\beta(\boldsymbol{X}_k)[f(\boldsymbol{X}_k(t),t)+g_c(\boldsymbol{X}_k(t),t)v_k(t)]+$$

$$s_k\sum_{i=1}^{n-1}x_{i+1,k}\int_0^1\vartheta\frac{\partial\beta(\bar{x}_{n-1,k},\vartheta s_k+\omega_k)}{\partial x_{i,k}}\mathrm{d}\vartheta+\frac{n}{2}s_k\beta^2(X_k)\theta^2(t)+\frac{s_k\beta^2(X_k)\bar{d}^2(X_k)}{4a_1}-$$

$$\left[y_{\mathrm{d}}^{(n)}-\sum_{j=1}^{n-1}\lambda_j e_{j+1,k}+\dot{\eta}(t)\mathrm{sgn}(s_k)\right]\int_0^1\beta(\bar{x}_{n-1,k},\vartheta s_k+\omega_k)\mathrm{d}\vartheta\Bigg\}+$$

$$\frac{1}{2(1-\kappa)}\sum_{j=1}^{n}\rho_j^2(x_{j,k})+a_1 \tag{4-26}$$

为表述方便，标记$\xi(X_k)\triangleq\frac{1}{2(1-\kappa)}\sum_{j=1}^{n}\rho_j^2(x_{j,k})+a_1$。与前面章节类似，为避免可能的奇异性问题，引入双曲正切函数，则式（4-26）可转化为

$$\dot{V}_k\leqslant s_k\beta(X_k)g_c(X_k,t)v_k(t)+s_k\{\beta(X_k)f(X_k,t)+$$

$$s_k\sum_{i=1}^{n-1}x_{i+1,k}\int_0^1\vartheta\frac{\partial\beta(\bar{x}_{n-1,k},\vartheta s_k+\omega_k)}{\partial x_{i,k}}\mathrm{d}\vartheta+\frac{n}{2}s_k\beta^2(X_k)\vartheta^2(t)+\frac{s_k\beta^2(X_k)\bar{d}^2(x_k)}{4a_1}-$$

$$\left[y_{\mathrm{d}}^{(n)}-\sum_{j=1}^{n-1}\lambda_j e_{j+1,k}+\dot{\eta}(t)\mathrm{sgn}(s_k)\right]\int_0^1\beta(\bar{x}_{n-1,k},\vartheta s_k+\omega_k)\mathrm{d}\vartheta+$$

$$\frac{b}{s_k}\tanh^2(s_k/\eta(t))\xi(X_k)\Bigg\}+[1-b\tanh^2(s_k/\eta(t))]\xi(X_k)$$

$$=g_0s_kv_k(t)+s_kQ(Z_k,t)+[1-b\tanh^2(s_k/\eta(t))]\xi(X_k) \tag{4-27}$$

式中：

$$Q(Z_k,t)=\beta(X_k)f(X_k,t)+s_k\sum_{i=1}^{n-1}x_{i+1,k}\int_0^1\vartheta\frac{\partial\beta(\bar{x}_{n-1,k},\vartheta s_k+\omega_k)}{\partial x_{i,k}}\mathrm{d}\vartheta+$$

$$\frac{n}{2}s_k\beta^2(x_k)\theta^2(t)+\frac{s_k\beta^2(X_k)\bar{d}^2(X_k)}{4a_1}-$$

$$\left[y_{\mathrm{d}}^{(n)}-\sum_{j=1}^{n-1}\lambda_j e_{j+1,k}+\dot{\eta}(t)\mathrm{sgn}(s_k)\right]\int_0^1\beta(\bar{x}_{n-1,k},\vartheta s_k+\omega_k)\mathrm{d}\vartheta+$$

$$\frac{b}{s_k}\tanh^2\left(\frac{s_k}{\eta(t)}\right)\xi(x_k)$$

$Z_k=[X_k^{\mathrm{T}},X_{\mathrm{d}}^{\mathrm{T}},y_{\mathrm{d}}^{(n)}]^{\mathrm{T}}\subset\Omega_{Z_k}$；$\Omega_{Z_k}$ 为一紧集；$g_0=\beta(X_k)g_c(X_k,t)=g_c(X_k,t)/|g_c(X_k,t)|=1$ 或-1。显然，$Q(Z_k,t)$在紧集上是连续的，因此它可以用 RBF 神经网络按任意精度逼近，即

$$Q(Z_k,t)=W^{*\mathrm{T}}(t)\phi(Z_k)+\varepsilon(Z_k,t) \tag{4-28}$$

式中：$W^*(t)\in\mathbf{R}^l$ 为未知时变最优权值；$\phi(Z_k)=[\varphi_1(Z_k),\varphi_2(Z_k),\cdots,\varphi_l(Z_k)]^{\mathrm{T}}\in\mathbf{R}^l$ 为 Gauss 基函数，$\varphi_i(X_k)=\exp(-\|X_k-\mu_i\|^2/\sigma_i^2)$，$\mu_i\in\mathbf{R}^n$ 和 $\sigma_i\in R$ 分别为神经网络的中心值和宽度，l 表示神经元个数；$\varepsilon(Z_k,t)$为神经网络逼近误差，根据神经网络逼近特性可知可以通过增加神经网络神经元数目使逼近误差任意小，

因此可假设 $\max\limits_{t\in[0,T]}|\varepsilon(\boldsymbol{Z}_k,t)|\leqslant\varepsilon^*$，$\varepsilon^*$ 为一小的未知常数。根据神经网络的特性可知，最优神经网络权值 $\boldsymbol{W}^*(t)$ 是有界的，即

$$\max_{t\in[0,T]}\|\boldsymbol{W}^*(t)\|\leqslant\varepsilon_W \tag{4-29}$$

利用 Nussbaum 增益技术，设计自适应迭代学习控制器为

$$\begin{cases}v_k=N(\zeta_k)\alpha_k(t)\\ \dot{\zeta}_k=s_k\alpha_k,\zeta_k(0)=\zeta_{k-1}(T)\\ \alpha_k(t)=k_1s_k+\hat{\boldsymbol{W}}_k^{\mathrm{T}}(t)\boldsymbol{\phi}(\boldsymbol{Z}_k)+\mathrm{sat}(e_{sk}/\eta(t))\hat{\varepsilon}_k\end{cases} \tag{4-30}$$

式中：α_k 为虚拟控制量；ζ_k 为 Nussbaum 增益；$k_1>0$ 为设计参数；$\hat{\boldsymbol{W}}_k$（t）和 $\hat{\varepsilon}_k$ 分别为 $\boldsymbol{W}^*$（t）和 ε^* 的估计值。选取参数自适应迭代学习律为

$$\begin{cases}\hat{\boldsymbol{W}}_k(t)=\hat{\boldsymbol{W}}_{k-1}(t)+q_1s_k(t)\boldsymbol{\phi}(\boldsymbol{Z}_k)\\ \hat{\boldsymbol{W}}_0(t)=0,t\in[0,T]\end{cases} \tag{4-31}$$

$$\begin{cases}(1-\gamma)\dot{\hat{\varepsilon}}_k(t)=-\gamma\hat{\varepsilon}_k(t)+\gamma\hat{\varepsilon}_{k-1}(t)+q_2|s_k(t)|\\ \hat{\varepsilon}_k(0)=\hat{\varepsilon}_{k-1}(T),\hat{\varepsilon}_0(t)=0,t\in[0,T]\end{cases} \tag{4-32}$$

式中：$q_1,q_2>0$ 和 $0<\gamma<1$ 为设计参数。

定义参数估计误差为 $\tilde{\boldsymbol{W}}_k(t)=\hat{\boldsymbol{W}}_k(t)-W^*(t)$，$\tilde{\varepsilon}_k(t)=\hat{\varepsilon}_k(t)-\varepsilon^*$。将控制器表达式（4-30）代回式（4-27），可得

$$\begin{aligned}\dot{V}_k&\leqslant g_0s_kv_k(t)+s_kQ(\boldsymbol{Z}_k)+[1-b\tanh^2(s_k/\eta(t))]\xi(\boldsymbol{X}_k)\\&=g_0N(\zeta_k)\dot{\zeta}_k+\dot{\zeta}_k-\dot{\zeta}_k+s_k(\boldsymbol{W}^{*\mathrm{T}}(t)\boldsymbol{\phi}(\boldsymbol{Z}_k)+\varepsilon(\boldsymbol{Z}_k,t))+\\&\quad[1-b\tanh^2(s_k/\eta(t))]\xi(\boldsymbol{X}_k)\\&=(g_0N(\zeta_k)+1)\dot{\zeta}_k-s_k[k_1s_k+\hat{\boldsymbol{W}}_k^{\mathrm{T}}(t)\boldsymbol{\phi}(\boldsymbol{Z}_k)+\mathrm{sat}(e_{sk}/\eta(t))\hat{\varepsilon}_k]+\\&\quad s_k(\boldsymbol{W}^{*\mathrm{T}}(t)\boldsymbol{\phi}(\boldsymbol{Z}_k)+\varepsilon(\boldsymbol{Z}_k))+[1-b\tanh^2(s_k/\eta(t))]\xi(\boldsymbol{X}_k)\\&\leqslant(g_0N(\zeta_k)+1)\dot{\zeta}_k-s_k\tilde{\boldsymbol{W}}_k^{\mathrm{T}}(t)\boldsymbol{\phi}(\boldsymbol{Z}_k)-|s_k|\hat{\varepsilon}_k+|s_k|\varepsilon^*+\\&\quad[1-b\tanh^2(s_k/\eta(t))]\xi(\boldsymbol{X}_k)-k_1s_k^2(t)\\&=(g_0N(\zeta_k)+1)\dot{\zeta}_k-s_k\tilde{\boldsymbol{W}}_k^{\mathrm{T}}(t)\boldsymbol{\phi}(\boldsymbol{Z}_k)-|s_k|\tilde{\varepsilon}_k+\\&\quad[1-b\tanh^2(s_k/\eta(t))]\xi(\boldsymbol{X}_k)-k_1s_k^2(t)\end{aligned} \tag{4-33}$$

为进行下面的讨论，将式（4-33）写为

$$\begin{aligned}&s_k\tilde{\boldsymbol{W}}_k^{\mathrm{T}}(t)\boldsymbol{\phi}(\boldsymbol{Z}_k)+|s_k|\tilde{\varepsilon}_k\\&\leqslant-\dot{V}_k+(g_0N(\zeta_k)+1)\dot{\zeta}_k-k_1s_k^2+[1-b\tanh^2(s_k/\eta(t))]\xi(\boldsymbol{X}_k)\end{aligned} \tag{4-34}$$

本节所设计的基于 Nussbaum 的自适应迭代学习控制系统结构图如图 4-2 所示。

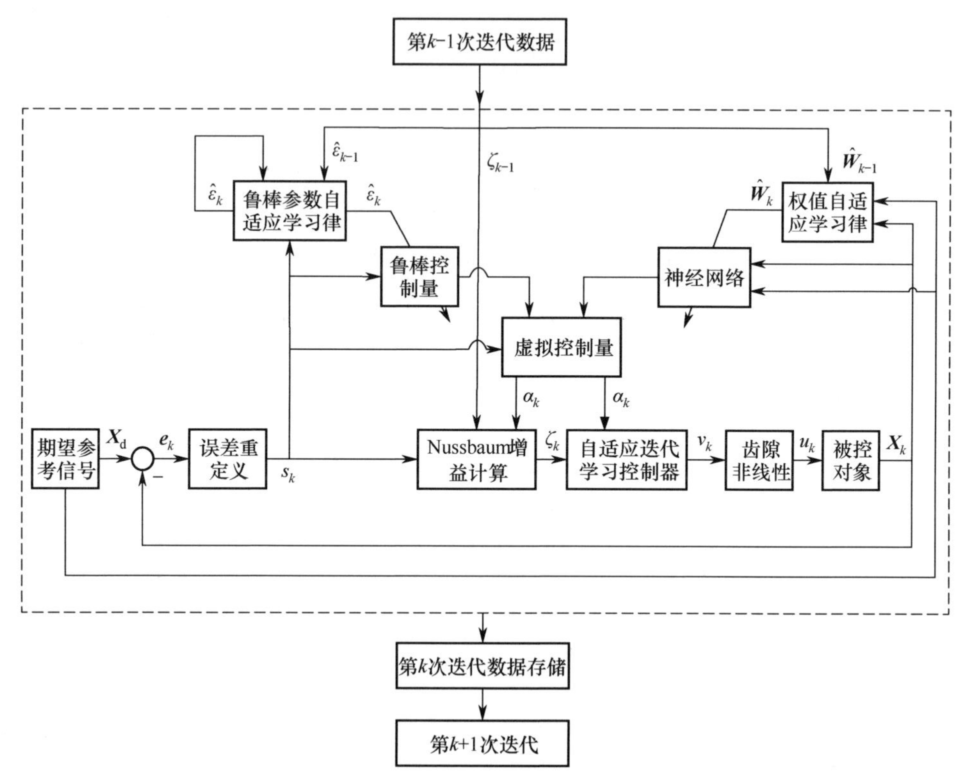

图 4-2　基于 Nussbaum 的神经网络自适应迭代学习控制系统结构图

4.4　稳定性分析

对于本章提出的自适应迭代学习控制方案，有以下的结论。

定理 4.1：考虑如式（4-1）所示在$[0,T]$上重复运行且控制方向未知的非线性时滞系统，在假设 2.4~假设 2.7、假设 3.1~假设 3.2 及假设 4.1 成立的条件下，设计基于 Nussbaum 增益技术的控制器式（4-30）及参数自适应迭代学习律式（4-31）~式（4-32），可以得到与定理 2.1 相同的结论。

证明：稳定性分析过程与前两章类似，根据引理 2.2 分两种情况进行讨论。

情况 1：$s_k(t)\in\boldsymbol{\Omega}_{s_k}$

根据 2.4 节中的分析，在$s_k(t)\in\boldsymbol{\Omega}_{s_k}$的情况下，$|e_{sk}(t)|\leqslant(1+m)\eta(t)$，根据自适应迭代学习律（式（4-31）~式（4-32））可知，$\hat{\boldsymbol{W}}_k(t)$和$\hat{\varepsilon}_k(t)$在$L_T^\infty$-意义下是有界的，自然$v_k(t)$也是有界的。这样，闭环系统的所有信号均有界。

情况 2：$s_k(t)\notin\boldsymbol{\Omega}_{s_k}$

根据引理 2.2 可知，由式（4-34）进一步可得

$$s_k\tilde{\boldsymbol{W}}_k^{\mathrm{T}}(t)\boldsymbol{\phi}(\boldsymbol{Z}_k)+|s_k|\tilde{\varepsilon}_k\leqslant-\dot{V}_k+(g_0N(\zeta_k)+1)\dot{\zeta}_k-k_1s_k^2 \tag{4-35}$$

定义类 Lyapunov CEF 为

$$E_k(t)=\frac{1}{2q_1}\int_0^t\tilde{\boldsymbol{W}}_k^{\mathrm{T}}\tilde{\boldsymbol{W}}_k\mathrm{d}\sigma+\frac{1}{2q_1}\int_t^T\tilde{\boldsymbol{W}}_{k-1}^{\mathrm{T}}\tilde{\boldsymbol{W}}_{k-1}\mathrm{d}\sigma+\frac{\gamma}{2q_2}\int_0^t\tilde{\varepsilon}_k^2\mathrm{d}\sigma+\frac{(1-\gamma)}{2q_2}\tilde{\varepsilon}_k^2+\frac{\gamma}{2q_2}\int_t^T\tilde{\varepsilon}_{k-1}^2\mathrm{d}\sigma \tag{4-36}$$

注 4.2：由式（4-36）可以看出，与第 3 章中的 CEF 式（3-32）相比，在这里 CEF 中多出了$\frac{1}{2q_1}\int_t^T\tilde{\boldsymbol{W}}_{k-1}^{\mathrm{T}}\tilde{\boldsymbol{W}}_{k-1}\mathrm{d}\sigma$ 和$\frac{\gamma}{2q_2}\int_t^T\tilde{\varepsilon}_{k-1}^2\mathrm{d}\sigma$ 两项，这主要是基于 Nussbaum 技术进行分析的需要，具体原因见后续证明过程。

下面的证明过程分为 3 部分。

1）$E_k(t)$的差分

由式（4-36）可知，$E_k(t)$的差分为

$$\Delta E_k(t)=\frac{1}{2q_1}\int_0^t[\tilde{\boldsymbol{W}}_k^{\mathrm{T}}\tilde{\boldsymbol{W}}_k-\tilde{\boldsymbol{W}}_{k-1}^{\mathrm{T}}\tilde{\boldsymbol{W}}_{k-1}]\mathrm{d}\sigma+\frac{1}{2q_1}\int_t^T[\tilde{\boldsymbol{W}}_{k-1}^{\mathrm{T}}\tilde{\boldsymbol{W}}_{k-1}-\tilde{\boldsymbol{W}}_{k-2}^{\mathrm{T}}\tilde{\boldsymbol{W}}_{k-2}]\mathrm{d}\sigma+\frac{\gamma}{2q_2}\int_0^t[\tilde{\varepsilon}_k^2-\tilde{\varepsilon}_{k-1}^2]\mathrm{d}\sigma+\frac{(1-\gamma)}{2q_2}[\tilde{\varepsilon}_k^2-\tilde{\varepsilon}_{k-1}^2]+\frac{\gamma}{2q_2}\int_t^T[\tilde{\varepsilon}_{k-1}^2-\tilde{\varepsilon}_{k-2}^2]\mathrm{d}\sigma \tag{4-37}$$

根据自适应迭代学习律式（4-31），可知 $\Delta E_k(t)$的第一项为

$$\frac{1}{2q_1}\int_0^t[\tilde{\boldsymbol{W}}_k^{\mathrm{T}}\tilde{\boldsymbol{W}}_k-\tilde{\boldsymbol{W}}_{k-1}^{\mathrm{T}}\tilde{\boldsymbol{W}}_{k-1}]\mathrm{d}\sigma=\int_0^t s_k\tilde{\boldsymbol{W}}_k^{\mathrm{T}}\boldsymbol{\phi}(\boldsymbol{Z}_k)\mathrm{d}\sigma-\frac{q_1}{2}\int_0^t s_k^2\|\boldsymbol{\phi}(\boldsymbol{Z}_k)\|^2\mathrm{d}\sigma \tag{4-38}$$

根据自适应学习律式（4-32），可得

$$\begin{aligned}
&\frac{\gamma}{2q_2}\int_0^t[\tilde{\varepsilon}_k^2-\tilde{\varepsilon}_{k-1}^2]\mathrm{d}\sigma+\frac{(1-\gamma)}{2q_2}[\tilde{\varepsilon}_k^2-\tilde{\varepsilon}_{k-1}^2]\\
&=\frac{\gamma}{2q_2}\int_0^t[\tilde{\varepsilon}_k^2-\tilde{\varepsilon}_{k-1}^2]\mathrm{d}\sigma+\frac{(1-\gamma)}{q_2}\int_0^t\tilde{\varepsilon}_k\dot{\tilde{\varepsilon}}_k\mathrm{d}\sigma+\frac{(1-\gamma)}{2q_2}[\tilde{\varepsilon}_k^2(0)-\tilde{\varepsilon}_{k-1}^2(t)]\\
&=\int_0^t|s_k|\tilde{\varepsilon}_k\mathrm{d}\sigma-\frac{\gamma}{q_2}\int_0^t\tilde{\varepsilon}_k(\hat{\varepsilon}_k-\hat{\varepsilon}_{k-1})\mathrm{d}\sigma+\frac{\gamma}{2q_2}\int_0^t(\tilde{\varepsilon}_k^2-\tilde{\varepsilon}_{k-1}^2)\mathrm{d}\sigma+\frac{(1-\gamma)}{2q_2}[\tilde{\varepsilon}_k^2(0)-\tilde{\varepsilon}_{k-1}^2(t)]\\
&=\int_0^t|s_k|\tilde{\varepsilon}_k\mathrm{d}\sigma-\frac{\gamma}{q_2}\int_0^t\tilde{\varepsilon}_k(\tilde{\varepsilon}_k-\tilde{\varepsilon}_{k-1})\mathrm{d}\sigma+\frac{\gamma}{2q_2}\int_0^t(\tilde{\varepsilon}_k^2-\tilde{\varepsilon}_{k-1}^2)\mathrm{d}\sigma+\frac{(1-\gamma)}{2q_2}[\tilde{\varepsilon}_k^2(0)-\tilde{\varepsilon}_{k-1}^2(t)]\\
&=\int_0^t|s_k|\tilde{\varepsilon}_k\mathrm{d}\sigma+\frac{(1-\gamma)}{2q_2}[\tilde{\varepsilon}_k^2(0)-\tilde{\varepsilon}_{k-1}^2(t)]-\frac{\gamma}{2q_2}\int_0^t[\tilde{\varepsilon}_k-\tilde{\varepsilon}_{k-1}]^2\mathrm{d}\sigma
\end{aligned} \tag{4-39}$$

将式（4-38）和式（4-39）代回式（4-37），可得

$$
\begin{aligned}
&\Delta E_k(t)\\
&=\int_0^t s_k\tilde{\boldsymbol{W}}_k^{\mathrm{T}}(\sigma)\boldsymbol{\phi}(\boldsymbol{Z}_k)\mathrm{d}\sigma-\frac{q_1}{2}\int_0^t s_k^2\|\boldsymbol{\phi}(\boldsymbol{Z}_k)\|^2\mathrm{d}\sigma+\\
&\int_0^t|s_k|\tilde{\varepsilon}_k\mathrm{d}\sigma+\frac{(1-\gamma)}{2q_2}[\tilde{\varepsilon}_k^2(0)-\tilde{\varepsilon}_{k-1}^2(t)]-\frac{\gamma}{2q_3}\int_0^t[\tilde{\varepsilon}_k-\tilde{\varepsilon}_{k-1}]^2\mathrm{d}\sigma+\\
&\frac{1}{2q_1}\int_t^T[\tilde{\boldsymbol{W}}_{k-1}^{\mathrm{T}}\tilde{\boldsymbol{W}}_{k-1}-\tilde{\boldsymbol{W}}_{k-2}^{\mathrm{T}}\tilde{\boldsymbol{W}}_{k-2}]\mathrm{d}\sigma+\frac{\gamma}{2q_2}\int_t^T[\tilde{\varepsilon}_{k-1}^2-\tilde{\varepsilon}_{k-2}^2]\mathrm{d}\sigma\\
&\leqslant-V_k(t)+V_k(0)+\int_0^t(g_0N(\zeta_k)+1)\dot{\zeta}_k\mathrm{d}\sigma-k_1\int_0^t s_k^2\mathrm{d}\sigma+\frac{(1-\gamma)}{2q_2}[\tilde{\varepsilon}_k^2(0)-\tilde{\varepsilon}_{k-1}^2(t)]+\\
&\frac{1}{2q_1}\int_t^T[\tilde{\boldsymbol{W}}_{k-1}^{\mathrm{T}}\tilde{\boldsymbol{W}}_{k-1}-\tilde{\boldsymbol{W}}_{k-2}^{\mathrm{T}}\tilde{\boldsymbol{W}}_{k-2}]\mathrm{d}\sigma+\frac{\gamma}{2q_2}\int_t^T[\tilde{\varepsilon}_{k-1}^2-\tilde{\varepsilon}_{k-2}^2]\mathrm{d}\sigma
\end{aligned}
\tag{4-40}
$$

根据假设 2.4 和假设 2.7 可知 $V_k(0)=0$。令式（4-43）中 $t=T$，根据 $\hat{\varepsilon}_k(0)=\hat{\varepsilon}_{k-1}(T)$，$\hat{\varepsilon}_1(0)=0$，可知

$$
\begin{aligned}
\Delta E_k(T)&\leqslant-V_k(T)+\int_0^T(g_0N(\zeta_k)+1)\dot{\zeta}_k\mathrm{d}\sigma-k_1\int_0^T s_k^2\mathrm{d}\sigma\\
&\leqslant\int_0^T(g_0N(\zeta_k)+1)\dot{\zeta}_k\mathrm{d}\sigma-k_1\int_0^T s_k^2\mathrm{d}\sigma
\end{aligned}
\tag{4-41}
$$

2）$E_k(t)$有界性

利用式（4-41），可以得到

$$
\begin{aligned}
E_k(T)&=E_1(T)+\sum_{j=2}^{k}\Delta E_j(T)\\
&\leqslant E_1(T)+\sum_{j=2}^{k}\int_0^T(g_0N(\zeta_j)+1)\dot{\zeta}_j\mathrm{d}\sigma-k_1\sum_{j=2}^{k}\int_0^T s_j^2\mathrm{d}\sigma
\end{aligned}
\tag{4-42}
$$

下面首先来验证 $E_1(T)$的有界性。由 E_k 的定义，可知

$$
\dot{E}_1(t)=\frac{1}{2q_1}\tilde{\boldsymbol{W}}_1^{\mathrm{T}}\tilde{\boldsymbol{W}}_1+\frac{\gamma}{2q_2}\tilde{\varepsilon}_1^2+\frac{(1-\gamma)}{q_2}\tilde{\varepsilon}_1\dot{\tilde{\varepsilon}}_1 \tag{4-43}
$$

对 $E_1(t)$求导可得

$$
\dot{E}_1(t)=\frac{1}{2q_1}\tilde{\boldsymbol{W}}_1^{\mathrm{T}}\tilde{\boldsymbol{W}}_1+\frac{\gamma}{2q_2}\tilde{\varepsilon}_1^2+\frac{(1-\gamma)}{q_2}\tilde{\varepsilon}_1\dot{\tilde{\varepsilon}}_1 \tag{4-44}
$$

由自适应迭代学习律可知，$\hat{\boldsymbol{W}}_1(t)=q_1s_1\boldsymbol{\phi}(\boldsymbol{Z}_1)$，$(1-\gamma)\dot{\hat{\varepsilon}}_1=-\gamma\hat{\varepsilon}_1+q_2|s_1(t)|$，则

$$
\begin{aligned}
\frac{1}{2q_1}\tilde{\boldsymbol{W}}_1^{\mathrm{T}}\tilde{\boldsymbol{W}}_1&=\frac{1}{2q_1}[\tilde{\boldsymbol{W}}_1^{\mathrm{T}}\tilde{\boldsymbol{W}}_1-2\tilde{\boldsymbol{W}}_1^{\mathrm{T}}\hat{\boldsymbol{W}}_1]+\frac{1}{q_1}\tilde{\boldsymbol{W}}_1^{\mathrm{T}}\hat{\boldsymbol{W}}_1\\
&=\frac{1}{2q_1}[(\hat{\boldsymbol{W}}_1-\boldsymbol{W}^*)^{\mathrm{T}}(\hat{\boldsymbol{W}}_1^{\mathrm{T}}-\boldsymbol{W}^*)-2(\hat{\boldsymbol{W}}_1-\boldsymbol{W}^*)^{\mathrm{T}}\hat{\boldsymbol{W}}_1]+s_1\tilde{\boldsymbol{W}}_1^{\mathrm{T}}\boldsymbol{\phi}(\boldsymbol{Z}_1)\\
&=\frac{1}{2q_1}[-\hat{\boldsymbol{W}}_1^{\mathrm{T}}\hat{\boldsymbol{W}}_1+\boldsymbol{W}^{*\mathrm{T}}\boldsymbol{W}^*]+s_1\tilde{\boldsymbol{W}}_1^{\mathrm{T}}\boldsymbol{\phi}(\boldsymbol{Z}_1)
\end{aligned}
$$

$$\leqslant \frac{1}{2q_1}\boldsymbol{W}^{*\mathrm{T}}\boldsymbol{W}^{*} + s_1\tilde{\boldsymbol{W}}_1^{\mathrm{T}}\boldsymbol{\phi}(\boldsymbol{Z}_1) \tag{4-45}$$

$$\begin{aligned}\frac{\gamma}{2q_2}\tilde{\varepsilon}_1^2 + \frac{(1-\gamma)}{q_2}\tilde{\varepsilon}_1\dot{\tilde{\varepsilon}}_1 &= \frac{\gamma}{2q_2}\tilde{\varepsilon}_1^2 - \frac{\gamma}{q_2}\tilde{\varepsilon}_1\hat{\varepsilon}_1(t) + |s_1|\tilde{\varepsilon}_1\\ &= \frac{\gamma}{2q_2}(\hat{\varepsilon}_1^2 - 2\tilde{\varepsilon}_1\hat{\varepsilon}_1 + \tilde{\varepsilon}_1^2) - \frac{\gamma}{2q_2}\hat{\varepsilon}_1^2 + |s_1|\tilde{\varepsilon}_1\\ &\leqslant \frac{\gamma}{2q_2}(\hat{\varepsilon}_1 - \tilde{\varepsilon}_1)^2 + |s_1|\tilde{\varepsilon}_1\\ &= \frac{\gamma}{2q_2}(\varepsilon^*)^2 + |s_1|\tilde{\varepsilon}_1\end{aligned} \tag{4-46}$$

将式（4-45）和式（4-46）代入式（4-44），可得

$$\begin{aligned}\dot{E}_1(t) &\leqslant \frac{1}{2q_1}\boldsymbol{W}^{*\mathrm{T}}\boldsymbol{W}^{*} + s_1\tilde{\boldsymbol{W}}_1^{\mathrm{T}}\boldsymbol{\phi}(\boldsymbol{Z}_1) + \frac{\gamma}{2q_3}(\varepsilon^*)^2 + |s_1|\tilde{\varepsilon}_1\\ &\leqslant -\dot{V}_1 + (g_0N(\zeta_1)+1)\dot{\zeta}_1 - Ks_1^2 + \frac{1}{2q_1}\boldsymbol{W}^{*\mathrm{T}}\boldsymbol{W}^{*} + \frac{\gamma}{2q_2}(\varepsilon^*)^2\end{aligned} \tag{4-47}$$

记 $c_{\max} = \max\limits_{t\in[0,T]}\left\{\frac{1}{2q_1}\boldsymbol{W}^{*\mathrm{T}}(t)\boldsymbol{W}^{*}(t) + \frac{1}{2q_2}(\varepsilon^*)^2\right\}$。对式（4-47）在$[0,t]$上积分，可得

$$E_1(t) - E_1(0) \leqslant -V_1(t) + \int_0^t (g_0N(\zeta_1)+1)\dot{\zeta}_1\mathrm{d}\sigma - k_1\int_0^t s_1^2\mathrm{d}\sigma + t\cdot c_{\max} \tag{4-48}$$

根据 $\hat{\varepsilon}_1(0)=0$，我们有

$$E_1(0) = \frac{(1-\gamma)}{2q_2}\tilde{\varepsilon}_1^2(0) = \frac{(1-\gamma)}{2q_2}(\varepsilon^*)^2 \tag{4-49}$$

因此，式（4-48）转化为

$$E_1(t) \leqslant -k_1\int_0^t s_1^2\mathrm{d}\sigma + \int_0^t (g_0N(\zeta_1)+1)\dot{\zeta}_1\mathrm{d}\sigma + t\cdot c_{\max} + \frac{(1-\gamma)}{2q_2}(\varepsilon^*)^2 \tag{4-50}$$

令 $t=T$，可知

$$E_1(T) \leqslant -k_1\int_0^T s_1^2\mathrm{d}\sigma + \int_0^T (g_0N(\zeta_1)+1)\dot{\zeta}_1\mathrm{d}\sigma + T\cdot c_{\max} + \frac{(1-\gamma)}{2q_2}(\varepsilon^*)^2 \tag{4-51}$$

将式（4-51）代入式（4-42），则式（4-42）变为

$$\begin{aligned}E_k(T) &\leqslant -k_1\sum_{j=1}^{k}\int_0^T s_j^2\mathrm{d}\sigma + \sum_{j=1}^{k}\int_0^T (g_0N(\zeta_j)+1)\dot{\zeta}_j\mathrm{d}\sigma + T\cdot c_{\max} + \frac{(1-\gamma)}{2q_2}(\varepsilon^*)^2\\ &\leqslant \sum_{j=1}^{k}\int_0^T (g_0N(\zeta_j)+1)\dot{\zeta}_j\mathrm{d}\sigma + T\cdot c_{\max} + \frac{(1-\gamma)}{2q_2}(\varepsilon^*)^2\end{aligned} \tag{4-52}$$

根据式（4-30）中 Nussbaum 增益的形式 $\zeta_k(0)=\zeta_{k-1}(T)$ 可知，随着迭代控制过程的进行，Nussbaum 增益是连续变化的，故记 $\zeta(t+(k-1)T) \triangleq \zeta_k(t)$，$j\in\mathbf{N}$。因此，$\zeta(t)$ 和 $\dot{\zeta}(t)$ 对 $\forall t\in[0,kT]$ 都是连续的，由 $\zeta_k(0)=\zeta_{k-1}(T)$ 有

$$\sum_{j=1}^{k}\int_0^T (g_0N(\zeta_j)+1)\dot{\zeta}_j\mathrm{d}\sigma$$
$$=\int_0^T (g_0N(\zeta_1)+1)\dot{\zeta}_1\mathrm{d}\sigma+\int_0^T (g_0N(\zeta_2)+1)\dot{\zeta}_2\mathrm{d}\sigma+\cdots+\int_0^T (g_0N(\zeta_k)+1)\dot{\zeta}_k\mathrm{d}\sigma$$
$$=\int_0^T (g_0N(\zeta)+1)\dot{\zeta}\mathrm{d}\sigma+\int_T^{2T} (g_0N(\zeta)+1)\dot{\zeta}\mathrm{d}\sigma+\cdots+\int_{(k-1)T}^{kT} (g_0N(\zeta)+1)\dot{\zeta}\mathrm{d}\sigma$$
$$=\int_0^{kT} (g_0N(\zeta)+1)\dot{\zeta}\mathrm{d}\sigma \tag{4-53}$$

因此，我们有

$$E_k(T)\leqslant\int_0^{kT}(g_0N(\zeta)+1)\dot{\zeta}\mathrm{d}\sigma+T\cdot c_{\max}+\frac{(1-\gamma)}{2q_2}(\varepsilon^*)^2 \tag{4-54}$$

另一方面，当 $k\geqslant 2$ 时，有

$$\dot{E}_k(t)=\frac{1}{2q_1}(\tilde{\boldsymbol{W}}_k^{\mathrm{T}}\tilde{\boldsymbol{W}}_k-\tilde{\boldsymbol{W}}_{k-1}^{\mathrm{T}}\tilde{\boldsymbol{W}}_{k-1})+\frac{\gamma}{2q_2}\tilde{\varepsilon}_k^2+\frac{(1-\gamma)}{q_2}\tilde{\varepsilon}_k\dot{\tilde{\varepsilon}}_k-\frac{\gamma}{2q_2}\tilde{\varepsilon}_{k-1}^2$$
$$=s_k\tilde{\boldsymbol{W}}_k^{\mathrm{T}}(t)\boldsymbol{\phi}(\boldsymbol{Z}_k)-\frac{q_1}{2}s_k^2\|\boldsymbol{\phi}(\boldsymbol{Z}_k)\|^2+|s_k|\tilde{\varepsilon}_k-\frac{\gamma}{2q_2}(\tilde{\varepsilon}_k-\tilde{\varepsilon}_{k-1})^2$$
$$\leqslant\dot{V}_k+(g_0N(\zeta_k)+1)\dot{\zeta}_k-k_1s_k^2 \tag{4-55}$$

显然，由 $E_k(t)$ 的定义式（4-36）可知 $E_k(0)=E_{k-1}(T)$。对式（4-55）在 $[0,t]$ 上求积分，并令式（4-54）中 $k=k-1$，则可以得到

$$E_k(t)\leqslant -V_k+\int_0^t(g_0N(\zeta_k)+1)\dot{\zeta}_k\mathrm{d}\sigma-k_1\int_0^t s_k^2\mathrm{d}\sigma+E_k(0)$$
$$\leqslant\int_0^t(g_0N(\zeta_k)+1)\dot{\zeta}_k\mathrm{d}\sigma+\int_0^{(k-1)T}(g_0N(\zeta)+1)\dot{\zeta}\mathrm{d}\sigma+T\cdot c_{\max}+\frac{(1-\gamma)}{2q_2}(\varepsilon^*)^2$$
$$=c_0+\int_0^{(k-1)T+t}(g_0N(\zeta)+1)\dot{\zeta}\mathrm{d}\sigma \tag{4-56}$$

式中：$c_0=T\cdot c_{\max}+\dfrac{(1-\gamma)}{2q_2}(\varepsilon^*)^2$。由引理 4.2 可知，任意 $[0,T]\subset[0,t_f)$。根据引理 4.1，我们可以得到结论：$E_k(t)$、$\zeta(t)$ 和 $\int_0^{(k-1)T+t}(g_0N(\zeta)+1)\dot{\zeta}\mathrm{d}\sigma$ 均是有界的。进一步可以得知 $\zeta_k(t)$、$\hat{\boldsymbol{W}}_k(t)$ 和 $\hat{\varepsilon}_k(t)$ 也是有界的，$\forall k\in\mathbf{N}$。

3）误差收敛性

令式（4-56）中 $t=T$，则可以得到 $E_k(T)$ 是有界的。根据式（4-52）可得

$$k_1\sum_{j=1}^{k}\int_0^T s_j^2\mathrm{d}\sigma\leqslant -E_k(T)+\sum_{j=1}^{k}\int_0^T(g_0N(\zeta_j)+1)\dot{\zeta}_j\mathrm{d}\sigma+c_0$$
$$\leqslant\int_0^{kT}(g_0N(\zeta)+1)\dot{\zeta}\mathrm{d}\sigma+c_0 \tag{4-57}$$

对式（4-57）求极限，可得

$$\lim_{k\to\infty}\sum_{j=1}^{k}\int_0^T s_j^2\mathrm{d}\sigma \leqslant \lim_{k\to\infty}\frac{1}{k_1}\left[\int_0^{kT}(g_0N(\zeta)+1)\dot{\zeta}\mathrm{d}\sigma + T\cdot c_{\max} + \frac{(1-\gamma)}{2q_2}(\varepsilon^*)^2\right] \leqslant M \tag{4-58}$$

根据级数收敛的必要条件，可知 $\lim_{k\to\infty}\int_0^T s_k^2(\sigma)\mathrm{d}\sigma = 0$。这意味着 $\lim_{k\to\infty}s_k(t) = s_\infty(t) = 0, \forall t \in [0,T]$。由 $s_k(t)$ 的定义可知，当 $|e_{sk}(t)| \leqslant \eta(t)$ 时，$s_k(t)=0$，则 $\lim_{k\to\infty}\int_0^T s_k^2(\sigma)\mathrm{d}\sigma = 0$ 等价于 $\lim_{k\to\infty}|e_{sk}(t)| \leqslant \eta(t)$，则 $\lim_{k\to\infty}\int_0^T (e_{sk}(\sigma))^2\mathrm{d}\sigma \leqslant \int_0^T (\eta(\sigma))^2\mathrm{d}\sigma$。

由 $E_k(t)$ 的有界性，我们已经得到 $\hat{\boldsymbol{W}}_k(t)$ 和 $\hat{\varepsilon}_k(t)$ 的有界性。$\int_0^t s_k^2(\sigma)\mathrm{d}\sigma \leqslant \int_0^T s_k^2(\sigma)\mathrm{d}\sigma$ 可以得到 $s_k(t)$ 的有界性，则由 $\boldsymbol{X}_{\mathrm{d}}(t)$ 的有界性进一步可以得到 $x_{i,k}(t)$ 的有界性。类似于情况 1，可以得到 $v_k(t)$ 和 $u_k(t)$ 的有界性结论。

综合以上两种情况的结论可知，本章所提出的自适应迭代学习控制方案能够保证闭环系统的所有信号都有界的，且 $\lim_{k\to\infty}|e_{sk}(t)| \leqslant (1+m)\eta(t)$。因此，可进一步得到 $\lim_{k\to\infty}\int_0^T (e_{sk}(\sigma))^2\mathrm{d}\sigma \leqslant \varepsilon_e$，$\varepsilon_e = \int_0^T ((1+m)\eta(\sigma))^2\mathrm{d}\sigma = \frac{1}{2K}(1+m)^2\varepsilon^2(1-\mathrm{e}^{-2KT}) \leqslant \frac{1}{2K}(1+m)^2\varepsilon^2 = \varepsilon_{esk}$。此外，$e_{s\infty}(t)$ 满足 $\lim_{k\to\infty}|e_{sk}(t)| = e_{s\infty}(t) = (1+m)\varepsilon\mathrm{e}^{-Kt}$，$\forall t \in [0,T]$。

跟踪误差动态性能的证明过程与 2.4 节相同，不再赘述。

证毕。

4.5　仿真分析

在本节，将通过一个仿真实例来验证所提出自适应迭代学习控制器的有效性。考虑二阶系统为

$$\begin{cases}\dot{x}_{1,k}(t) = x_{2,k}(t)\\ \dot{x}_{2,k}(t) = f(\boldsymbol{X}_k(t),t) + h(\boldsymbol{X}_{\tau,k}(t),t) + g(\boldsymbol{X}_k(t),t)u_k(v_k) + d(t)\\ y_k(t) = x_{1,k}(t)\end{cases} \tag{4-59}$$

式中：未知函数 $f(\boldsymbol{X}_k(t),t)$、$h(\boldsymbol{X}_{\tau,k}(t),t)$ 和干扰 $d(t)$ 的形式同系统式（3-67）；$g(\boldsymbol{X}_k(t),t) = 0.7+0.3|\cos(0.5t)|^2\sin^2(x_{1,k}x_{2,k})$。未知时变时滞为 $\tau_1(t) = 0.5(1+\sin(0.3t))$，$\tau_2 = 0.8(1+\sin(0.5t))$。

4.5.1　基于 Nussbaum 增益的自适应迭代学习控制方案验证

为验证定理 4.1 的结论，进行如下 3 个仿真实验。

实验 1：期望参考轨迹向量取为 $\boldsymbol{X}_{\mathrm{d}}(t)=[\sin t,\cos t]^{\mathrm{T}}$。设计参数选取为 $\varepsilon_1=\varepsilon_2=1$，$\lambda=2$，$K=2$，$k_1=1$，$\gamma=0.5$，$q_1=0.8$，$q_2=0.1$，$\varepsilon=\lambda\varepsilon_1+\varepsilon_2=3$。齿隙非线性特性参数选取为 $\alpha=1$，$c=1.1635$，$B_1=0.345$。神经网络参数为 $l=30$，$\mu_j=\frac{1}{l}(2j-l)[2,3,2,3,3]^{\mathrm{T}}$，$\eta_j=2$，$(j=1,2,\cdots,l)$。初始条件 $x_{1,k}(0)$ 和 $x_{2,k}(0)$ 分别在 $[-0.5,0.5]$ 和 $[0.5,1.5]$ 上随机选取。系统在有限时间段 $[0,4\pi]$ 上迭代运行 5 次。部分仿真结果如图 4-3～图 4-8 所示。

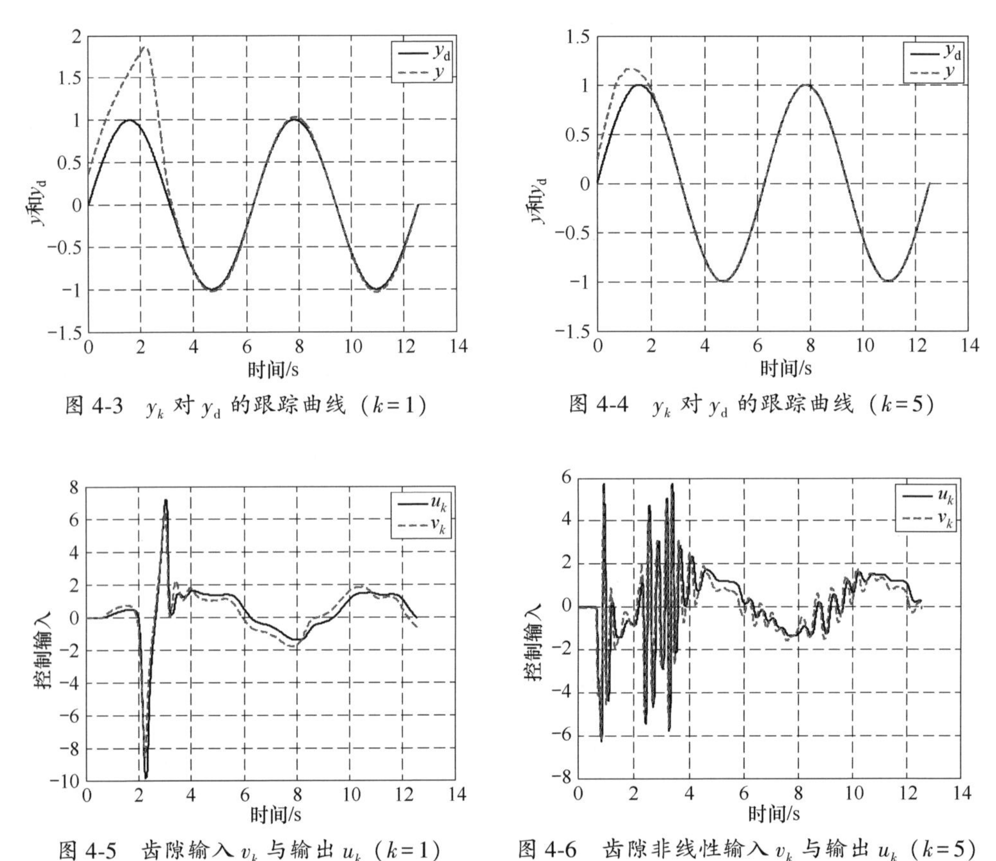

图 4-3　y_k 对 y_{d} 的跟踪曲线（$k=1$）

图 4-4　y_k 对 y_{d} 的跟踪曲线（$k=5$）

图 4-5　齿隙输入 v_k 与输出 u_k（$k=1$）

图 4-6　齿隙非线性输入 v_k 与输出 u_k（$k=5$）

图 4-3 和图 4-4 分别为第 1 次迭代和第 5 次迭代时系统输出跟踪期望参考轨迹的曲线，可以看到，通过 4 次的迭代学习过程，跟踪效果有所改善，通过图 4-8 给出的 $\int_0^T s_k^2(t)\,\mathrm{d}t$ 随迭代次数变化曲线可以更加清晰地看出跟踪效果不断改善的过程，体现了迭代学习控制的有效性。图 4-5 和图 4-6 分别给出了第 1 次迭代和第 5 次迭代时的控制曲线，结果表明，控制信号有界，且可以看出齿隙非线性特性对于控制输入的影响。如前所述，由于 Nussbaum 增益在迭代运行过程中是连续变化的，因此在图 4-7 中给出了 Nussbaum 增益 ζ 在 5 次迭代运行过程中的连续

变化曲线，但图 4-7 的横坐标并非真实的时间轴，而是 5 次迭代运行过程的时间轴串联在一起，从仿真曲线中可以看出，Nussbaum 增益在第 1 次迭代时就已经基本趋于稳定。

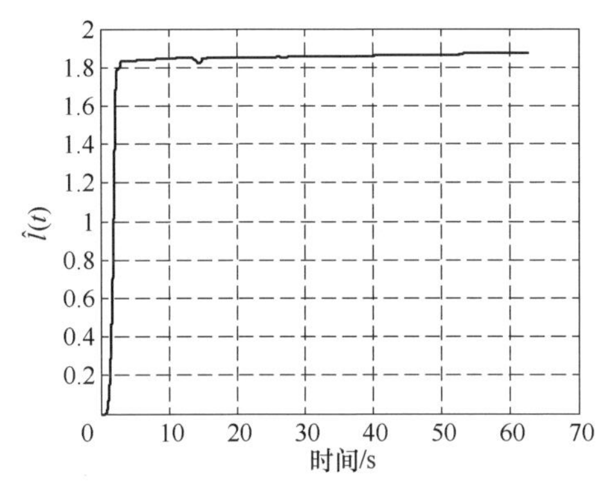

图 4-7　Nussbaum 增益 ζ 的变化曲线

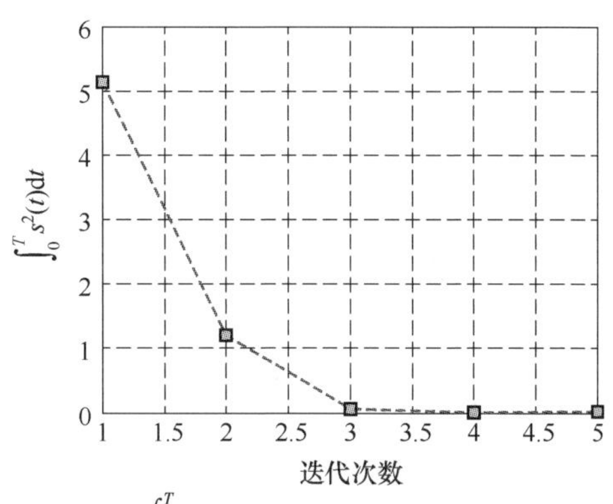

图 4-8　$\int_0^T s_k^2(t)\,\mathrm{d}t$ 随迭代次数变化曲线

实验 2：考虑更为复杂期望参考信号，选取期望参考轨迹向量为 $\boldsymbol{X}_{\mathrm{d}}(t)=[\sin t+\sin(0.5t), \cos t+0.5\cos(0.5t)]^{\mathrm{T}}$。控制参数的选取为 $q_1=1$，$q_2=0.03$，$\gamma=0.5$，$\lambda=2$，$K=2$，$k_1=3$，$l=10$，$\mu_j=\frac{1}{l}(2j-l)[2,3,2,3,2]^{\mathrm{T}}$，$\eta_j=2$，$(j=1,2,\cdots,l)$。初始条件 $x_{1,k}(0)$ 和 $x_{2,k}(0)$ 分别在 $[-0.5,0.5]$ 和 $[1,2]$ 上随机选取。系统在有限时间段 $[0,8\pi]$ 上迭代运行 10 次。部分仿真结果如图 4-9~图 4-14 所示。

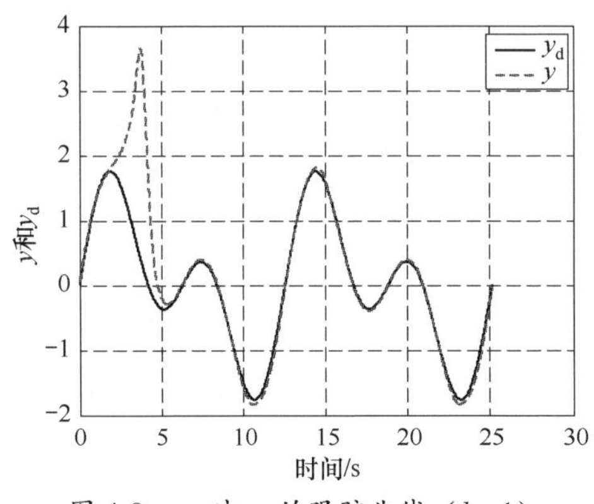

图 4-9　y_k 对 y_{d} 的跟踪曲线（$k=1$）

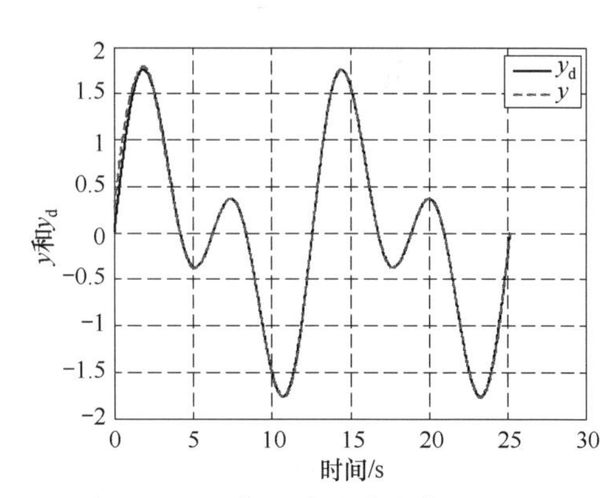

图 4-10　y_k 对 y_{d} 的跟踪曲线（$k=10$）

由以上仿真结果可以看出，期望参考信号为 $\boldsymbol{X}_{\mathrm{d}}(t)=[\sin t+\sin(0.5t), \cos t+0.5\cos(0.5t)]^{\mathrm{T}}$ 时，本章所设计的自适应迭代学习控制方案同样能够得到较好的控制效果。

实验 3：为了验证不同的设计参数对仿真效果的影响，我们考虑下面的仿真条件。期望参考信号同情况 2。设计参数调整为 $\lambda=3$，$K=4$，$\gamma=0.5$，$q_1=q_2=2$，

$q_3=0.02$，$\varepsilon=\lambda\varepsilon_1+\varepsilon_2=4$，其他参数不变。在这里，我们只给出 $\int_0^T s_k^2(t)\,\mathrm{d}t$ 随迭代次数变化的曲线。

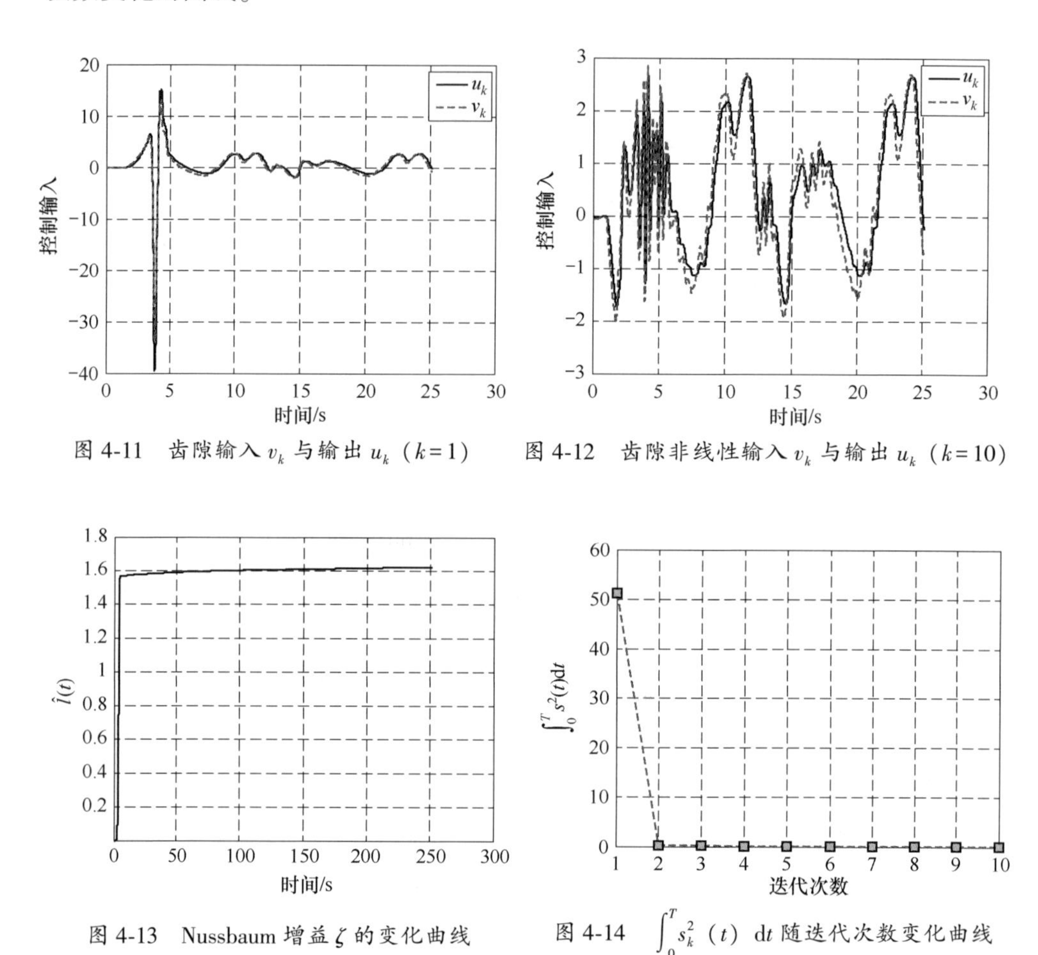

图 4-11　齿隙输入 v_k 与输出 u_k（$k=1$）

图 4-12　齿隙非线性输入 v_k 与输出 u_k（$k=10$）

图 4-13　Nussbaum 增益 ζ 的变化曲线

图 4-14　$\int_0^T s_k^2(t)\,\mathrm{d}t$ 随迭代次数变化曲线

通过对比图 4-14 和图 4-15 可以看出，在本章的基于 Nussbaum 增益技术的自适应迭代学习控制方法中，选取较大的设计参数，仅在第 1 次迭代时能够使跟踪误差指标 $\int_0^T s_k^2(t)\,\mathrm{d}t$ 有一定程度的减小，而对后续迭代学习改善的情况没有很好的体现，这主要是由于在控制器式（4-30）中误差反馈项 $k_1 s_k$ 的作用，跟踪误差已经迅速收敛，这种效果在图 4-9 中即可以看出。而在第 3 章中的控制器式（3-25）中没有误差反馈的直接作用，在第 1 次迭代时跟踪误差没有明显收敛，而为了提高这种收敛效果，也可以在控制器式（3-25）中增加跟踪误差 s_k 的反馈作用，而这并不会改变 3.4 节中稳定性分析的结论。

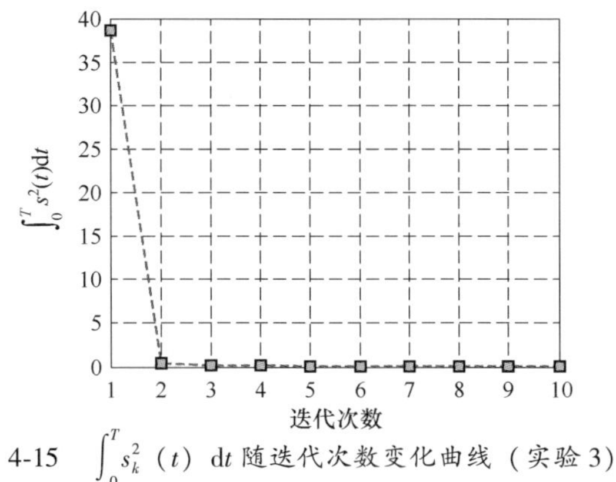

图 4-15　$\int_0^T s_k^2(t)\mathrm{d}t$ 随迭代次数变化曲线（实验 3）

4.5.2　对比分析：基于 Nussbaum 增益的神经网络自适应控制

实验 4：最后，我们将通过与传统自适应控制方法相比较，来验证本章方法的优势。采用基于 Nussbaum 增益的自适应神经网络控制器[109] 对系统式（4-50）进行跟踪控制。其中控制器的形式与式（4-30）相同，参数自适应律修改为

$$\dot{\hat{\boldsymbol{W}}} = -\Gamma[\boldsymbol{\phi}(\boldsymbol{Z}_k)s_k + \sigma_W\hat{\boldsymbol{W}}], \hat{\boldsymbol{W}}(0) = 0$$

$$(1-\gamma)\dot{\hat{\varepsilon}}_k(t) = -\gamma\hat{\varepsilon}_k(t) + q_2|s_k(t)|$$

设计参数选取为 $\Gamma=\mathrm{diag}\{2\}$，$\sigma_W=0.5$，$q_2=0.02$。期望参考轨迹向量为 $\boldsymbol{X}_\mathrm{d}(t)=[\sin t+\sin(0.5t), \cos t+0.5\cos(0.5t)]^\mathrm{T}$，其他设计参数同实验 2。同样，控制器及自适应律中的下标“k”没有实际意义。图 4-16 和图 4-17 分别给出了系统输出跟踪曲线和控制信号曲线。通过仿真结果可以看出，存在时变不确定性的系统，传统自适应控制器不能实现较好的跟踪效果，跟踪误差始终周期性地存在，不能随时间轴上的自适应学习而消除掉。这种结果反映了迭代学习控制在处理时变不确

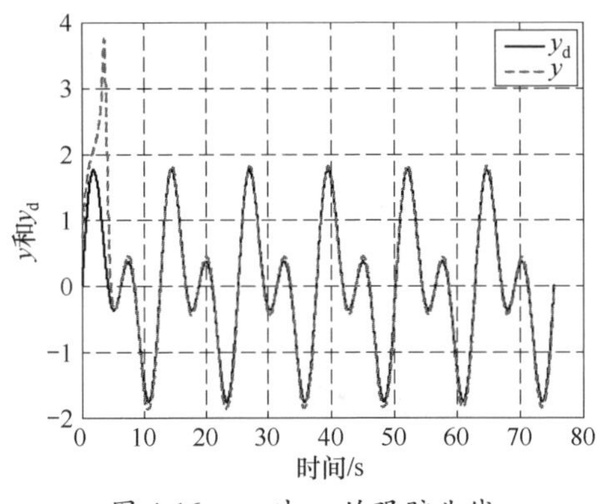

图 4-16　y_k 对 y_d 的跟踪曲线

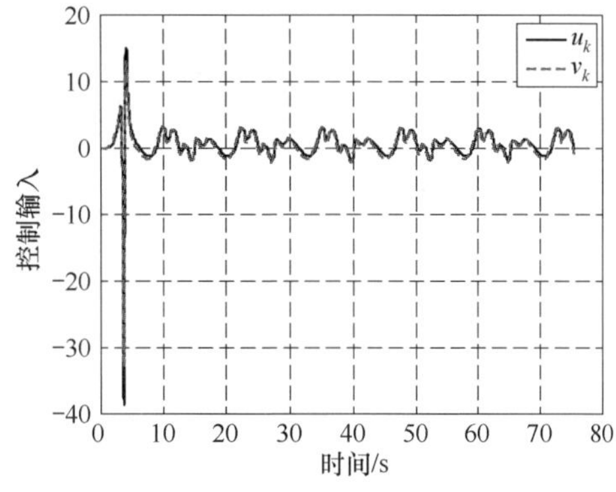

图 4-17　齿隙输入 v_k 与输出 u_k

定性上的优越性。

通过以上 4 个实验的仿真验证，可以看出，本章提出的自适应迭代学习控制方法对于控制方向未知且具有输出齿隙非线性特性的不确定非线性时滞系统具有良好的控制性能，通过迭代学习过程，能够实现完全跟踪的效果，实现了控制目标。以上仿真结果与定理 4.1 一致，充分验证了本章所提出控制系统设计方案的效果。

4.6 小结与评述

本章在前面研究的基础上，对一类控制方向未知且具有未知齿隙非线性输入和时变状态时滞的非线性系统的控制问题进行了深入研究。利用神经网络处理了系统中的时变不确定性，设计了鲁棒自适应学习项对神经网络逼近误差、未知扰动和齿隙非线性特性的余项进行了补偿。利用 Nussbaum 函数增益方法对控制增益进行了估计，解决了控制方向未知的难题，并构造了一种满足“重置”条件的 CEF，解决了由 Nussbaum 函数的引入给稳定性分析带来的难题。在设计中考虑了未知齿隙非线性输入的影响，并且首次将积分型 Lyapunov 函数方法应用到自适应迭代学习控制系统设计中，与双曲正切函数相配合避免了控制奇异性问题。该方法进一步拓展了自适应迭代学习控制方法的适用范围，为相关问题的处理提供了一种思路参考。

第5章　基于观测器的非线性时滞系统自适应迭代学习控制

5.1　引　　言

在前3章中，我们针对3类不同类型的非线性时滞系统，分别设计了相应的自适应迭代学习控制方案，并考虑了死区非线性和齿隙非线性的影响，系统地解决了这3类系统的控制难题。所设计的3种自适应迭代学习控制策略对系统有一个共同的要求：系统的状态可测。然而在实际应用中，一些系统是仅输出可测的。在状态不可测的情况下，前3章的控制方法均无法实现。在本章，我们将对状态不可测的非线性时滞系统的自适应迭代学习控制问题进行研究。

当系统的状态不可测，仅输出可测时，进行控制器设计的首要任务是根据已知的信息对状态进行估计。在已有的估计方法中，观测器技术被证明是一种非常有效的方案，它通过输出跟踪误差及其他补偿项的反馈动态地估计被控对象的状态。到目前为止，已经有大量的基于观测器估计技术的输出反馈控制方法被提出[155-158]。在迭代学习控制领域，几个主要迭代学习控制研究团队都或多或少地对基于观测器的迭代学习控制问题进行了研究。Xu 等[159] 针对一类时变非线性系统的跟踪问题提出了一种基于观测器的迭代学习控制算法，利用压缩映射原理方法给出的学习收敛的充分条件。随后他利用文献［160］中的观测器，针对一类时变参数化非线性系统基于 CEF 分析方法提出一种基于观测器的自适应迭代学习控制策略[161]。李俊民研究团队的陈为胜则将 Xu 的自适应迭代学习控制方案[161] 推广到一种具有输出时滞的时变参数化非线性系统中[162]。孙明轩研究团队针对一类时变参数化系统，同样利用文献［160］中的观测器估计了系统的状态，在此基础上设计了迭代学习控制器，实现了在给定区间上对非一致轨迹的全局精确跟踪[163]。相较而言，Chien Jiang-Ju 团队报道的相关文献稍多，他们首先在文献［164］中针对机械臂系统设计了一种基于观测器的自适应迭代学习控制方案，设计了误差观测器对机械臂跟踪误差系统进行估计，在此基础上设计了模糊神经网络补偿项和鲁棒学习项，随后他们将文献［164］中的设计方法分别推广到 SISO 非线性系统[165]、MIMO 非线性系统[61] 和带有时滞输出的 MIMO 非线性系统[166] 中。

同死区和齿隙非线性类似，饱和非线性特性是实际的控制系统中又一种常见的非线性特性。严格来讲，实际控制系统中，只要有执行器就会有饱和。在某些情况下，饱和特性的幅值比较大，大部分控制信号都位于饱和边界内，此时饱和非线性对整个控制系统的影响较小，在控制器设计时可以将其忽略。相反，在饱和非线性对控制系统的影响较大时，如果将其忽略，就会降低控制系统的性能，严重时甚至会使整个系统失去稳定性。饱和非线性长期以来一直受到控制界的关注，在时域控制方法领域，已经有大量文献报道了在饱和输入下的非线性系统控制系统设计方案[167-169]。在迭代学习控制领域，部分学者针对几类输入饱和下的系统，在一些必要的假设条件下，进行了探索性研究，设计了迭代学习控制策略[30,31,39-41,79]。

本章将考虑一类状态不可测、未知时变状态时滞和饱和输入等诸多复杂因素影响的非线性系统，目前这一类系统尚无有效的控制方法。本章将综合利用观测器、LMI、自适应迭代学习控制、滤波器等技术，提出两种设计方法，解决该控制难题。

5.2 问题描述与准备

5.2.1 问题描述

考虑在有限时间区间$[0,T]$上重复运行、具有未知时变时滞和饱和输入的不确定非线性系统，数学模型可表示为

$$\begin{cases}\dot{x}_{i,k}(t)=x_{i+1,k}(t),i=1,2,\cdots,n-1\\ \dot{x}_{n,k}(t)=f(\boldsymbol{X}_k(t))+h(y_{\tau,k}(t),t)+u_k(v_k(t))+d(t)\\ y_k(t)=x_{1,k}(t),t\in[0,T]\end{cases}\tag{5-1}$$

式中；$f(\cdot)$为未知非线性光滑连续函数；$y_{\tau_i,k}\triangleq y_k(t-\tau_i(t))$，$i=1,2,\cdots,n$，$y_{\tau,k}(t)=[y_{\tau_1,k}(t),y_{\tau_2,k}(t),\cdots,y_{\tau_n,k}(t)]^{\mathrm{T}}$为时滞输出向量；$v_k(t)$为控制输入；$u_k(v_k(t))$描述的是饱和非线性特性。在这里，系统的状态是无法得到的，只有输出量$y_k(t)$可测。此外，系统是输入输出有界的（Bounded Input Bounded Output，BIBO）。定义向量$\boldsymbol{C}=[1,0,\cdots,0]^{\mathrm{T}}$，则可知$y_k(t)=\boldsymbol{C}^{\mathrm{T}}\boldsymbol{X}_k(t)$。

控制目标与前面的章节相同，在前面章节中关于未知时变时滞、期望参考轨迹、未知外界扰动假设的基础上，对$h(\cdot,\cdot)$作如下假设。

假设5.1：未知连续函数$h(\cdot,\cdot)$是有界的，且满足不等式

$$|h(y_{\tau,k},t)|\leqslant\sum_{j=1}^{n}\rho_j(y_{\tau_j,k}(t))\tag{5-2}$$

式中：$\rho_j(\cdot)$为未知的正的连续函数。

5.2.2 输入饱和特性

在本章中，考虑输入饱和特性，其数学模型为

$$u_k = \begin{cases} v_k & |v_k| < u_M \\ u_M \operatorname{sgn}(v_k) & |v_k| \geq u_M \end{cases} \tag{5-3}$$

式中：u_M 为控制量 v_k 的界。模型式（5-3）可写为

$$u_k = \beta(v_k) + d_1(v_k) \tag{5-4}$$

式中：$\beta(v_k) = u_M \times \tanh(v_k / u_M)$。由于 $d_1(v_k) = u_k - \beta(v_k)$，显然有

$$|d_1(v_k)| = |\operatorname{sat}(v_k) - \beta(v_k)| \leq u_M(1 - \tanh(1)) = D_2 \tag{5-5}$$

饱和输入模型的示意图如图 5-1 所示。

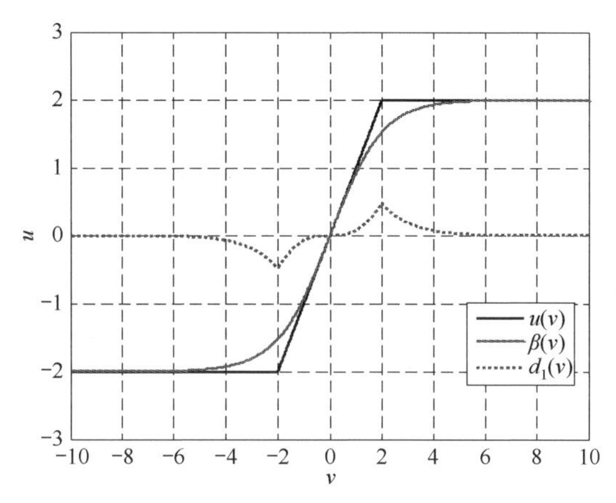

图 5-1　饱和输入模型

5.2.3　Schur 补引理

在本章中，将用到如下的引理。

引理 5.1[170]：线性矩阵不等式（Linear Matrix Inequality，LMI）

$$\boldsymbol{S} = \begin{bmatrix} \boldsymbol{S}_{11} & \boldsymbol{S}_{12} \\ \boldsymbol{S}_{21} & \boldsymbol{S}_{22} \end{bmatrix} < 0 \tag{5-6}$$

及$\boldsymbol{S}_{11} = \boldsymbol{S}_{11}^{\mathrm{T}}$，$\boldsymbol{S}_{22} = \boldsymbol{S}_{22}^{\mathrm{T}}$ 等价于

$$\boldsymbol{S}_{22} < 0,\ \boldsymbol{S}_{11} - \boldsymbol{S}_{12}\boldsymbol{S}_{22}^{-1}\boldsymbol{S}_{12}^{\mathrm{T}} < 0 \tag{5-7}$$

5.3　基于状态观测器的自适应迭代学习控制方案设计及稳定性分析

5.3.1　观测器设计

将系统式（5-1）重写为

$$\dot{\boldsymbol{X}}_k = \boldsymbol{A}\boldsymbol{X}_k + \boldsymbol{K}_0 y_k + \boldsymbol{B}[f(\boldsymbol{X}_k) + h(y_{\tau,k}, t) + \beta(v_k) + d_1(v_k) + d(t)] \tag{5-8}$$

式中：$\boldsymbol{K}_0=[k_1,k_2,\cdots,k_n]^{\mathrm{T}}$；$\boldsymbol{B}=[0,\cdots,0,1]^{\mathrm{T}}$；$\boldsymbol{A}=\begin{bmatrix}-k_1 & \\ -k_2 & \boldsymbol{I}_{n-1} \\ \vdots & \\ -k_n & 0 \quad \cdots \quad 0\end{bmatrix}$；$\boldsymbol{I}_{n-1}$ 为 $n-1$ 阶单位阵。选取合适的 $\boldsymbol{K}_0\in\mathbf{R}^n$ 使得 $\boldsymbol{A}$ 为一个 Hurwitz 阵。则给定一个正定阵 $\boldsymbol{Q}>0$，存在一个正定阵 $\boldsymbol{P}>0$ 使得不等式成立，即

$$\boldsymbol{A}^{\mathrm{T}}\boldsymbol{P}+\boldsymbol{P}\boldsymbol{A}+\frac{n+3}{\lambda}\boldsymbol{P}\boldsymbol{P}^{\mathrm{T}}+\frac{\boldsymbol{P}\boldsymbol{P}^{\mathrm{T}}}{\|\boldsymbol{C}\boldsymbol{C}^{\mathrm{T}}+\delta\boldsymbol{I}_n\|^2}<-\boldsymbol{Q} \tag{5-9}$$

式中：λ 为一个正常数。

注 5.1：为求解不等式（5-9），将矩阵 $\boldsymbol{A}$ 分解为 $\boldsymbol{A}=\bar{\boldsymbol{A}}+\boldsymbol{K}_0\bar{B}$，其中

$$\bar{\boldsymbol{A}}=\begin{bmatrix}0 & \\ \vdots & \boldsymbol{I}_{n-1} \\ 0 & \cdots \quad 0\end{bmatrix},\bar{\boldsymbol{B}}=[-1,0,\cdots,0] \tag{5-10}$$

根据引理 5.1，不等式（5-9）等价于线性矩阵不等式（LMI），即

$$\begin{bmatrix}\boldsymbol{P}\bar{\boldsymbol{A}}+\boldsymbol{M}\bar{\boldsymbol{B}}+\bar{\boldsymbol{B}}^{\mathrm{T}}\boldsymbol{M}^{\mathrm{T}}+\bar{\boldsymbol{A}}^{\mathrm{T}}\boldsymbol{P}+\boldsymbol{Q} & \boldsymbol{P} \\ \boldsymbol{P} & -\left(\frac{n+3}{\lambda}+\frac{1}{\|\boldsymbol{C}\boldsymbol{C}^{\mathrm{T}}+\delta\boldsymbol{I}_n\|^2}\right)^{-1}\boldsymbol{I}_n\end{bmatrix}<0 \tag{5-11}$$

式中：$\boldsymbol{I}_n$ 为 n 阶单位方阵。$\boldsymbol{P}$、$\boldsymbol{M}$ 和 λ 可以通过利用 Matlab LMI 工具箱计算得到，则可进一步得到观测器增益矩阵为$\boldsymbol{K}_0=\boldsymbol{P}^{-1}\boldsymbol{M}$。

为表述方便，记 $\bar{d}(t)=d_1(v_k)+d(t)$，显然它是有界的，即 $|\bar{d}(t)|\leqslant D_0,D_0=D_1+D_2$。为估计系统式（5-1）的状态，设计状态观测器为

$$\begin{cases}\dot{\hat{\boldsymbol{X}}}_k=\boldsymbol{A}\hat{\boldsymbol{X}}_k+\boldsymbol{K}_o y_k+\boldsymbol{B}[\boldsymbol{\Psi}_k+v_k] \\ \hat{y}_k=\hat{x}_{1,k}\end{cases} \tag{5-12}$$

式中：$\boldsymbol{\Psi}_k$ 在下面给出。为进行下面的设计，定义 $\Delta v_k=\beta(v_k)-v_k$ 来描述输入饱和特性的影响，则 Δv_k 可以用动态的神经网络来进行逼近。

定义观测误差为$\boldsymbol{z}_k\triangleq[z_{1,k},z_{2,k},\cdots,z_{n,k}]=\boldsymbol{X}_k-\hat{\boldsymbol{X}}_k$，那么根据式（5-8）和式（5-12）可以得到观测误差的动态方程

$$\dot{\boldsymbol{z}}_k=\boldsymbol{A}\boldsymbol{z}_k+\boldsymbol{B}[F(\boldsymbol{X}_k)+h(y_{\tau,k},t)+\bar{d}(t)-\boldsymbol{\Psi}_k] \tag{5-13}$$

式中：$F(\boldsymbol{X}_k)=f(\boldsymbol{X}_k)+\Delta v_k$。选取观测误差的 Lyapunov 函数为 $V_{z_k}=\boldsymbol{z}_k^{\mathrm{T}}\boldsymbol{P}\boldsymbol{z}_k$，对其求导，可得

$$\dot{V}_{z_k}=\boldsymbol{z}_k^{\mathrm{T}}(\boldsymbol{A}^{\mathrm{T}}\boldsymbol{P}+\boldsymbol{P}\boldsymbol{A})\boldsymbol{z}_k+2\boldsymbol{z}_k^{\mathrm{T}}\boldsymbol{P}\boldsymbol{B}[F(\boldsymbol{X}_k)+h(y_{\tau,k},t)+\bar{d}(t)-\boldsymbol{\Psi}_k] \tag{5-14}$$

考虑假设 5.1，并利用 Young 不等式，可得

$$2z_k^{\mathrm{T}}\boldsymbol{PB}h(y_{\tau,k},t) \leqslant 2|z_k^{\mathrm{T}}\boldsymbol{PB}||h(y_{\tau,k},t)| \leqslant \frac{n}{\lambda}z_k^{\mathrm{T}}\boldsymbol{PP}^{\mathrm{T}}z_k + \lambda\sum_{j=1}^{n}\rho_j^2(y_{\tau_j,k}(t)) \tag{5-15}$$

$$2z_k^{\mathrm{T}}\boldsymbol{PB}\bar{d}(t) \leqslant \frac{1}{\lambda}z_k^{\mathrm{T}}\boldsymbol{PP}^{\mathrm{T}}z_k + \lambda D_0^2 \tag{5-16}$$

为补偿时滞项，考虑 L-K 泛函，即

$$V_{U_k}(t) = \frac{\lambda}{(1-\kappa)}\sum_{j=1}^{n}\int_{t-\tau_j(t)}^{t}\rho_j^2(y_k(\sigma))\mathrm{d}\sigma \tag{5-17}$$

根据假设 3.1，可得到 $V_{U_k}(t)$ 的导数为

$$\begin{aligned}\dot{V}_{U_k}(t) &= \frac{\lambda}{(1-\kappa)}\sum_{j=1}^{n}\rho_j^2(y_k) - \lambda\sum_{j=1}^{n}\frac{1-\dot{\tau}_j(t)}{(1-\kappa)}\rho_j^2(y_{\tau_j,k}) \\ &\leqslant \frac{\lambda}{(1-\kappa)}\sum_{j=1}^{n}\rho_j^2(y_k) - \lambda\sum_{j=1}^{n}\rho_j^2(y_{\tau_j,k})\end{aligned} \tag{5-18}$$

结合式（5-14）~式（5-16）及式（5-18），可得

$$\begin{aligned}\dot{V}_{z_k} + \dot{V}_{U_k} \leqslant& z_k^{\mathrm{T}}\left(\boldsymbol{A}^{\mathrm{T}}\boldsymbol{P} + \boldsymbol{PA} + \frac{n+1}{\lambda}\boldsymbol{PP}^{\mathrm{T}}\right)z_k + 2z_k^{\mathrm{T}}\boldsymbol{PB}[F(\boldsymbol{X}_k) - \boldsymbol{\Psi}_k] + \\ &\frac{\lambda}{(1-\kappa)}\sum_{j=1}^{n}\rho_j^2(y_k) + \lambda D_0^2\end{aligned} \tag{5-19}$$

为处理式（5-19）中非线性函数 $F(\boldsymbol{X}_k)$，利用 RBF 神经网络来逼近 $F(\boldsymbol{X}_k)$，其形式为

$$F(\boldsymbol{X}_k) = \boldsymbol{W}^{*\mathrm{T}}\boldsymbol{\phi}(\boldsymbol{X}_k) + \varepsilon(\boldsymbol{X}_k) \tag{5-20}$$

式中：$\boldsymbol{W}^* \in \mathbf{R}^l$ 是未知时变最优权值，l 表示神经元的个数；$\boldsymbol{\phi}(\boldsymbol{X}_k) = [\varphi_1(\boldsymbol{X}_k),\varphi_2(\boldsymbol{X}_k),\cdots,\varphi_l(\boldsymbol{X}_k)]^{\mathrm{T}} \in \mathbf{R}^l$，$\varphi_i(x_k) = \exp(-\|(\boldsymbol{X}_k-\boldsymbol{\mu}_i)\|^2/\sigma_i^2)$ 为高斯基函数，$\boldsymbol{\mu}_i \in \mathbf{R}^n$ 和 $\sigma_i \in \mathbf{R}$ 分别为神经网络的中心和宽度；$\varepsilon(\boldsymbol{X}_k)$ 为逼近误差。假设 $\boldsymbol{W}^*$ 和 $\varepsilon(\boldsymbol{X}_k)$ 的上界分别为 ε_W 和 ε_0，即

$$\|\boldsymbol{W}^*\| \leqslant \varepsilon_W \tag{5-21}$$

$$|\varepsilon(\boldsymbol{X}_k)| \leqslant \varepsilon_0 \tag{5-22}$$

式中：ε_W 和 ε_0 为未知常数。

基于此，设计 $\boldsymbol{\Psi}_k$ 为

$$\boldsymbol{\Psi}_k = \hat{\boldsymbol{W}}_k^{\mathrm{T}}\boldsymbol{\phi}(\hat{\boldsymbol{X}}_k) \tag{5-23}$$

式中：$\hat{\boldsymbol{W}}_k(t)$ 为 $\boldsymbol{W}^*(t)$ 的估计值。定义估计误差为 $\tilde{\boldsymbol{W}}_k = \hat{\boldsymbol{W}}_k - \boldsymbol{W}^*$，则有

$$\begin{aligned}&2z_k^{\mathrm{T}}\boldsymbol{PB}[F(X_k) - \boldsymbol{\Psi}_k] \\ &= 2z_k^{\mathrm{T}}\boldsymbol{PB}[\boldsymbol{W}^{*\mathrm{T}}\boldsymbol{\phi}(\boldsymbol{X}_k) + \varepsilon(\boldsymbol{X}_k) - \hat{\boldsymbol{W}}_k^{\mathrm{T}}\boldsymbol{\phi}(\hat{\boldsymbol{X}}_k)] \\ &= 2z_k^{\mathrm{T}}\boldsymbol{PB}[\boldsymbol{W}^{*\mathrm{T}}\boldsymbol{\phi}(\boldsymbol{X}_k) - \boldsymbol{W}^{*\mathrm{T}}(t)\boldsymbol{\phi}(\hat{\boldsymbol{X}}_k) + \varepsilon(\boldsymbol{X}_k) + \boldsymbol{W}^{*\mathrm{T}}\boldsymbol{\phi}(\hat{\boldsymbol{X}}_k) - \hat{\boldsymbol{W}}_k^{\mathrm{T}}\boldsymbol{\phi}(\hat{\boldsymbol{X}}_k)] \\ &= 2z_k^{\mathrm{T}}\boldsymbol{PB}[\boldsymbol{W}^{*\mathrm{T}}\tilde{\boldsymbol{\phi}}(\boldsymbol{X}_k,\hat{\boldsymbol{X}}_k) + \varepsilon(\boldsymbol{X}_k) - \tilde{\boldsymbol{W}}_k^{\mathrm{T}}\boldsymbol{\phi}(\hat{\boldsymbol{X}}_k)]\end{aligned} \tag{5-24}$$

式中：

$$\tilde{\boldsymbol{\phi}}(\boldsymbol{X}_k,\hat{\boldsymbol{X}}_k)=\boldsymbol{\phi}(\boldsymbol{X}_k)-\boldsymbol{\phi}(\hat{\boldsymbol{X}}_k) \tag{5-25}$$

根据 RBF 神经网络基函数的形式可知，$\tilde{\boldsymbol{\phi}}(\boldsymbol{X}_k,\hat{\boldsymbol{X}}_k)$是有界的，其满足$\tilde{\boldsymbol{\phi}}^{\mathrm{T}}(\boldsymbol{X}_k,\hat{\boldsymbol{X}}_k)\tilde{\boldsymbol{\phi}}(\boldsymbol{X}_k,\hat{\boldsymbol{X}}_k)\leqslant 4l$。则利用 Young 不等式可知

$$2z_k^{\mathrm{T}}\boldsymbol{PB}[\boldsymbol{W}^{*\mathrm{T}}\tilde{\boldsymbol{\phi}}(\boldsymbol{X}_k,\hat{\boldsymbol{X}}_k)+\varepsilon(\boldsymbol{X}_k)]\leqslant\frac{2}{\lambda}z_k^{\mathrm{T}}\boldsymbol{PP}^{\mathrm{T}}z_k+4\lambda l\varepsilon_W^2+\lambda\varepsilon_0^2-$$

$$2z_k^{\mathrm{T}}\boldsymbol{PB}\tilde{\boldsymbol{W}}_k^{\mathrm{T}}\boldsymbol{\phi}(\hat{\boldsymbol{X}}_k) \tag{5-26}$$

$$=-2z_k^{\mathrm{T}}\boldsymbol{CC}^{\mathrm{T}}(\boldsymbol{CC}^{\mathrm{T}}+\delta\boldsymbol{I}_n)^{-1}\boldsymbol{PB}\tilde{\boldsymbol{W}}_k^{\mathrm{T}}\boldsymbol{\phi}(\hat{\boldsymbol{X}}_k)-2z_k^{\mathrm{T}}\delta\boldsymbol{I}_n(\boldsymbol{CC}^{\mathrm{T}}+\delta\boldsymbol{I}_n)^{-1}\boldsymbol{PB}\tilde{\boldsymbol{W}}_k^{\mathrm{T}}\boldsymbol{\phi}(\hat{\boldsymbol{X}}_k)$$

$$\leqslant-2z_{1,k}\boldsymbol{C}^{\mathrm{T}}(\boldsymbol{CC}^{\mathrm{T}}+\delta\boldsymbol{I}_n)^{-1}\boldsymbol{PB}\tilde{\boldsymbol{W}}_k^{\mathrm{T}}\boldsymbol{\phi}(\hat{\boldsymbol{X}}_k)+\frac{z_k^{\mathrm{T}}\boldsymbol{PP}^{\mathrm{T}}z_k}{\|\boldsymbol{CC}^{\mathrm{T}}+\delta\boldsymbol{I}_n\|^2}+\delta^2 l\tilde{\boldsymbol{W}}_k^{\mathrm{T}}\tilde{\boldsymbol{W}}_k \tag{5-27}$$

式中：$\delta>0$ 为一小的正常数。

将式（5-26）和式（5-27）代入式（5-19），并利用式（5-9），可得

$$\begin{aligned}
&\dot{V}_{z_k}+\dot{V}_{U_k}\\
&\leqslant z_k^{\mathrm{T}}(\boldsymbol{A}^{\mathrm{T}}\boldsymbol{P}+\boldsymbol{PA}+\frac{n+3}{\lambda}\boldsymbol{PP}^{\mathrm{T}}+\frac{\boldsymbol{PP}^{\mathrm{T}}}{\|\boldsymbol{CC}^{\mathrm{T}}+\delta\boldsymbol{I}_n\|^2})z_k-\\
&2z_{1,k}\boldsymbol{C}^{\mathrm{T}}(\boldsymbol{CC}^{\mathrm{T}}+\delta\boldsymbol{I}_n)^{-1}\boldsymbol{PB}\tilde{\boldsymbol{W}}_k^{\mathrm{T}}\boldsymbol{\phi}(\hat{\boldsymbol{X}}_k)+\\
&\frac{\lambda}{(1-\kappa)}\sum_{j=1}^{n}\rho_j^2(y_k)+\lambda D_0^2+4\lambda l\varepsilon_W^2+\lambda\varepsilon_0^2+\delta^2 l\tilde{\boldsymbol{W}}_k^{\mathrm{T}}\tilde{\boldsymbol{W}}_k\\
&\leqslant -z_k^{\mathrm{T}}\boldsymbol{Q}z_k-2z_{1,k}\boldsymbol{C}^{\mathrm{T}}(\boldsymbol{CC}^{\mathrm{T}}+\delta\boldsymbol{I}_n)^{-1}\boldsymbol{PB}\tilde{\boldsymbol{W}}_k^{\mathrm{T}}\boldsymbol{\phi}(\hat{\boldsymbol{X}}_k)+\\
&\frac{\lambda}{(1-\kappa)}\sum_{j=1}^{n}\rho_j^2(y_k)+\lambda D_0^2+4\lambda l\varepsilon_W^2+\lambda\varepsilon_0^2+\delta^2 l\tilde{\boldsymbol{W}}_k^{\mathrm{T}}\tilde{\boldsymbol{W}}_k\\
&\leqslant-\lambda_{\min}(\boldsymbol{Q})\|z_k\|^2-2z_{1,k}\boldsymbol{C}^{\mathrm{T}}(\boldsymbol{CC}^{\mathrm{T}}+\delta\boldsymbol{I}_n)^{-1}\boldsymbol{PB}\tilde{\boldsymbol{W}}_k^{\mathrm{T}}\boldsymbol{\phi}(\hat{\boldsymbol{X}}_k)+\\
&\frac{\lambda}{(1-\kappa)}\sum_{j=1}^{n}\rho_j^2(y_k)+\lambda D_0^2+4\lambda l\varepsilon_W^2+\lambda\varepsilon_0^2+\delta^2 l\tilde{\boldsymbol{W}}_k^{\mathrm{T}}\tilde{\boldsymbol{W}}_k
\end{aligned} \tag{5-28}$$

式中：$\lambda_{\min}(\boldsymbol{Q})$为矩阵 $\boldsymbol{Q}$ 的最小特征值。

5.3.2 自适应神经网络迭代学习控制方案设计

定义误差为 $e_{1,k}=\hat{x}_{1,k}-y_{\mathrm{d}}$，$e_{i,k}=\hat{x}_{i,k}-y_{\mathrm{d}}^{(i-1)},i=2,3,\cdots,n$，即$\boldsymbol{e}_k=\hat{\boldsymbol{X}}_k-\boldsymbol{X}_{\mathrm{d}}$。对初始条件作如下的假设。

假设 5.2：$z_{i,k}(0)=0$，$i=1,2,\cdots,n$。

假设 5.3：在每次迭代时，初始状态误差 $e_{i,k}(0)$不需要为零、很小或固定，但需要假设它是有界的。

与前文相同，定义误差 e_{sk} 和 s_k。为进行下面的控制器设计，首先给出$\boldsymbol{e}_k$ 的动态方程

$$\dot{e}_{i,k} = e_{i+1,k} + k_i z_{1,k}, i = 1,2,\cdots,n-1 \tag{5-29}$$

$$\dot{e}_{n,k} = k_n z_{1,k} + v_k + \hat{\boldsymbol{W}}_k^{\mathrm{T}} \boldsymbol{\phi}(\hat{\boldsymbol{X}}_k) - y_{\mathrm{d}}^{(n)} \tag{5-30}$$

定义误差的 Lyapunov 函数为 $V_{s_k}=\frac{1}{2}s_k^2$，对其进行求导，可得

$$\begin{aligned}
\dot{V}_{s_k} &= s_k \dot{s}_k \\
&= \begin{cases} s_k(\dot{e}_{sk} - \dot{\eta}(t)) & e_{sk} > \eta(t) \\ 0 & |e_{sk}| \leqslant \eta(t) \\ s_k(\dot{e}_{sk} + \dot{\eta}(t)) & e_{sk} < -\eta(t) \end{cases} \\
&= s_k(\dot{e}_{sk} - \dot{\eta}(t)\mathrm{sgn}(s_k)) \\
&= s_k\left[\sum_{j=1}^{n-1}(\lambda_j e_{j+1,k} + \lambda_j k_j z_{1,k}) + K\eta(t)\mathrm{sgn}(s_k) - y_{\mathrm{d}}^{(n)} + k_n z_{1,k} + \hat{\boldsymbol{W}}_k^{\mathrm{T}}\boldsymbol{\phi}(\hat{\boldsymbol{X}}_k) + v_k\right] \\
&= s_k\left[\sum_{j=1}^{n-1}\lambda_j e_{j+1,k} + [\boldsymbol{\Lambda}^{\mathrm{T}}\ 1]K_0 z_{1,k} + Ke_{sk} - y_{\mathrm{d}}^{(n)} + \hat{\boldsymbol{W}}_k^{\mathrm{T}}\boldsymbol{\phi}(\hat{\boldsymbol{X}}_k) + v_k\right] - Ks_k^2
\end{aligned} \tag{5-31}$$

选取整个系统的 Lyapunov 函数为 $V_k=V_{z_k}+V_{U_k}+V_{s_k}$。结合式（5-28）和式（5-31），可以得到 V_k 的导数为

$$\begin{aligned}
\dot{V}_k \leqslant& -\lambda_{\min}(\boldsymbol{Q})\|\boldsymbol{z}_k\|^2 - 2z_{1,k}\boldsymbol{C}^{\mathrm{T}}(\boldsymbol{C}\boldsymbol{C}^{\mathrm{T}} + \delta\boldsymbol{I}_n)^{-1}\boldsymbol{PB}\tilde{\boldsymbol{W}}_k^{\mathrm{T}}\boldsymbol{\phi}(\hat{\boldsymbol{X}}_k) + \\
&\frac{\lambda}{(1-\kappa)}\sum_{j=1}^{n}\rho_j^2(y_k) + \lambda D_0^2 + 4\lambda l\varepsilon_W^2 + \lambda\varepsilon_0^2 + \delta^2 l\tilde{\boldsymbol{W}}_k^{\mathrm{T}}\tilde{\boldsymbol{W}}_k \\
=& s_k\left[\sum_{j=1}^{n-1}\lambda_j e_{j+1,k} + [\boldsymbol{\Lambda}^{\mathrm{T}}\quad 1]K_0 z_{1,k} + Ke_{sk} - y_{\mathrm{d}}^{(n)} + \hat{\boldsymbol{W}}_k^{\mathrm{T}}\boldsymbol{\phi}(\hat{\boldsymbol{X}}_k) + v_k\right] - Ks_k^2
\end{aligned} \tag{5-32}$$

为方便表述，标记 $\varXi(y_k) \triangleq \frac{\lambda}{(1-\kappa)}\sum_{j=1}^{n}\rho_j^2(y_k)+\lambda D_0^2+4\lambda l\varepsilon_W^2+\lambda\varepsilon_0^2$。引入双曲正切函数，式（5-32）转化为

$$\begin{aligned}
\dot{V}_k \leqslant& -\lambda_{\min}(\boldsymbol{Q})\|\boldsymbol{z}_k\|^2 - 2z_{1,k}\boldsymbol{C}^{\mathrm{T}}(\boldsymbol{C}\boldsymbol{C}^{\mathrm{T}} + \delta\boldsymbol{I}_n)^{-1}\boldsymbol{PB}\tilde{\boldsymbol{W}}_k^{\mathrm{T}}\boldsymbol{\phi}(\hat{\boldsymbol{X}}_k) + \delta^2 l\tilde{\boldsymbol{W}}_k^{\mathrm{T}}\tilde{\boldsymbol{W}}_k + \\
&s_k\left[\sum_{j=1}^{n-1}\lambda_j e_{j+1,k} + [\boldsymbol{\Lambda}^{\mathrm{T}}\quad 1]K_0 z_{1,k} + Ke_{sk} - y_{\mathrm{d}}^{(n)} + \hat{\boldsymbol{W}}_k^{\mathrm{T}}\boldsymbol{\phi}(\hat{\boldsymbol{X}}_k) + \right. \\
&\left. v_k + b\frac{\tanh^2(s_k/\eta(t))}{s_k}\varXi(y_k)\right] + [1 - b\tanh^2(s_k/\eta(t))]\varXi(y_k) - Ks_k^2
\end{aligned} \tag{5-33}$$

显然，$\frac{\lambda}{(1-\kappa)}\sum_{j=1}^{n}\rho_j^2(y_k)$ 在紧集 $\boldsymbol{\Omega}_y = \{y_k\} \subset \mathbf{R}$ 上是连续且完好定义的，因此，它可以用一个权值非时变的神经网络进行逼近，即

$$\frac{\lambda}{(1-\kappa)}\sum_{j=1}^{n}\rho_j^2(y_k) = \boldsymbol{W}_{\varXi}^{*\mathrm{T}}\boldsymbol{\phi}_{\varXi}(y_k) + \varepsilon_{\varXi}(y_k)$$

式中：逼近误差满足 $|\varepsilon_{\varXi}(y_k)| \leqslant \bar{\varepsilon}_{\varXi}$；$\boldsymbol{W}_{\varXi}^* \in \mathbf{R}^{l_{\varXi}}$ 为最优权值向量，$\boldsymbol{\phi}_{\varXi}(y_k) \in \mathbf{R}^{l_{\varXi}}$

为高斯基函数向量，l_{Ξ} 为神经元个数。则 $\Xi(y_k)$ 可以写为

$$\Xi(y_k)=\boldsymbol{W}_{\Xi}^{*\mathrm{T}}\boldsymbol{\phi}_{\Xi}(y_k)+\varepsilon_{\Xi}(y_k)+\lambda D_0^2+4\lambda l\varepsilon_W^2+\lambda\varepsilon_0^2 \tag{5-34}$$

为表述方便，记 $\mu\triangleq\varepsilon_{\Xi}(y_k)+\lambda D_0^2+4\lambda l\varepsilon_W^2+\lambda\varepsilon_0^2$。则我们可以将 $\Xi(y_k)$ 重写为 $\Xi(y_k)=\boldsymbol{W}_2^{*\mathrm{T}}\boldsymbol{\phi}_2(y_k),\boldsymbol{W}_2^*=[\boldsymbol{W}_{\Xi}^{*\mathrm{T}},\mu]^{\mathrm{T}},\boldsymbol{\phi}_2(y_k)=[\boldsymbol{\phi}_{\Xi}^{\mathrm{T}}(y_k),1]^{\mathrm{T}}$。

至此，设计输出反馈控制器为

$$\begin{aligned}v_k=&-\sum_{j=1}^{n-1}\lambda_j e_{j+1,k}-[\boldsymbol{\Lambda}^{\mathrm{T}}\quad 1]K_0 z_{1,k}-Ke_{sk}+y_{\mathrm{d}}^{(n)}-\\&\hat{\boldsymbol{W}}_k^{\mathrm{T}}\boldsymbol{\phi}(\hat{\boldsymbol{X}}_k)-b\hat{\boldsymbol{W}}_{2,k}^{\mathrm{T}}\boldsymbol{\phi}_2(y_k)\tanh^2(s_k/\eta(t))/s_k\end{aligned} \tag{5-35}$$

式中：$\hat{\boldsymbol{W}}_k$ 和 $\hat{\boldsymbol{W}}_{2,k}$ 分别为 $\boldsymbol{W}^*$ 和 $\boldsymbol{W}_2^*$ 的估计值。

设计 $\hat{\boldsymbol{W}}_k(t)$ 和 $\hat{\boldsymbol{W}}_{2,k}$ 的自适应学习律可表示为

$$\begin{cases}(1-\gamma_1)\dot{\hat{\boldsymbol{W}}}_k=-\gamma_1\hat{\boldsymbol{W}}_k-\gamma_1\alpha_1\hat{\boldsymbol{W}}_k+\gamma_1\hat{\boldsymbol{W}}_{k-1}+2q_1 z_{1,k}\boldsymbol{C}^{\mathrm{T}}(\boldsymbol{C}\boldsymbol{C}^{\mathrm{T}}+\delta\boldsymbol{I}_n)^{-1}\boldsymbol{P}\boldsymbol{B}\boldsymbol{\phi}(\hat{\boldsymbol{X}}_k)\\ \hat{\boldsymbol{W}}_k(0)=\hat{\boldsymbol{W}}_{k-1}(T),\hat{\boldsymbol{W}}_0(t)=0,t\in[0,T]\end{cases} \tag{5-36}$$

$$\begin{cases}(1-\gamma_2)\dot{\hat{\boldsymbol{W}}}_{2,k}=-\gamma_2\hat{\boldsymbol{W}}_{2,k}+\gamma_2\hat{\boldsymbol{W}}_{2,k-1}+q_2 b\tanh^2(s_k/\eta(t))\boldsymbol{\phi}_2(y_k)\\ \hat{\boldsymbol{W}}_{2,k}(0)=\hat{\boldsymbol{W}}_{2,k-1}(T),\hat{\boldsymbol{W}}_{2,0}(t)=0,t\in[0,T]\end{cases} \tag{5-37}$$

式中：$q_1>0,q_2>0$，$0<\gamma_1<1$，$0<\gamma_2<1$，$\alpha_1>0$，均为设计参数。

定义参数估计误差为 $\tilde{\boldsymbol{W}}_k=\hat{\boldsymbol{W}}_k-\boldsymbol{W}^*$，$\tilde{\boldsymbol{W}}_{2,k}=\hat{\boldsymbol{W}}_{2,k}-\boldsymbol{W}_{2,k}^*$。将控制器式（5-35）代回式（5-33），可得

$$\begin{aligned}\dot{V}_k\leqslant&-\lambda_{\min}(\boldsymbol{Q})\|z_k\|^2-2z_{1,k}\boldsymbol{C}^{\mathrm{T}}(\boldsymbol{C}\boldsymbol{C}^{\mathrm{T}}+\delta\boldsymbol{I}_n)^{-1}\boldsymbol{P}\boldsymbol{B}\tilde{\boldsymbol{W}}_k^{\mathrm{T}}\boldsymbol{\phi}(\hat{\boldsymbol{X}}_k)+\delta^2 l\tilde{\boldsymbol{W}}_k^{\mathrm{T}}\tilde{\boldsymbol{W}}_k-\\&b\tilde{\boldsymbol{W}}_{2,k}^{\mathrm{T}}\boldsymbol{\phi}_2(y_k)\tanh^2(s_k/\eta(t))+[1-b\tanh^2(s_k/\eta(t))]\Xi(y_k)-Ks_k^2\end{aligned} \tag{5-38}$$

为进行下面的讨论，将式（5-38）写为

$$\begin{aligned}&2z_{1,k}\boldsymbol{C}^{\mathrm{T}}(\boldsymbol{C}\boldsymbol{C}^{\mathrm{T}}+\delta\boldsymbol{I}_n)^{-1}\boldsymbol{P}\boldsymbol{B}\tilde{\boldsymbol{W}}_k^{\mathrm{T}}\boldsymbol{\phi}(\hat{\boldsymbol{X}}_k)+b\tilde{\boldsymbol{W}}_{2,k}^{\mathrm{T}}\boldsymbol{\phi}_2(y_k)\tanh^2(s_k/\eta(t))\\&\leqslant\dot{V}_k-\lambda_{\min}(\boldsymbol{Q})\|z_k\|^2+[1-b\tanh^2(s_k/\eta(t))]\Xi(y_k)-Ks_k^2+\delta^2 l\tilde{\boldsymbol{W}}_k^{\mathrm{T}}\tilde{\boldsymbol{W}}_k\end{aligned} \tag{5-39}$$

本节所设计的基于状态观测器的自适应神经网络迭代学习控制系统结构图如图 5-2 所示。

5.3.3 稳定性分析

对于本节提出的自适应迭代学习控制方案，有以下的结论。

定理 5.1：考虑如式（5-1）所示在有限时间区间 $[0,T]$ 上重复运行且具有未知时变时滞和输入饱和特性的非线性系统，当系统仅输出可测时，在假设 2.5、假设 2.6、假设 3.1 及假设 5.1~5.3 成立的条件下，设计状态观测器式（5-12）、输出反

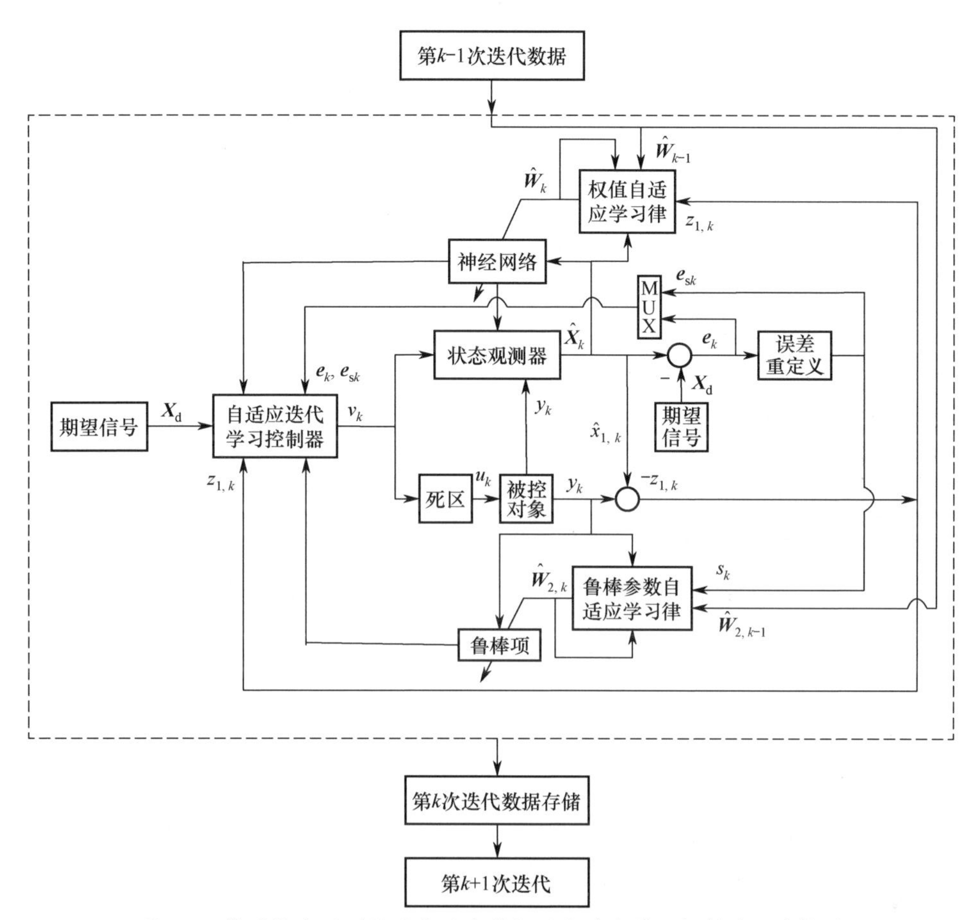

图 5-2　基于状态观测器的自适应神经网络迭代学习控制系统结构图

馈控制器式（5-35）及参数自适应迭代学习律式（5-36）和式（5-37），可以得到如下结论：①$k\to\infty$ 时，$e_{sk}(t)$ 在 L_T^2-范数意义下收敛到原点的一个小邻域内，即 $\lim\limits_{k\to\infty}\int_0^T(e_{sk})^2\mathrm{d}\sigma\leqslant\varepsilon_{esk}=\dfrac{1}{2K}(1+m)^2\varepsilon^2$；② 输出跟踪误差满足 $\lim\limits_{k\to\infty}|y_k(t)-y_d(t)|\leqslant$

$$\min\left\{k_0\sum_{i=1}^{n-1}\sqrt{\varepsilon_i^2}\mathrm{e}^{-\lambda_0 t}+(1+m)\frac{\varepsilon k_0}{\lambda_0-K}(\mathrm{e}^{-Kt}-\mathrm{e}^{-\lambda_0 t}),\quad\left[p_1+\frac{1}{k_1}(Kp_1+p_2)\right]\varepsilon\mathrm{e}^{-Kt}\right\},$$

其中：λ_0、k_0、p_1 和 p_2 为正常数，将在下面的内容中给出。

证明：与前面章节类似，根据引理 2.2 考虑两种情况。

情况 1：$s_k\in\boldsymbol{\Omega}_{s_k}$

根据前文分析，在 $s_k(t)\in\boldsymbol{\Omega}_{s_k}$ 的情况下，$|e_{sk}(t)|\leqslant(1+m)\eta(t)$，由于 $\boldsymbol{X}_d(t)$ 是有界的，$\hat{x}_{i,k}(t)$ 有界。由自适应迭代学习律式（5-36）和式（5-37）可知，当 $s_k(t)\in\boldsymbol{\Omega}_{s_k}$ 时，$\hat{\boldsymbol{W}}_k(t)\in L_T^\infty$ 和 $\hat{\boldsymbol{W}}_{2,k}(t)\in L_T^\infty$，即，它们是有界的。基于以上的分

析，可以得知 $\boldsymbol{z}_k$ 和 $\boldsymbol{x}_k$ 是有界的。通过以上的分析，自然得到 $v_k(t)$ 的有界性。这样，闭环系统的所有信号均有界。此外，通过 $|e_{sk}|\leqslant(1+m)\eta(t)$ 和 e_k 的定义，可以得知 $e_{1,k}$ 和 $e_{2,k}$ 分别在原点的 $p_1\eta(t)$ 和 $p_2\eta(t)$ 的小邻域内，p_1 和 p_2 为小的常数，即，$|e_{1,k}|\leqslant p_1\eta(t)$，$|e_{2,k}|\leqslant p_2\eta(t)$。那么可推知 $|\dot{e}_{1,k}|\leqslant p_1K\eta(t)$，由式（5-29）可知

$$k_1|z_{1,k}|\leqslant|e_{2,k}|+|\dot{e}_{1,k}|=(Kp_1+p_2)\varepsilon\mathrm{e}^{-Kt} \tag{5-40}$$

这意味着

$$|y_k-y_{\mathrm{d}}|=|z_{1,k}+e_{1,k}|\leqslant|z_{1,k}|+|e_{1,k}|\leqslant\left[p_1+\frac{1}{k_1}(Kp_1+p_2)\right]\varepsilon\mathrm{e}^{-Kt} \tag{5-41}$$

情况 2： $s_k(t)\notin\boldsymbol{\Omega}_{s_k}$

根据引理 2.2 可知，式（5-38）转化为

$$\begin{aligned}&2z_{1,k}\boldsymbol{C}^{\mathrm{T}}(\boldsymbol{C}\boldsymbol{C}^{\mathrm{T}}+\delta\boldsymbol{I}_n)^{-1}\boldsymbol{P}\boldsymbol{B}\tilde{\boldsymbol{W}}_k^{\mathrm{T}}\boldsymbol{\phi}(\hat{\boldsymbol{X}}_k)+b\tilde{\boldsymbol{W}}_{2,k}^{\mathrm{T}}\boldsymbol{\phi}_2(y_k)\tanh^2(s_k/\eta(t))\\&\leqslant-\dot{V}_k-\boldsymbol{\lambda}_{\min}(\boldsymbol{Q})\|z_k\|^2-Ks_k^2+\delta^2l\tilde{\boldsymbol{W}}_k^{\mathrm{T}}\tilde{\boldsymbol{W}}_k\end{aligned} \tag{5-42}$$

下面通过构造类 Lyapunov CEF 证明稳定性。定义 CEF 为

$$\begin{aligned}E_k(t)=&\frac{\gamma_1}{2q_1}\int_0^t\tilde{\boldsymbol{W}}_k^{\mathrm{T}}\tilde{\boldsymbol{W}}_k\mathrm{d}\sigma+\frac{(1-\gamma_1)}{2q_1}\tilde{\boldsymbol{W}}_k^{\mathrm{T}}\tilde{\boldsymbol{W}}_k+\\&\frac{\gamma_2}{2q_2}\int_0^t\tilde{\boldsymbol{W}}_{2,k}^{\mathrm{T}}\tilde{\boldsymbol{W}}_{2,k}\mathrm{d}\sigma+\frac{(1-\gamma_2)}{2q_2}\tilde{\boldsymbol{W}}_{2,k}^{\mathrm{T}}\tilde{\boldsymbol{W}}_{2,k}\end{aligned} \tag{5-43}$$

类似前文，分 4 步进行证明。

1）$E_k(t)$ 的差分

由式（5-43）可知，$E_k(t)$ 的差分为

$$\begin{aligned}\Delta E_k(t)=&E_k(t)-E_{k-1}(t)\\=&\frac{\gamma_1}{2q_1}\int_0^t[\tilde{\boldsymbol{W}}_k^{\mathrm{T}}\tilde{\boldsymbol{W}}_k-\tilde{\boldsymbol{W}}_{k-1}^{\mathrm{T}}\tilde{\boldsymbol{W}}_{k-1}]\mathrm{d}\sigma+\frac{(1-\gamma_1)}{2q_1}[\tilde{\boldsymbol{W}}_k^{\mathrm{T}}\tilde{\boldsymbol{W}}_k-\tilde{\boldsymbol{W}}_{k-1}^{\mathrm{T}}\tilde{\boldsymbol{W}}_{k-1}]+\\&\frac{\gamma_2}{2q_2}\int_0^t[\tilde{\boldsymbol{W}}_{2,k}^{\mathrm{T}}\tilde{\boldsymbol{W}}_{2,k}-\tilde{\boldsymbol{W}}_{2,k-1}^{\mathrm{T}}\tilde{\boldsymbol{W}}_{2,k-1}]\mathrm{d}\sigma+\frac{(1-\gamma_2)}{2q_2}[\tilde{\boldsymbol{W}}_{2,k}^{\mathrm{T}}\tilde{\boldsymbol{W}}_{2,k}-\tilde{\boldsymbol{W}}_{2,k-1}^{\mathrm{T}}\tilde{\boldsymbol{W}}_{2,k-1}]\end{aligned} \tag{5-44}$$

考虑自适应迭代学习律式（5-36）并利用关系式 $2\tilde{\boldsymbol{W}}_k^{\mathrm{T}}\hat{\boldsymbol{W}}_k\geqslant\tilde{\boldsymbol{W}}_k^{\mathrm{T}}\tilde{\boldsymbol{W}}_k-\boldsymbol{W}^{*\mathrm{T}}\boldsymbol{W}^*$ 可得

$$\begin{aligned}&\frac{\gamma_1}{2q_1}\int_0^t[\tilde{\boldsymbol{W}}_k^{\mathrm{T}}\tilde{\boldsymbol{W}}_k-\tilde{\boldsymbol{W}}_{k-1}^{\mathrm{T}}\tilde{\boldsymbol{W}}_{k-1}]\mathrm{d}\sigma+\frac{(1-\gamma_1)}{2q_1}[\tilde{\boldsymbol{W}}_k^{\mathrm{T}}\tilde{\boldsymbol{W}}_k-\tilde{\boldsymbol{W}}_{k-1}^{\mathrm{T}}\tilde{\boldsymbol{W}}_{k-1}]\\&=\frac{\gamma_1}{2q_1}\int_0^t[\tilde{\boldsymbol{W}}_k^{\mathrm{T}}\tilde{\boldsymbol{W}}_k-\tilde{\boldsymbol{W}}_{k-1}^{\mathrm{T}}\tilde{\boldsymbol{W}}_{k-1}]\mathrm{d}\sigma+\frac{(1-\gamma_1)}{q_1}\int_0^t\tilde{\boldsymbol{W}}_k^{\mathrm{T}}\dot{\tilde{\boldsymbol{W}}}_k\mathrm{d}\sigma+\\&\frac{(1-\gamma_1)}{2q_1}[\tilde{\boldsymbol{W}}_k^{\mathrm{T}}(0)\tilde{\boldsymbol{W}}_k(0)-\tilde{\boldsymbol{W}}_{k-1}^{\mathrm{T}}\tilde{\boldsymbol{W}}_{k-1}]\end{aligned}$$

$$= \int_0^t 2z_{1,k}\boldsymbol{C}^{\mathrm{T}}(\boldsymbol{C}\boldsymbol{C}^{\mathrm{T}} + \delta\boldsymbol{I}_n)^{-1}\boldsymbol{P}\boldsymbol{B}\tilde{\boldsymbol{W}}_k^{\mathrm{T}}\boldsymbol{\phi}(\hat{\boldsymbol{X}}_k)\mathrm{d}\sigma - \frac{\gamma_1}{q_1}\int_0^t \tilde{\boldsymbol{W}}_k^{\mathrm{T}}(\alpha_1\hat{\boldsymbol{W}}_k + \hat{\boldsymbol{W}}_k - \hat{\boldsymbol{W}}_{k-1})\mathrm{d}\sigma +$$

$$\frac{\gamma_1}{2q_1}\int_0^t [\tilde{\boldsymbol{W}}_k^{\mathrm{T}}\tilde{\boldsymbol{W}}_k - \tilde{\boldsymbol{W}}_{k-1}^{\mathrm{T}}\tilde{\boldsymbol{W}}_{k-1}]\mathrm{d}\sigma + \frac{(1-\gamma_1)}{2q_1}[\tilde{\boldsymbol{W}}_k^{\mathrm{T}}(0)\tilde{\boldsymbol{W}}_k(0) - \tilde{\boldsymbol{W}}_{k-1}^{\mathrm{T}}\tilde{\boldsymbol{W}}_{k-1}]$$

$$= \int_0^t 2z_{1,k}\boldsymbol{C}^{\mathrm{T}}(\boldsymbol{C}\boldsymbol{C}^{\mathrm{T}} + \delta\boldsymbol{I}_n)^{-1}\boldsymbol{P}\boldsymbol{B}\tilde{\boldsymbol{W}}_k^{\mathrm{T}}\boldsymbol{\phi}(\hat{\boldsymbol{X}}_k)\mathrm{d}\sigma - \frac{\alpha_1\gamma_1}{q_1}\int_0^t \tilde{\boldsymbol{W}}_k^{\mathrm{T}}\hat{\boldsymbol{W}}_k\mathrm{d}\sigma - \frac{\gamma_1}{q_1}\int_0^t \tilde{\boldsymbol{W}}_k^{\mathrm{T}}(\tilde{\boldsymbol{W}}_k - \tilde{\boldsymbol{W}}_{k-1})\mathrm{d}\sigma +$$

$$\frac{\gamma_1}{2q_1}\int_0^t [\tilde{\boldsymbol{W}}_k^{\mathrm{T}}\tilde{\boldsymbol{W}}_k - \tilde{\boldsymbol{W}}_{k-1}^{\mathrm{T}}\tilde{\boldsymbol{W}}_{k-1}]\mathrm{d}\sigma + \frac{(1-\gamma_1)}{2q_1}[\tilde{\boldsymbol{W}}_k^{\mathrm{T}}(0)\tilde{\boldsymbol{W}}_k(0) - \tilde{\boldsymbol{W}}_{k-1}^{\mathrm{T}}\tilde{\boldsymbol{W}}_{k-1}]$$

$$= \int_0^t 2z_{1,k}\boldsymbol{C}^{\mathrm{T}}(\boldsymbol{C}\boldsymbol{C}^{\mathrm{T}} + \delta\boldsymbol{I}_n)^{-1}\boldsymbol{P}\boldsymbol{B}\tilde{\boldsymbol{W}}_k^{\mathrm{T}}\boldsymbol{\phi}(\hat{\boldsymbol{X}}_k)\mathrm{d}\sigma - \frac{\alpha_1\gamma_1}{q_1}\int_0^t \tilde{\boldsymbol{W}}_k^{\mathrm{T}}\hat{\boldsymbol{W}}_k\mathrm{d}\sigma -$$

$$\frac{\gamma_1}{2q_1}\int_0^t (\tilde{\boldsymbol{W}}_k - \tilde{\boldsymbol{W}}_{k-1})^{\mathrm{T}}(\tilde{\boldsymbol{W}}_k - \tilde{\boldsymbol{W}}_{k-1})\mathrm{d}\sigma + \frac{(1-\gamma_1)}{2q_1}[\tilde{\boldsymbol{W}}_k^{\mathrm{T}}(0)\tilde{\boldsymbol{W}}_k(0) - \tilde{\boldsymbol{W}}_{k-1}^{\mathrm{T}}\tilde{\boldsymbol{W}}_{k-1}]$$

$$\leqslant \int_0^t 2z_{1,k}\boldsymbol{C}^{\mathrm{T}}(\boldsymbol{C}\boldsymbol{C}^{\mathrm{T}} + \delta\boldsymbol{I}_n)^{-1}\boldsymbol{P}\boldsymbol{B}\tilde{\boldsymbol{W}}_k^{\mathrm{T}}\boldsymbol{\phi}(\hat{\boldsymbol{X}}_k)\mathrm{d}\sigma - \frac{\alpha_1\gamma_1}{2q_1}\int_0^t \tilde{\boldsymbol{W}}_k^{\mathrm{T}}\tilde{\boldsymbol{W}}_k\mathrm{d}\sigma + \frac{\alpha_1\gamma_1}{2q_1}\int_0^t \|\boldsymbol{W}^*\|^2\mathrm{d}\sigma +$$

$$\frac{(1-\gamma_1)}{2q_1}[\tilde{\boldsymbol{W}}_k^{\mathrm{T}}(0)\tilde{\boldsymbol{W}}_k(0) - \tilde{\boldsymbol{W}}_{k-1}^{\mathrm{T}}\tilde{\boldsymbol{W}}_{k-1}] \tag{5-45}$$

同理，由参数自适应学习律式（5-37）可知

$$\frac{\gamma_2}{2q_2}\int_0^t [\tilde{\boldsymbol{W}}_{2,k}^{\mathrm{T}}\tilde{\boldsymbol{W}}_{2,k} - \tilde{\boldsymbol{W}}_{2,k-1}^{\mathrm{T}}\tilde{\boldsymbol{W}}_{2,k-1}]\mathrm{d}\sigma + \frac{(1-\gamma_2)}{2q_2}[\tilde{\boldsymbol{W}}_{2,k}^{\mathrm{T}}\tilde{\boldsymbol{W}}_{2,k} - \tilde{\boldsymbol{W}}_{2,k-1}^{\mathrm{T}}\tilde{\boldsymbol{W}}_{2,k-1}]$$

$$\leqslant \int_0^t b\tanh^2(s_k/\eta)\tilde{\boldsymbol{W}}_{2,k}^{\mathrm{T}}\boldsymbol{\phi}_2(y_k)\mathrm{d}\sigma + \frac{(1-\gamma_2)}{2q_2}[\tilde{\boldsymbol{W}}_{2,k}^{\mathrm{T}}(0)\tilde{\boldsymbol{W}}_{2,k}(0) - \tilde{\boldsymbol{W}}_{2,k-1}^{\mathrm{T}}\tilde{\boldsymbol{W}}_{2,k-1}] \tag{5-46}$$

将式（5-45）和式（5-46）代回式（5-44），可得

$$\Delta E_k(t)$$

$$\leqslant \int_0^t 2z_{1,k}\boldsymbol{C}^{\mathrm{T}}(\boldsymbol{C}\boldsymbol{C}^{\mathrm{T}} + \delta\boldsymbol{I}_n)^{-1}\boldsymbol{P}\boldsymbol{B}\tilde{\boldsymbol{W}}_k^{\mathrm{T}}\boldsymbol{\phi}(\hat{\boldsymbol{X}}_k)\mathrm{d}\sigma + \int_0^t b\tanh^2(s_k/\eta)\tilde{\boldsymbol{W}}_{2,k}^{\mathrm{T}}\boldsymbol{\phi}_2(y_k)\mathrm{d}\sigma -$$

$$\frac{\alpha_1\gamma_1}{2q_1}\int_0^t \tilde{\boldsymbol{W}}_k^{\mathrm{T}}\tilde{\boldsymbol{W}}_k\mathrm{d}\sigma + \frac{\alpha_1\gamma_1}{2q_1}\int_0^t \|\boldsymbol{W}^*\|^2\mathrm{d}\sigma + \frac{(1-\gamma_1)}{2q_1}[\tilde{\boldsymbol{W}}_k^{\mathrm{T}}(0)\tilde{\boldsymbol{W}}_k(0) - \tilde{\boldsymbol{W}}_{k-1}^{\mathrm{T}}\tilde{\boldsymbol{W}}_{k-1}] +$$

$$\frac{(1-\gamma_2)}{2q_2}[\tilde{\boldsymbol{W}}_{2,k}^{\mathrm{T}}(0)\tilde{\boldsymbol{W}}_{2,k}(0) - \tilde{\boldsymbol{W}}_{2,k-1}^{\mathrm{T}}\tilde{\boldsymbol{W}}_{2,k-1}]$$

$$\leqslant -V_k(t) + V_k(0) - K\int_0^t s_k^2\mathrm{d}\sigma - \lambda_{\min}(\boldsymbol{Q})\int_0^t \|z_k\|^2\mathrm{d}\sigma - \int_0^t\left(\frac{\alpha_1\gamma_1}{2q_1} - l\delta^2\right)\tilde{\boldsymbol{W}}_k^{\mathrm{T}}\tilde{\boldsymbol{W}}_k\mathrm{d}\sigma +$$

$$\frac{\alpha_1\gamma_1}{2q_1}\int_0^t \|\boldsymbol{W}^*\|^2\mathrm{d}\sigma + \frac{(1-\gamma_1)}{2q_1}[\tilde{\boldsymbol{W}}_k^{\mathrm{T}}(0)\tilde{\boldsymbol{W}}_k(0) - \tilde{\boldsymbol{W}}_{k-1}^{\mathrm{T}}\tilde{\boldsymbol{W}}_{k-1}] +$$

$$\frac{(1-\gamma_2)}{2q_2}[\tilde{\boldsymbol{W}}_{2,k}^{\mathrm{T}}(0)\tilde{\boldsymbol{W}}_{2,k}(0)-\tilde{\boldsymbol{W}}_{2,k-1}^{\mathrm{T}}\tilde{\boldsymbol{W}}_{2,k-1}) \tag{5-47}$$

选取合适的参数使得 $\alpha_1\gamma_1/2q_1-l\delta^2>0$，则式（5-47）进一步变换为

$$\begin{aligned}&\Delta E_k(t)\\&\leqslant -V_k(t)+V_k(0)-K\int_0^t s_k^2\mathrm{d}\sigma-\lambda_{\min}(\boldsymbol{Q})\int_0^t\|z_k\|^2\mathrm{d}\sigma+\frac{\alpha_1\gamma_1}{2q_1}\int_0^t\|\boldsymbol{W}^*\|^2\mathrm{d}\sigma+\\&\frac{(1-\gamma_1)}{2q_1}[\tilde{\boldsymbol{W}}_k^{\mathrm{T}}(0)\tilde{\boldsymbol{W}}_k(0)-\tilde{\boldsymbol{W}}_{k-1}^{\mathrm{T}}\tilde{\boldsymbol{W}}_{k-1}]+\frac{(1-\gamma_2)}{2q_2}[\tilde{\boldsymbol{W}}_{2,k}^{\mathrm{T}}(0)\tilde{\boldsymbol{W}}_{2,k}(0)-\tilde{\boldsymbol{W}}_{2,k-1}^{\mathrm{T}}\tilde{\boldsymbol{W}}_{2,k-1}]\end{aligned} \tag{5-48}$$

根据假设 5.2 和假设 5.3 可知，$V_k(0)=0$。令式（5-48）中，$t=T$，根据 $\hat{\boldsymbol{W}}_k(0)=\hat{\boldsymbol{W}}_{k-1}(T)$，$\hat{\boldsymbol{W}}_1(0)=0$，$\hat{\boldsymbol{W}}_{2,k}(0)=\hat{\boldsymbol{W}}_{2,k-1}(T)$，$\hat{\boldsymbol{W}}_{2,1}(0)=0$，可知

$$\begin{aligned}\Delta E_k(T)&\leqslant -V_k(T)-K\int_0^T s_k^2\mathrm{d}\sigma-\lambda_{\min}(\boldsymbol{Q})\int_0^T\|z_k\|^2\mathrm{d}\sigma+\frac{\alpha_1\gamma_1}{2q_1}\|\boldsymbol{W}^*\|^2T\\&\leqslant -K\int_0^T s_k^2\mathrm{d}\sigma-\lambda_{\min}(\boldsymbol{Q})\int_0^T\|z_k\|^2\mathrm{d}\sigma+\frac{\alpha_1\gamma_1}{2q_1}\|\boldsymbol{W}^*\|^2T\end{aligned} \tag{5-49}$$

2）$E_k(T)$的有界性

根据式（5-43）可知

$$\begin{aligned}E_1(t)=&\frac{\gamma_1}{2q_1}\int_0^t\tilde{\boldsymbol{W}}_1^{\mathrm{T}}\tilde{\boldsymbol{W}}_1\mathrm{d}\sigma+\frac{(1-\gamma_1)}{2q_1}\tilde{\boldsymbol{W}}_1^{\mathrm{T}}\tilde{\boldsymbol{W}}_1+\\&\frac{\gamma_2}{2q_2}\int_0^t\tilde{\boldsymbol{W}}_{2,1}^{\mathrm{T}}\tilde{\boldsymbol{W}}_{2,1}\mathrm{d}\sigma+\frac{(1-\gamma_2)}{2q_2}\tilde{\boldsymbol{W}}_{2,1}^{\mathrm{T}}\tilde{\boldsymbol{W}}_{2,1}\end{aligned} \tag{5-50}$$

对 $E_1(t)$求导，可得

$$\dot{E}_1(t)=\frac{\gamma_1}{2q_1}\tilde{\boldsymbol{W}}_1^{\mathrm{T}}\tilde{\boldsymbol{W}}_1+\frac{(1-\gamma_1)}{q_1}\tilde{\boldsymbol{W}}_1^{\mathrm{T}}\dot{\tilde{\boldsymbol{W}}}_1+\frac{\gamma_2}{2q_2}\tilde{\boldsymbol{W}}_{2,1}^{\mathrm{T}}\tilde{\boldsymbol{W}}_{2,1}+\frac{(1-\gamma_2)}{q_2}\tilde{\boldsymbol{W}}_{2,1}^{\mathrm{T}}\dot{\tilde{\boldsymbol{W}}}_{2,1} \tag{5-51}$$

考虑参数自适应迭代学习律，有 $(1-\gamma_1)\dot{\hat{\boldsymbol{W}}}_1=-\gamma_1\hat{\boldsymbol{W}}_1-\gamma_1\alpha_1\hat{\boldsymbol{W}}_1+2q_1z_{1,1}\boldsymbol{C}^{\mathrm{T}}\times(\boldsymbol{C}\boldsymbol{C}^{\mathrm{T}}+\delta\boldsymbol{I}_n)^{-1}\boldsymbol{PB}\boldsymbol{\phi}(\hat{\boldsymbol{X}}_1)$，$(1-\gamma)\dot{\hat{\boldsymbol{W}}}_{2,1}=-\gamma\hat{\boldsymbol{W}}_{2,1}+q_2b\tanh^2(s_1/\eta(t))\boldsymbol{\phi}_2(y_1)$，因此有

$$\begin{aligned}&\frac{\gamma_1}{2q_1}\tilde{\boldsymbol{W}}_1^{\mathrm{T}}\tilde{\boldsymbol{W}}_1+\frac{(1-\gamma_1)}{q_1}\tilde{\boldsymbol{W}}_1^{\mathrm{T}}\dot{\tilde{\boldsymbol{W}}}_1\\&=\frac{\gamma_1}{2q_1}\tilde{\boldsymbol{W}}_1^{\mathrm{T}}\tilde{\boldsymbol{W}}_1-\frac{\gamma_1}{q_1}\tilde{\boldsymbol{W}}_1^{\mathrm{T}}\hat{\boldsymbol{W}}_1-\frac{\alpha_1\gamma_1}{q_1}\tilde{\boldsymbol{W}}_1^{\mathrm{T}}\hat{\boldsymbol{W}}_1+2z_{1,1}\boldsymbol{C}^{\mathrm{T}}(\boldsymbol{C}\boldsymbol{C}^{\mathrm{T}}+\delta\boldsymbol{I}_n)^{-1}\boldsymbol{PB}\tilde{\boldsymbol{W}}_1^{\mathrm{T}}\boldsymbol{\phi}(\hat{\boldsymbol{X}}_1)\\&=\frac{\gamma_1}{2q_1}[\tilde{\boldsymbol{W}}_1^{\mathrm{T}}\tilde{\boldsymbol{W}}_1-2\tilde{\boldsymbol{W}}_1^{\mathrm{T}}\hat{\boldsymbol{W}}_1+\hat{\boldsymbol{W}}_1^{\mathrm{T}}\hat{\boldsymbol{W}}_1]-\frac{\gamma_1}{2q_1}\hat{\boldsymbol{W}}_1^{\mathrm{T}}\hat{\boldsymbol{W}}_1-\frac{\alpha_1\gamma_1}{q_1}\tilde{\boldsymbol{W}}_1^{\mathrm{T}}\hat{\boldsymbol{W}}_1+\\&2z_{1,1}\boldsymbol{C}^{\mathrm{T}}(\boldsymbol{C}\boldsymbol{C}^{\mathrm{T}}+\delta\boldsymbol{I}_n)^{-1}\boldsymbol{PB}\tilde{\boldsymbol{W}}_1^{\mathrm{T}}\boldsymbol{\varphi}(\hat{\boldsymbol{X}}_1)\end{aligned}$$

$$\leq \frac{\gamma_1}{2q_1}[\hat{\boldsymbol{W}}_1-\tilde{\boldsymbol{W}}_1]^{\mathrm{T}}[\hat{\boldsymbol{W}}_1-\tilde{\boldsymbol{W}}_1]-\frac{\alpha_1\gamma_1}{2q_1}\tilde{\boldsymbol{W}}_1^{\mathrm{T}}\tilde{\boldsymbol{W}}_1+\frac{\alpha_1\gamma_1}{2q_1}\boldsymbol{W}^{*\mathrm{T}}\boldsymbol{W}^*+$$

$$2z_{1,1}\boldsymbol{C}^{\mathrm{T}}(\boldsymbol{C}\boldsymbol{C}^{\mathrm{T}}+\delta\boldsymbol{I}_n)^{-1}\boldsymbol{P}\boldsymbol{B}\tilde{\boldsymbol{W}}_1^{\mathrm{T}}\boldsymbol{\phi}(\hat{\boldsymbol{X}}_1)$$

$$\leq(1+\alpha_1)\frac{\gamma_1}{2q_1}\boldsymbol{W}^{*\mathrm{T}}\boldsymbol{W}^*+2z_{1,1}\boldsymbol{C}^{\mathrm{T}}(\boldsymbol{C}\boldsymbol{C}^{\mathrm{T}}+\delta\boldsymbol{I}_n)^{-1}\boldsymbol{P}\boldsymbol{B}\tilde{\boldsymbol{W}}_1^{\mathrm{T}}\boldsymbol{\phi}(\hat{\boldsymbol{X}}_1)-\frac{\alpha_1\gamma_1}{2q_1}\tilde{\boldsymbol{W}}_1^{\mathrm{T}}\tilde{\boldsymbol{W}}_1 \tag{5-52}$$

$$\frac{\gamma}{2q_2}\tilde{\boldsymbol{W}}_{2,1}^{\mathrm{T}}\tilde{\boldsymbol{W}}_{2,1}+\frac{(1-\gamma)}{q_2}\tilde{\boldsymbol{W}}_{2,1}^{\mathrm{T}}\dot{\tilde{\boldsymbol{W}}}_{2,1}$$

$$=\frac{\gamma}{2q_2}\tilde{\boldsymbol{W}}_{2,1}^{\mathrm{T}}\tilde{\boldsymbol{W}}_{2,1}-\frac{\gamma}{q_2}\tilde{\boldsymbol{W}}_{2,1}^{\mathrm{T}}\hat{\boldsymbol{W}}_{2,1}+b\tanh^2(s_1/\eta(t))\tilde{\boldsymbol{W}}_{2,1}^{\mathrm{T}}\boldsymbol{\phi}_2(y_1)$$

$$=\frac{\gamma}{2q_2}[\tilde{\boldsymbol{W}}_{2,1}^{\mathrm{T}}\tilde{\boldsymbol{W}}_{2,1}-2\tilde{\boldsymbol{W}}_{2,1}^{\mathrm{T}}\hat{\boldsymbol{W}}_{2,1}+\hat{\boldsymbol{W}}_{2,1}^{\mathrm{T}}\hat{\boldsymbol{W}}_{2,1}]-\frac{\gamma}{2q_2}\hat{\boldsymbol{W}}_{2,1}^{\mathrm{T}}\hat{\boldsymbol{W}}_{2,1}+b\tanh^2(s_1/\eta(t))\tilde{\boldsymbol{W}}_{2,1}^{\mathrm{T}}\boldsymbol{\phi}_2(y_1)$$

$$\leq\frac{\gamma}{2q_2}[\hat{\boldsymbol{W}}_{2,1}-\tilde{\boldsymbol{W}}_{2,1}]^{\mathrm{T}}[\hat{\boldsymbol{W}}_{2,1}-\tilde{\boldsymbol{W}}_{2,1}]+b\tanh^2(s_1/\eta(t))\tilde{\boldsymbol{W}}_{2,1}^{\mathrm{T}}\boldsymbol{\phi}_2(y_1)$$

$$=\frac{\gamma}{2q_2}\boldsymbol{W}_2^{*\mathrm{T}}\boldsymbol{W}_2^*+b\tanh^2(s_1/\eta(t))\tilde{\boldsymbol{W}}_{2,1}^{\mathrm{T}}\boldsymbol{\phi}_2(y_1) \tag{5-53}$$

考虑不等式（5-52）和不等式（5-53），则 $\dot{E}_1(t)$ 变为

$$\dot{E}_1(t)$$

$$\leq(1+\alpha_1)\frac{\gamma_1}{2q_1}\boldsymbol{W}^{*\mathrm{T}}\boldsymbol{W}^*+\frac{\gamma}{2q_2}\boldsymbol{W}_2^{*\mathrm{T}}\boldsymbol{W}_2^*+2z_{1,1}\boldsymbol{C}^{\mathrm{T}}(\boldsymbol{C}\boldsymbol{C}^{\mathrm{T}}+\delta\boldsymbol{I}_n)^{-1}\boldsymbol{P}\boldsymbol{B}\tilde{\boldsymbol{W}}_1^{\mathrm{T}}\boldsymbol{\phi}(\hat{\boldsymbol{X}}_1)$$

$$+b\tanh^2(s_1/\eta(t))\tilde{\boldsymbol{W}}_{2,1}^{\mathrm{T}}\boldsymbol{\phi}_2(y_1)-\frac{\alpha_1\gamma_1}{2q_1}\tilde{\boldsymbol{W}}_1^{\mathrm{T}}\tilde{\boldsymbol{W}}_1$$

$$\leq-\dot{V}_1-\lambda_{\min}(\boldsymbol{Q})\|z_1\|^2-Ks_1^2+(1+\alpha_1)\frac{\gamma_1}{2q_1}\boldsymbol{W}^{*\mathrm{T}}\boldsymbol{W}^*+$$

$$\frac{\gamma}{2q_2}\boldsymbol{W}_2^{*\mathrm{T}}\boldsymbol{W}_2^*-\left(\frac{\alpha_1\gamma_1}{2q_1}-l\delta^2\right)\tilde{\boldsymbol{W}}_1^{\mathrm{T}}\tilde{\boldsymbol{W}}_1$$

$$\leq-\dot{V}_1-\lambda_{\min}(\boldsymbol{Q})\|z_1\|^2-Ks_1^2+(1+\alpha_1)\frac{\gamma_1}{2q_1}\boldsymbol{W}^{*\mathrm{T}}\boldsymbol{W}^*+\frac{\gamma}{2q_2}\boldsymbol{W}_2^{*\mathrm{T}}\boldsymbol{W}_2^* \tag{5-54}$$

为表述方便，记 $c=(1+\alpha_1)\frac{\gamma_1}{2q_1}\boldsymbol{W}^{*\mathrm{T}}\boldsymbol{W}^*+\frac{\gamma}{2q_2}\boldsymbol{W}_2^{*\mathrm{T}}\boldsymbol{W}_2^*$。对式（5-54）在 $[0,t]$ 上积分，可得

$$E_1(t)-E_1(0)\leq-V_1(t)+V_1(0)-\lambda_{\min}(\boldsymbol{Q})\int_0^t\|z_1\|^2\mathrm{d}\sigma-\int_0^t Ks_1^2(\sigma)\mathrm{d}\sigma+ct \tag{5-55}$$

由$\hat{\boldsymbol{W}}_1(0)=\hat{\boldsymbol{W}}_{2,1}(0)=0$可知

$$\begin{aligned}E_1(0)&=\frac{(1-\gamma_1)}{2q_1}\tilde{\boldsymbol{W}}_1^{\mathrm{T}}(0)\tilde{\boldsymbol{W}}_1(0)+\frac{(1-\gamma_2)}{2q_2}\tilde{\boldsymbol{W}}_{2,1}^{\mathrm{T}}(0)\tilde{\boldsymbol{W}}_{2,1}(0)\\&=\frac{(1-\gamma_1)}{2q_1}\|\boldsymbol{W}^*\|^2+\frac{(1-\gamma_2)}{2q_2}\|\boldsymbol{W}_2^*\|^2\end{aligned}\tag{5-56}$$

因此可知

$$E_1(t)\leqslant ct+\frac{(1-\gamma_1)}{2q_1}\|\boldsymbol{W}^*\|^2+\frac{(1-\gamma_2)}{2q_2}\|\boldsymbol{W}_2^*\|^2,t\in[0,T]\tag{5-57}$$

因此，$E_1(t)$在$[0,T]$上是有界的。令$t=T$，可知$E_1(T)$的有界性，即

$$E_1(T)\leqslant cT+\frac{(1-\gamma_1)}{2q_1}\|\boldsymbol{W}^*\|^2+\frac{(1-\gamma_2)}{2q_2}\|\boldsymbol{W}_2^*\|^2<\infty\tag{5-58}$$

取$\alpha_1=\Delta_k$，$\{\Delta_k\}$是一个收敛序列，定义为$\Delta_k=\dfrac{q}{k^l}$，l和q为设计参数，且$q(\in\mathrm{R})>0$，$l(\in\mathrm{Z}_+)\geqslant 2$。$\Delta_k$具有如下的性质。

性质 5.1[47]：$\lim\limits_{k\to\infty}\sum\limits_{j=1}^{k}\Delta_j\leqslant 2q$。

由式（5-49）可得

$$\begin{aligned}E_k(T)&=E_1(T)+\sum_{j=2}^{k}\Delta E_j(T)\\&\leqslant E_1(T)-K\sum_{j=2}^{k}\int_0^T s_j^2\mathrm{d}\sigma-\lambda_{\min}(\boldsymbol{Q})\sum_{j=2}^{k}\int_0^T\|\boldsymbol{z}_j\|^2\mathrm{d}\sigma+\frac{\gamma_1}{2q_1}T\|\boldsymbol{W}^*\|^2\sum_{j=2}^{k}\Delta_k\end{aligned}\tag{5-59}$$

根据性质 5.1 可知$\sum\limits_{j=1}^{k}\Delta_k\leqslant\lim\limits_{k\to\infty}\sum\limits_{j=1}^{k}\Delta_k\leqslant 2q$，因此，$E_k(T)$是有界的。

3）$E_k(t)$的有界性

下面利用归纳法证明$E_k(t)$的有界性。首先将$E_k(t)$分为两部分，即

$$E_k^1(t)=\frac{\gamma_1}{2q_1}\int_0^t\tilde{\boldsymbol{W}}_k^{\mathrm{T}}\tilde{\boldsymbol{W}}_k\mathrm{d}\sigma+\frac{\gamma_2}{2q_2}\int_0^t\tilde{\boldsymbol{W}}_{2,k}^{\mathrm{T}}\tilde{\boldsymbol{W}}_{2,k}\mathrm{d}\sigma\tag{5-60}$$

$$E_k^2(t)=\frac{(1-\gamma_1)}{2q_1}\tilde{\boldsymbol{W}}_k^{\mathrm{T}}\tilde{\boldsymbol{W}}_k+\frac{(1-\gamma_2)}{2q_2}\tilde{\boldsymbol{W}}_{2,k}^{\mathrm{T}}\tilde{\boldsymbol{W}}_{2,k}\tag{5-61}$$

由$E_k(T)$是有界性可知$E_k^1(T)$和$E_k^2(T)$的有界性，$\forall k\in\mathbf{N}$。因此，存在两个常数M_1和M_2满足

$$E_k^1(t)\leqslant E_k^1(T)\leqslant M_1<\infty\tag{5-62}$$

$$E_k^2(T)\leqslant M_2\tag{5-63}$$

因此，

$$E_k(t)=E_k^1(t)+E_k^2(t)\leqslant M_1+E_k^2(t) \tag{5-64}$$

另一方面，由式（5-48）可知

$$\begin{aligned}\Delta E_{k+1}(t) &< \frac{\Delta_k\gamma_1}{2q_1}\int_0^t \|\boldsymbol{W}^*\|^2\mathrm{d}\sigma+\frac{(1-\gamma_1)}{2q_1}[\tilde{\boldsymbol{W}}_k^{\mathrm{T}}(0)\tilde{\boldsymbol{W}}_k(0)-\tilde{\boldsymbol{W}}_{k-1}^{\mathrm{T}}\tilde{\boldsymbol{W}}_{k-1}]+\\ &\quad \frac{(1-\gamma_2)}{2q_2}[\tilde{\boldsymbol{W}}_{2,k}^{\mathrm{T}}(0)\tilde{\boldsymbol{W}}_{2,k}(0)-\tilde{\boldsymbol{W}}_{2,k-1}^{\mathrm{T}}\tilde{\boldsymbol{W}}_{2,k-1}]\\ &\leqslant \frac{\Delta_k\gamma_1}{2q_1}\int_0^t \|\boldsymbol{W}^*\|^2\mathrm{d}\sigma+M_2-E_k^2(t)\end{aligned} \tag{5-65}$$

结合式（5-64）和式（5-65），可得

$$E_{k+1}(t)=E_k(t)+\Delta E_{k+1}(t)\leqslant M_1+M_2+\frac{\Delta_k\gamma_1}{2q_1}\int_0^t\|\boldsymbol{W}^*\|^2\mathrm{d}\sigma \tag{5-66}$$

由于已经证明得到$E_1(t)$的有界性，因此由归纳法可知$E_k(t)$是有界的。进一步，可以得知$\hat{\boldsymbol{W}}_k$和$\hat{\boldsymbol{W}}_{2,k}$是有界的。

4）误差收敛性

由式（5-59）可得

$$\begin{aligned}\sum_{j=2}^k\int_0^T s_j^2\mathrm{d}\sigma &\leqslant \frac{1}{K}\left(E_1(T)-E_k(T)+\frac{\gamma_1 T}{2q_1}\|\boldsymbol{W}^*\|^2\sum_{j=2}^k\Delta_k\right)\\ &\leqslant \frac{1}{K}\left(E_1(T)+\frac{\gamma_1 T}{2q_1}\varepsilon_W^2\sum_{j=2}^k\Delta_k\right)\end{aligned} \tag{5-67}$$

$$\lim_{k\to\infty}\sum_{j=2}^k\int_0^T\|z_j\|^2\mathrm{d}\sigma\leqslant\frac{1}{\lambda_{\min}(\boldsymbol{Q})}\left(E_1(T)+\frac{\gamma_1 T}{2q_1}\varepsilon_W^2\sum_{j=2}^k\Delta_k\right) \tag{5-68}$$

对式（5-67）和式（5-68）求极限，可得

$$\begin{aligned}\lim_{k\to\infty}\sum_{j=2}^k\int_0^T s_j^2(\sigma)\mathrm{d}\sigma &\leqslant \lim_{k\to\infty}\frac{1}{K}\left(E_1(T)+\frac{\gamma_1 T}{2q_1}\varepsilon_W^2\sum_{j=2}^k\Delta_k\right)\\ &=\frac{1}{K}\left(E_1(T)+\frac{\gamma_1 Tq}{q_1}\varepsilon_W^2\right)\end{aligned} \tag{5-69}$$

$$\lim_{k\to\infty}\sum_{j=2}^k\int_0^T\|z_j\|^2\mathrm{d}\sigma\leqslant\frac{1}{\lambda_{\min}(\boldsymbol{Q})}\left(E_1(T)+\frac{\gamma_1 Tq}{q_1}\varepsilon_W^2\right) \tag{5-70}$$

由于$E_1(T)$是有界的，由级数收敛的必要条件可知$\lim\limits_{k\to\infty}\int_0^T s_k^2(\sigma)\mathrm{d}\sigma=0$，$\lim\limits_{k\to\infty}\int_0^T\|z_k\|^2\mathrm{d}\sigma=0$。显然，$\lim\limits_{k\to\infty}\int_0^T(y_k-\hat{y}_k)^2\mathrm{d}\sigma\leqslant\lim\limits_{k\to\infty}\int_0^T\|z_k\|^2\mathrm{d}\sigma=0$，$\forall t\in[0,T]$。此外，由$\lim\limits_{k\to\infty}\int_0^T s_k^2(\sigma)\mathrm{d}\sigma=0$可知$\lim\limits_{k\to\infty}\int_0^T|s_k(\sigma)|\mathrm{d}\sigma=0$，这意味着$\lim\limits_{k\to\infty}\int_0^T|e_{sk}(\sigma)|\mathrm{d}\sigma\leqslant$

$\int_0^T \eta(\sigma)\mathrm{d}\sigma$，$\lim\limits_{k\to\infty}\int_0^T (e_{sk}(\sigma))^2\mathrm{d}\sigma \leqslant \int_0^T \eta^2(\sigma)\mathrm{d}\sigma$。由 $\int_0^t s_k^2(\sigma)\mathrm{d}\sigma \leqslant \int_0^T s_k^2(\sigma)\mathrm{d}\sigma$ 和 $\int_0^t \|z_k(\sigma)\|^2\mathrm{d}\sigma \leqslant \int_0^T \|z_k(\sigma)\|^2\mathrm{d}\sigma$ 可知，$s_k(t)$ 和 $\|z_k\|$ 在 L_T^2-范数意义下是有界的，这表明 $x_k(t)$ 和 $\hat{x}_k(t)$ 是有界的。通过以上的分析，可知 $v_k(t)$ 是有界的。

综合以上两种情况，可得结论：$\lim\limits_{k\to\infty}\int_0^T \|z_k\|^2\mathrm{d}\sigma = 0$，$\lim\limits_{k\to\infty}\int_0^T (e_{sk})^2\mathrm{d}\sigma \leqslant \varepsilon_e$，$\varepsilon_e = \int_0^T ((1+m)\eta_1(\sigma))^2\mathrm{d}\sigma = \frac{1}{2K}(1+m)^2\varepsilon^2(1-\mathrm{e}^{-2KT}) \leqslant \frac{1}{2K}(1+m)^2\varepsilon^2 = \varepsilon_{esk}$。进一步，可以有 $\lim\limits_{k\to\infty}|e_{sk}(t)| = e_{s\infty}(t) = (1+m)\varepsilon\mathrm{e}^{-Kt}$，$\forall t \in [0, T]$

5）动态性能

定义向量 $\boldsymbol{\zeta}_k(t) = [e_{1,k}(t), e_{2,k}(t), \cdots, e_{n-1,k}(t)]^{\mathrm{T}}$，则 $\boldsymbol{\zeta}_k(t)$ 的动态方程为

$$\dot{\boldsymbol{\zeta}}_k(t) = \boldsymbol{A}_s\boldsymbol{\zeta}_k(t) + \boldsymbol{b}_s e_{sk}(t) + \boldsymbol{K}_s z_{1,k} \tag{5-71}$$

式中：

$$\boldsymbol{A}_s = \begin{bmatrix} 0 & 1 & \cdots & 0 \\ \vdots & \vdots & \ddots & \vdots \\ 0 & 0 & \cdots & 1 \\ -\lambda_1 & -\lambda_2 & \cdots & -\lambda_{n-1} \end{bmatrix} \in \mathbf{R}^{(n-1)\times(n-1)},\ \boldsymbol{b}_s = \begin{bmatrix} 0 \\ \vdots \\ 0 \\ 1 \end{bmatrix} \in \mathbf{R}^{n-1},\ \boldsymbol{K}_s = \begin{bmatrix} k_1 \\ k_2 \\ \vdots \\ k_{n-1} \end{bmatrix}$$

$\boldsymbol{A}_s$ 为一个稳定矩阵。此外，存在两个常数 $k_0>0$ 和 $\lambda_0>0$ 使得 $\|\mathrm{e}^{\boldsymbol{A}_s t}\| \leqslant k_0\mathrm{e}^{-\lambda_0 t}$，则 $\boldsymbol{\zeta}_k(t)$ 的解为

$$\boldsymbol{\zeta}_k(t) = \mathrm{e}^{\boldsymbol{A}_s t}\boldsymbol{\zeta}_k(0) + \int_0^t \mathrm{e}^{\boldsymbol{A}_s(t-\sigma)}\boldsymbol{b}_s e_{sk}(\sigma)\mathrm{d}\sigma + \int_0^t \mathrm{e}^{\boldsymbol{A}_s(t-\sigma)}\boldsymbol{K}_s z_{1,k}(\sigma)\mathrm{d}\sigma \tag{5-72}$$

因此，我们有

$$\begin{aligned}\|\boldsymbol{\zeta}(t)\| \leqslant\ & k_0\|\boldsymbol{\zeta}_k(0)\|\mathrm{e}^{-\lambda_0 t} + k_0\int_0^t \mathrm{e}^{-\lambda_0(t-\sigma)}|e_{sk}(\sigma)|\mathrm{d}\sigma + \\ & k_0\|\boldsymbol{K}_s\|\int_0^t \mathrm{e}^{-\lambda_0(t-\sigma)}|z_{1,k}(\sigma)|\mathrm{d}\sigma\end{aligned} \tag{5-73}$$

当我们选取合适的参数，使得 $\lambda_0>K$，由 $\lim\limits_{k\to\infty}|e_{sk}(t)| \leqslant (1+m)\eta(t)$，可知

$$\begin{aligned}&\|\boldsymbol{\zeta}_\infty(t)\| \\ &= k_0\|\boldsymbol{\zeta}_\infty(0)\|\mathrm{e}^{-\lambda_0 t} + k_0\int_0^t \mathrm{e}^{-\lambda_0(t-\sigma)}|e_{s\infty}(\sigma)|\mathrm{d}\sigma + k_0\|\boldsymbol{K}_s\|\int_0^t \mathrm{e}^{-\lambda_0(t-\sigma)}|z_{1,\infty}(\sigma)|\mathrm{d}\sigma \\ &\leqslant k_0\|\boldsymbol{\zeta}_\infty(0)\| + (1+m)\varepsilon k_0\int_0^t \mathrm{e}^{-\lambda_0(t-\sigma)}\mathrm{e}^{-K\sigma}\mathrm{d}\sigma + 0 \\ &= k_0\|\boldsymbol{\zeta}_\infty(0)\| + (1+m)\varepsilon k_0\frac{1}{\lambda_0 - K}(\mathrm{e}^{-Kt} - \mathrm{e}^{-\lambda_0 t}) \\ &\leqslant k_0\|\boldsymbol{\zeta}_\infty(0)\| + \frac{1}{\lambda_0 - K}(1+m)\varepsilon k_0\end{aligned} \tag{5-74}$$

由 $e_{sk}(t)=[\boldsymbol{\Lambda}^{\mathrm{T}}\quad 1]\boldsymbol{e}_k(t)$ 和 $\boldsymbol{e}_k(t)=[\boldsymbol{\zeta}_k^{\mathrm{T}}(t)\quad e_{n,k}(t)]^{\mathrm{T}}$，我们进一步有

$$\begin{aligned}\|\boldsymbol{e}_k(t)\| &\leqslant \|\boldsymbol{\zeta}_k(t)\| + |e_{n,k}(t)| \\ &= \|\boldsymbol{\zeta}_k(t)\| + |e_{sk}(t) - \boldsymbol{\Lambda}^{\mathrm{T}}\boldsymbol{\zeta}_k(t)| \\ &\leqslant (1+\|\boldsymbol{\Lambda}\|)\|\boldsymbol{\zeta}_k(t)\| + |e_{sk}(t)|\end{aligned} \tag{5-75}$$

考虑不等式（5-74）和不等式（5-75），可得

$$\begin{aligned}\|\boldsymbol{e}_\infty(t)\| &\leqslant (1+\|\boldsymbol{\Lambda}\|)\|\boldsymbol{\zeta}_\infty(t)\| + |e_{s\infty}(t)| \\ &\leqslant (1+\|\boldsymbol{\Lambda}\|)\left(k_0\|\boldsymbol{\zeta}_\infty(0)\| + \frac{1}{\lambda_0 - K}(1+m)\varepsilon k_0\right) + (1+m)\boldsymbol{\eta}(t) \\ &\leqslant (1+\|\boldsymbol{\Lambda}\|)\left(k_0\sum_{i=1}^{n-1}\sqrt{\varepsilon_i^2} + \frac{1}{\lambda_0 - K}(1+m)\varepsilon k_0\right) + (1+m)\boldsymbol{\eta}(t)\end{aligned} \tag{5-76}$$

由于 $\boldsymbol{\zeta}_k(t)=[e_{1,k}(t),e_{2,k}(t),\cdots,e_{n-1,k}(t)]^{\mathrm{T}}$，因此可知

$$|e_{1,k}(t)| \leqslant \|\boldsymbol{\zeta}_k(t)\| \leqslant k_0\|\boldsymbol{\zeta}_k(0)\|\mathrm{e}^{-\lambda_0 t} + k_0\int_0^t \mathrm{e}^{-\lambda_0(t-\sigma)}|e_{sk}(\sigma)|\mathrm{d}\sigma \tag{5-77}$$

当 $k\to\infty$ 时，我们可以得到

$$\begin{aligned}|e_{1,\infty}(t)| &\leqslant \|\boldsymbol{\zeta}_\infty(t)\| \\ &\leqslant k_0\|\boldsymbol{\zeta}_\infty(0)\|\mathrm{e}^{-\lambda_0 t} + k_0\int_0^t \mathrm{e}^{-\lambda_0(t-\sigma)}|e_{s\infty}(\sigma)|\mathrm{d}\sigma \\ &\leqslant k_0\|\boldsymbol{\zeta}_\infty(0)\|\mathrm{e}^{-\lambda_0 t} + (1+m)\varepsilon k_0\int_0^t \mathrm{e}^{-\lambda_0(t-\sigma)}\mathrm{e}^{-K\sigma}\mathrm{d}\sigma \\ &= k_0\|\boldsymbol{\zeta}_\infty(0)\|\mathrm{e}^{-\lambda_0 t} + (1+m)\varepsilon k_0\frac{1}{\lambda_0 - K}(\mathrm{e}^{-Kt} - \mathrm{e}^{-\lambda_0 t}) \\ &\leqslant k_0\sum_{i=1}^{n-1}\sqrt{\varepsilon_i^2}\mathrm{e}^{-\lambda_0 t} + (1+m)\varepsilon k_0\frac{1}{\lambda_0 - K}(\mathrm{e}^{-Kt} - \mathrm{e}^{-\lambda_0 t})\end{aligned} \tag{5-78}$$

定义 $\boldsymbol{\chi}_k=[\chi_{1,k},\chi_{2,k},\cdots,\chi_{n,k}]^{\mathrm{T}}=\boldsymbol{X}_k-\boldsymbol{X}_{\mathrm{d}}$，则 $\boldsymbol{\chi}_k=\boldsymbol{z}_k+\boldsymbol{e}_k$。由 $\lim\limits_{k\to\infty}\int_0^T\|\boldsymbol{z}_k\|^2\mathrm{d}\sigma=0$ 我们有 $\lim\limits_{k\to\infty}\|\boldsymbol{z}_k(t)\|=0$，即，$\|\boldsymbol{z}_\infty(t)\|=0$，$t\in[0,T]$。因此，显然有

$$\begin{aligned}\|\boldsymbol{\chi}_\infty\| &\leqslant \|\boldsymbol{z}_\infty\| + \|\boldsymbol{e}_\infty\| \\ &\leqslant (1+\|\boldsymbol{\Lambda}\|)\left(k_0\sum_{i=1}^{n-1}\sqrt{\varepsilon_i^2} + \frac{1}{\lambda_0 - K}(1+m)\varepsilon k_0\right) + (1+m)\boldsymbol{\eta}(t)\end{aligned} \tag{5-79}$$

$$\begin{aligned}|\chi_{1,\infty}| &= |y_\infty - y_{\mathrm{d}}| \\ &\leqslant |z_{1,\infty}| + |e_{1,\infty}| \\ &\leqslant k_0\sum_{i=1}^{n-1}\sqrt{\varepsilon_i^2}\mathrm{e}^{-\lambda_0 t} + (1+m)\varepsilon k_0\frac{1}{\lambda_0 - K}(\mathrm{e}^{-Kt} - \mathrm{e}^{-\lambda_0 t})\end{aligned} \tag{5-80}$$

证毕。

5.3.4 仿真分析

在本小节，将通过一个仿真实例来验证所提出自适应迭代学习控制方案的有效性。考虑二阶系统为

$$\begin{cases}\dot{x}_{1,k}(t)=x_{2,k}(t)\\ \dot{x}_{2,k}(t)=f(\boldsymbol{X}_k(t))+h(\boldsymbol{y}_{\tau,k}(t),t)+u_k(v_k)+d(t)\\ y_k(t)=x_{1,k}(t)\end{cases} \tag{5-81}$$

式中：

$$f(\boldsymbol{X}_k(t))=-x_{1,k}(t)x_{2,k}(t)\sin(x_{1,k}(t)x_{2,k}(t))$$

$$h(\boldsymbol{y}_{\tau,k},t)=0.5\sin(t)\mathrm{e}^{-|\cos(0.5t)|}(y_{\tau_{1,k}}\sin(y_{\tau_{1,k}})+y_{\tau_{2,k}}\sin(y_{\tau_{2,k}}))$$

未知时变时滞和未知外界扰动同第 4 章。选择 $\boldsymbol{Q}=\begin{bmatrix}0.001 & 0\\ 0 & 0.002\end{bmatrix}$。利用 Matlab LMI 工具箱求解得到 $\boldsymbol{K}_0=[3.2894,\ 2.9764]^{\mathrm{T}}$，$\boldsymbol{P}=\begin{bmatrix}0.4741 & -0.2848\\ -0.2848 & 0.4741\end{bmatrix}$。

5.3.4.1 基于状态观测器的自适应迭代学习控制方案验证

为验证定理 5.1 的结论，设计如下两个仿真实验。

情况 1：期望参考轨迹向量取为$\boldsymbol{X}_{\mathrm{d}}(t)=[\sin t,\cos t]^{\mathrm{T}}$。设计参数选取为 $\varepsilon_1=\varepsilon_2=1$，$\lambda=2$，$K=2$，$\gamma_1=\gamma_2=0.5$，$\alpha_1=0.03\times1/k^2$，$q_1=0.5$，$q_1=0.5$，$q_2=1$，$\varepsilon=\lambda\varepsilon_1+\varepsilon_2=3$。饱和输入的限幅为 $u_{\mathrm{M}}=1.3$。两个神经网络参数为：$l=30$，$\boldsymbol{\mu}_j=\frac{1}{l}(2j-l)[2,3,2,3,3]^{\mathrm{T}}$，$\sigma_j=1.5$，$(j=1,2,\cdots,l)$)；$l_{\Xi}=15$，$\mu_{\Xi j}=\frac{2}{l_{\Xi}}(2j-l_{\Xi})$，$\sigma_{\Xi j}=1$，$(j=1,2,\cdots,l_{\Xi})$。初始条件 $x_{1,k}(0)$ 和 $x_{2,k}(0)$ 分别在 $[-0.5,0.5]$ 和 $[0.5,1.5]$ 上随机产生。系统在有限时间段 $[0,4\pi]$ 上迭代运行 5 次。部分仿真结果如图 5-3～图 5-10 所示。

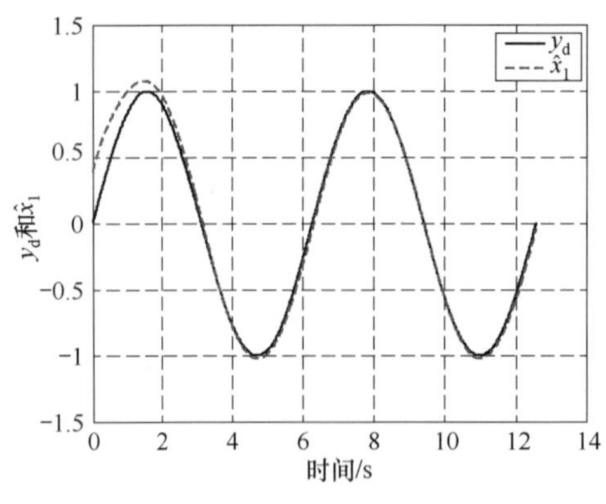

图 5-3 $\hat{x}_{1,k}$ 对 y_{d} 的跟踪曲线（$k=1$）

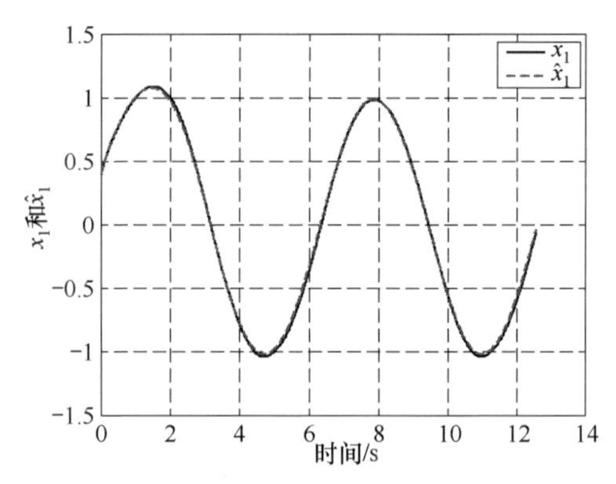

图 5-4 $x_{1,k}$ 和 $\hat{x}_{1,k}$ 曲线（$k=1$）

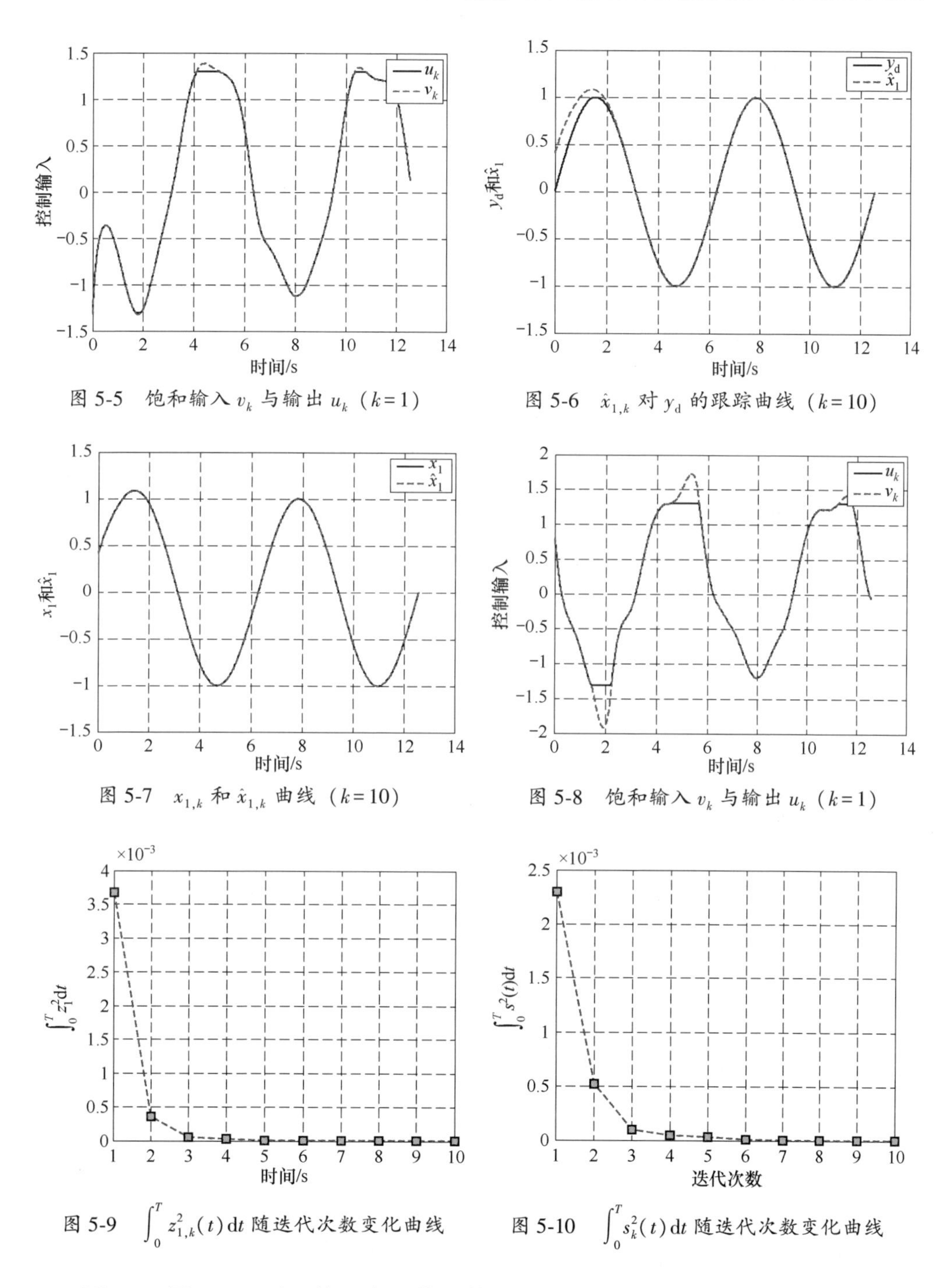

图 5-5　饱和输入 v_k 与输出 u_k（$k=1$）

图 5-6　$\hat{x}_{1,k}$ 对 y_d 的跟踪曲线（$k=10$）

图 5-7　$x_{1,k}$ 和 $\hat{x}_{1,k}$ 曲线（$k=10$）

图 5-8　饱和输入 v_k 与输出 u_k（$k=1$）

图 5-9　$\int_0^T z_{1,k}^2(t)\,\mathrm{d}t$ 随迭代次数变化曲线

图 5-10　$\int_0^T s_k^2(t)\,\mathrm{d}t$ 随迭代次数变化曲线

图 5-3~图 5-7 显示了第 1 次迭代和第 10 次迭代时系统输出跟踪期望参考轨迹的曲线，图 5-4 和图 5-7 分别为第 1 次迭代和第 10 次迭代时系统实际状态 $x_{1,k}$

和观测器估计状态 $\hat{x}_{1,k}$ 的曲线，可以看出，本节所设计的基于状态观测器的控制方案能够对系统状态进行准确的估计，且能够使输出跟踪上期望轨迹，实现了控制目标。通过对比第 1 次迭代和第 10 次迭代的仿真曲线，可以看出，通过学习过程，跟踪效果得到改善，但由于第 1 次迭代时跟踪效果较好，通过图 5-3～图 5-7 不能明显地看出改善的效果，这种效果可以通过图 5-9 和图 5-10 给出的 $\int_0^T z_{1,k}^2(t)\mathrm{d}t$ 和 $\int_0^T s_k^2(t)\mathrm{d}t$ 随迭代次数变化曲线更加清晰地体现出来。图 5-5 和图 5-8 分别给出了第 1 次迭代和第 10 次迭代时的控制曲线，结果表明，控制信号有界，且可以看出饱和特性对于控制输入的影响。

实验 2：为了更加清晰地看出通过学习改善跟踪情况的效果及本节所提出方法对于更为复杂情况的控制效果，选取期望参考轨迹向量为 $\boldsymbol{X}_{\mathrm{d}}(t)=[\sin t+\sin(0.5t),\cos t+0.5\cos(0.5t)]^{\mathrm{T}}$。控制系统参数与实验 1 相同。饱和输入限幅为 $u_{\mathrm{M}}=4$。系统在有限时间段 $[0,8\pi]$ 上迭代运行 10 次。部分仿真结果如图 5-11～图 5-18 所示。

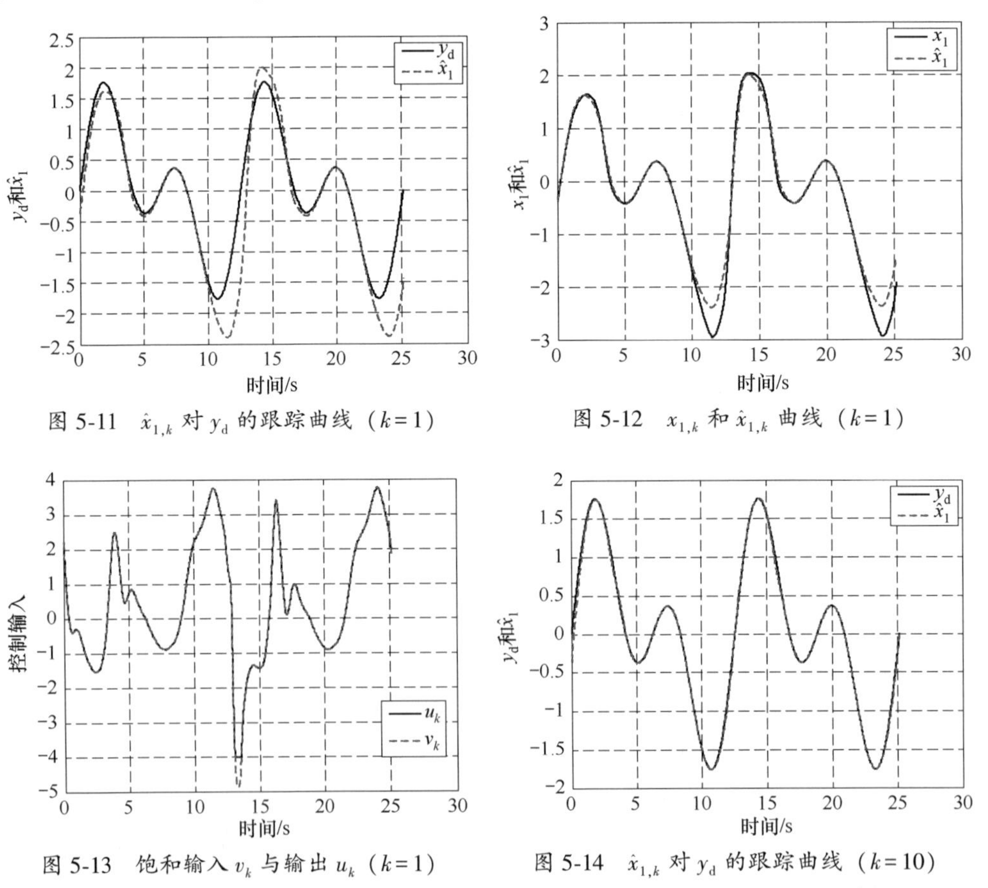

图 5-11　$\hat{x}_{1,k}$ 对 y_{d} 的跟踪曲线（$k=1$）

图 5-12　$x_{1,k}$ 和 $\hat{x}_{1,k}$ 曲线（$k=1$）

图 5-13　饱和输入 v_k 与输出 u_k（$k=1$）

图 5-14　$\hat{x}_{1,k}$ 对 y_{d} 的跟踪曲线（$k=10$）

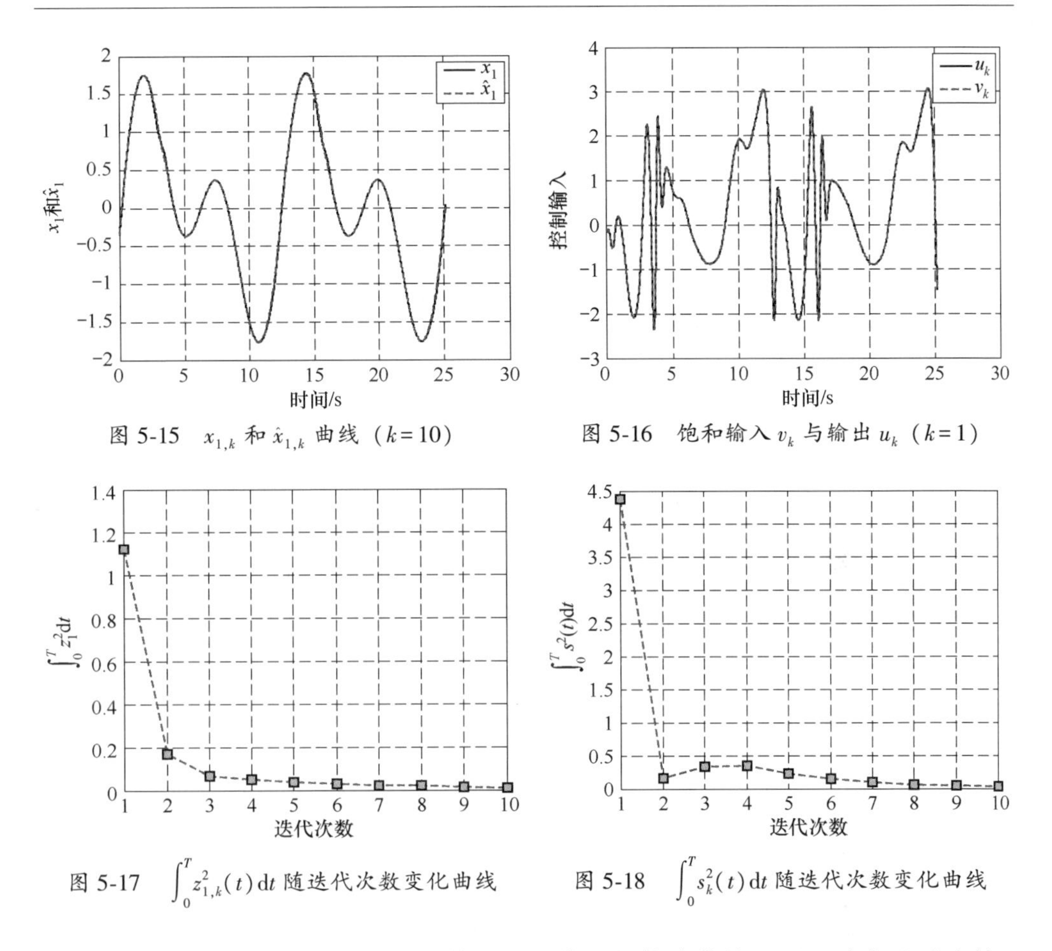

图 5-15　$x_{1,k}$ 和 $\hat{x}_{1,k}$ 曲线（$k=10$）

图 5-16　饱和输入 v_k 与输出 u_k（$k=1$）

图 5-17　$\int_0^T z_{1,k}^2(t)\,dt$ 随迭代次数变化曲线

图 5-18　$\int_0^T s_k^2(t)\,dt$ 随迭代次数变化曲线

根据图 5-11 和图 5-12 给出的第 1 次迭代时的仿真曲线，可以清晰地看出第 1 次运行时，没有得到较好的跟踪效果和状态观测器估计效果。通过迭代运行 9 次的学习过程，在图 5-14 和图 5-15 给出的第 10 次迭代时的仿真曲线，跟踪效果大为改善，达到了很好的控制效果，实现了控制目标。

5.3.4.2　对比分析：基于状态观测器的自适应控制

实验 3：最后，我们将通过与传统基于观测器的自适应神经网络控制方法相比较，来验证本节所提出控制方案的优势。控制器的形式与本章所设计的形式相同，参数自适应更新律修改为

$$\dot{\hat{\boldsymbol{W}}} = \boldsymbol{\Gamma}_W(2q_1 z_{1,k}\boldsymbol{C}^{\mathrm{T}}(\boldsymbol{C}\boldsymbol{C}^{\mathrm{T}} + \delta\boldsymbol{I}_n)^{-1}\boldsymbol{P}\boldsymbol{B}\boldsymbol{\phi}(\hat{\boldsymbol{X}}_k) - \delta_W\hat{\boldsymbol{W}})$$

$$\dot{\hat{\boldsymbol{W}}}_2 = q_2 s_k \boldsymbol{\phi}_2(y_k) - \gamma\hat{\boldsymbol{W}}_2$$

设计参数选取为 $\boldsymbol{\Gamma}_W=\mathrm{diag}\{0.2\}$，$\delta_W=0.5$，$q_2=1$，$\gamma=0.5$，$u_M=3.5$。期望参考轨迹向量为$\boldsymbol{X}_d(t)=[\sin t+\sin(0.5t),\cos t+0.5\cos(0.5t)]^{\mathrm{T}}$，其他设计参数同实验 1。图 5-19~图 5-21 给出了部分仿真结果。

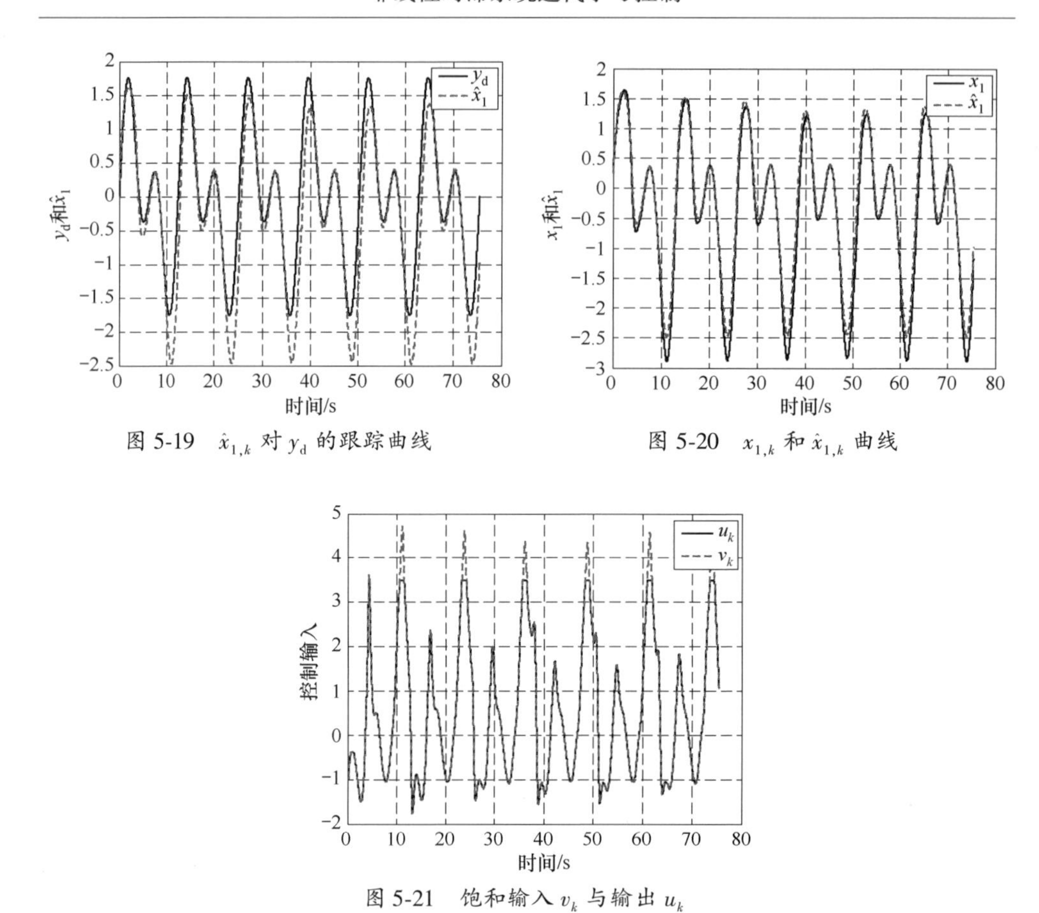

图 5-19　$\hat{x}_{1,k}$ 对 y_d 的跟踪曲线

图 5-20　$x_{1,k}$ 和 $\hat{x}_{1,k}$ 曲线

图 5-21　饱和输入 v_k 与输出 u_k

通过图 5-19 和图 5-20 的仿真曲线可以看出，对于形如式（5-81）的系统，传统自适应控制器不能实现较好的跟踪效果，跟踪误差一直周期性地存在，这主要是因为时变不确定性不能通过微分型的参数自适应控制进行补偿。

通过以上 3 个仿真实验，可以看出，本节提出的基于状态观测器的自适应迭代学习控制方案对于仅输出可测且带有输出饱和输入特性和未知时变时滞的不确定非线性系统具有良好的控制性能，通过迭代学习过程，能够实现完全跟踪的效果，实现了控制目标。

5.4　基于误差观测器的自适应迭代学习控制方案设计及稳定性分析

在本节中，我们继续对系统式（5-1）进行研究，设计一种基于误差观测器的自适应迭代学习控制方案。

5.4.1 基于误差观测器的自适应迭代学习控制方案设计

考虑系统式（5-1），符号的定义与 5.3 节相同。在下文中，因控制器设计的需要，我们会对一些符号重新定义，会用到与 5.3 节中相同的符号，但其含义与上节不同。

在本节，我们考虑时滞已知的情况，且若考虑饱和非线性特性，其处理方法与 5.3 节相同，在本节对饱和特性不再考虑。将系统式（5-1）写为

$$\begin{cases}\dot{\boldsymbol{X}}_k = A\boldsymbol{X}_k + B[f(\boldsymbol{X}_k) + h(\boldsymbol{y}_{\tau,k},t) + u_k(t) + d(t)] \\ y_k = \boldsymbol{C}^{\mathrm{T}}\boldsymbol{X}_k\end{cases} \tag{5-82}$$

式中：

$$\boldsymbol{A}=\begin{bmatrix}0 & & \\ \vdots & \boldsymbol{I}_{n-1} & \\ 0 & \cdots & 0\end{bmatrix};\ \boldsymbol{B}=[0,\cdots,0,1]^{\mathrm{T}};\ \boldsymbol{C}=[1,0,\cdots,0]^{\mathrm{T}}。$$

定义跟踪误差为 $\boldsymbol{z}_k=[z_{1,k},\ \cdots,\ z_{n,k}]^{\mathrm{T}}=\boldsymbol{X}_k-\boldsymbol{X}_{\mathrm{d}}$，那么误差动态系统为

$$\begin{cases}\dot{z}_k = \boldsymbol{A}\boldsymbol{z}_k + \boldsymbol{B}[f(\boldsymbol{X}_k) + h(\boldsymbol{y}_{\tau,k},t) + u_k(t) + d(t) - y_{\mathrm{d}}^{(n)}] \\ z_{1,k} = \boldsymbol{C}^{\mathrm{T}}\boldsymbol{z}_k\end{cases} \tag{5-83}$$

为了处理系统中的不确定性，利用两个 RBF 神经网络来分别逼近未知函数 $f(\boldsymbol{X}_k)$ 和 $h(\boldsymbol{y}_{\tau,k},t)$，有

$$f(\boldsymbol{X}_k) = \boldsymbol{W}_f^{*\mathrm{T}}(t)\boldsymbol{\phi}_f(\boldsymbol{X}_k) + \varepsilon_f(\boldsymbol{X}_k) \tag{5-84}$$

$$h(\boldsymbol{y}_{\tau,k},t) = \boldsymbol{W}_h^{*\mathrm{T}}(t)\boldsymbol{\phi}_h(\boldsymbol{y}_{\tau,k}) + \varepsilon_h(\boldsymbol{y}_{\tau,k},t) \tag{5-85}$$

式中：$\boldsymbol{W}_f^* \in \mathbf{R}^{l_f}$ 和 $\boldsymbol{W}_h^* \in \mathbf{R}^{l_h}$ 为神经网络最优权值向量，l_f，$l_h>1$ 为神经元个数；$\boldsymbol{\phi}_f(\boldsymbol{X}_k) \in \mathbf{R}^{l_f}$ 和 $\boldsymbol{\phi}_h(\boldsymbol{y}_{\tau,k}) \in \mathbf{R}^{l_h}$ 为高斯基函数；$\varepsilon_f(\boldsymbol{X}_k)$ 和 $\varepsilon_h(\boldsymbol{y}_{\tau,k},t)$ 为神经网络逼近误差，它们是有界的。将系统式（5-83）重写为

$$\begin{cases}\dot{\boldsymbol{z}}_k = \boldsymbol{A}\boldsymbol{z}_k + B[\boldsymbol{W}_f^{*\mathrm{T}}\boldsymbol{\phi}_f(\hat{\boldsymbol{X}}_k) + \boldsymbol{W}_h^{*\mathrm{T}}(t)\boldsymbol{\phi}_h(\boldsymbol{y}_{\tau,k}) + u_k(t) + \delta_k(t) - y_{\mathrm{d}}^{(n)}] \\ z_{1,k} = \boldsymbol{C}^{\mathrm{T}}\boldsymbol{z}_k\end{cases} \tag{5-86}$$

式中：$\delta_k(t)=\boldsymbol{W}^{*\mathrm{T}}(t)(\boldsymbol{\phi}(\boldsymbol{X}_k)-\boldsymbol{\phi}(\hat{\boldsymbol{X}}_k))+\varepsilon(\boldsymbol{X}_k)+\varepsilon(\boldsymbol{y}_{\tau,k},t)+d(t)$，显然 $\delta_k(t)$ 是有界的；$\hat{\boldsymbol{X}}_k$ 由 $\hat{\boldsymbol{X}}_k=\hat{z}_k+\boldsymbol{X}_{\mathrm{d}}$ 得到，$\hat{z}_k$ 表示由观测器式（5-87）得到的观测跟踪误差。

由于状态跟踪误差 $\boldsymbol{z}_k$ 是不可测的。因此，我们设计观测器可表示为

$$\begin{cases}\dot{\hat{\boldsymbol{z}}}_k = \boldsymbol{A}_{\mathrm{c}}\hat{\boldsymbol{z}}_k + \boldsymbol{K}_{\mathrm{o}}(z_{1,k} - \hat{z}_{1,k}) \\ \hat{z}_{1,k} = \boldsymbol{C}^{\mathrm{T}}\hat{\boldsymbol{z}}_k\end{cases} \tag{5-87}$$

式中：$\boldsymbol{A}_{\mathrm{c}}=\boldsymbol{A}-\boldsymbol{B}\boldsymbol{K}_{\mathrm{c}}^{\mathrm{T}}$，$\boldsymbol{K}_{\mathrm{c}}=[k_{\mathrm{c}1},k_{\mathrm{c}2},\cdots,k_{\mathrm{c}n}]^{\mathrm{T}} \in \mathbf{R}^n$ 的选择应使 $\boldsymbol{A}_{\mathrm{c}}$ 的特征多项式是 Hurwitz 的；$\boldsymbol{K}_{\mathrm{o}}=[k_{\mathrm{o}1},k_{\mathrm{o}2},\cdots,k_{\mathrm{o}n}]^{\mathrm{T}} \in \mathbf{R}^n$ 为观测器增益，它的选取应使得 $\boldsymbol{A}_{\mathrm{o}}=\boldsymbol{A}-\boldsymbol{K}_{\mathrm{o}}\boldsymbol{C}^{\mathrm{T}}$ 特征多项式是 Hurwitz 的。

定义估计误差为 $\boldsymbol{e}_k=[e_{1,k},e_{2,k},\cdots,e_{n,k}]^{\mathrm{T}}=\boldsymbol{z}_k-\hat{\boldsymbol{z}}_k$，则可以得到估计误差的动态

方程为

$$\begin{cases}\dot{\boldsymbol{e}}_k=\boldsymbol{A}_{\mathrm{o}}\boldsymbol{e}_k+\boldsymbol{B}[\boldsymbol{W}_f^{*\mathrm{T}}(t)\boldsymbol{\phi}_f(\hat{\boldsymbol{X}}_k)+\boldsymbol{W}_h^{*\mathrm{T}}(t)\boldsymbol{\phi}_h(\boldsymbol{y}_{\tau,k})+u_k(t)+\delta_k(t)-y_{\mathrm{d}}^{(n)}+\boldsymbol{K}_{\mathrm{c}}^{\mathrm{T}}\hat{\boldsymbol{z}}_k]\\ e_{1,k}=\boldsymbol{C}^{\mathrm{T}}\boldsymbol{e}_k\end{cases}\tag{5-88}$$

下面综合利用时间信号和 Laplace 传递函数来得到 $e_{1,k}$ 的表达式，有

$$e_{1,k}=H(s)(\boldsymbol{W}_f^{*\mathrm{T}}\boldsymbol{\phi}_f(\hat{\boldsymbol{X}}_k)+\boldsymbol{W}_h^{*\mathrm{T}}(t)\boldsymbol{\phi}_h(\boldsymbol{y}_{\tau,k})+u_k(t)+\delta_k(t)-y_{\mathrm{d}}^{(n)}+\boldsymbol{K}_{\mathrm{c}}^{\mathrm{T}}\hat{\boldsymbol{z}}_k)\tag{5-89}$$

式中：“s”为 Laplace 变换的复变量，$H(s)=\boldsymbol{C}^{\mathrm{T}}(s\boldsymbol{I}-\boldsymbol{A}_{\mathrm{o}})^{-1}\boldsymbol{B}$ 为系统式（5-88）的传递函数。如果选取$\boldsymbol{K}_{\mathrm{o}}=[C_n^n\lambda^n,\cdots,C_n^2\lambda^2,C_n^1\lambda]^{\mathrm{T}}$，$C_n^i=n!/((n-i)!\ i!)$，那么容易得到 $H(s)=1/(s+\lambda)^n$，其中 λ 是正的设计参数。

为了进行控制器设计，构建一个新的信号 $e_{\mathrm{a},k}$ 为

$$\dot{e}_{\mathrm{a},k}+K_{\mathrm{a}}e_{\mathrm{a},k}=\alpha_0(\dot{e}_{1,k}+\lambda e_{1,k}),e_{\mathrm{a},k}(0)=0\tag{5-90}$$

式中：K_{a} 和 α_0 为正的设计参数。由式（5-90）可得

$$e_{\mathrm{a},k}=\left[\frac{\alpha_0(s+\lambda)}{s+K_{\mathrm{a}}}\right]e_{1,k}\tag{5-91}$$

考虑式（5-89），则式（5-91）可写为

$$e_{\mathrm{a},k}=\frac{L(s)}{s+K_{\mathrm{a}}}[\boldsymbol{W}_f^{*\mathrm{T}}\boldsymbol{\phi}_f(\hat{\boldsymbol{X}}_k)+\boldsymbol{W}_h^{*\mathrm{T}}(t)\boldsymbol{\phi}_h(\boldsymbol{y}_{\tau,k})+u_k(t)+\delta_k(t)-y_{\mathrm{d}}^{(n)}+\boldsymbol{K}_{\mathrm{c}}^{\mathrm{T}}\hat{\boldsymbol{z}}_k]\tag{5-92}$$

式中：$L(s)$为一个稳定的滤波器，且 $L(s)=\alpha_0(s+\lambda)H(s)=\alpha_0/(s+\lambda)^{n-1}$。

则得到 $e_{\mathrm{a},k}$ 的动态方程为

$$\begin{aligned}&\dot{e}_{\mathrm{a},k}+K_{\mathrm{a}}e_{\mathrm{a},k}\\&=L(s)[\boldsymbol{W}_f^{*\mathrm{T}}\boldsymbol{\phi}_f(\hat{\boldsymbol{X}}_k)+\boldsymbol{W}_h^{*\mathrm{T}}(t)\boldsymbol{\phi}_h(\boldsymbol{y}_{\tau,k})+u_k(t)+\delta_k(t)-y_{\mathrm{d}}^{(n)}+\boldsymbol{K}_{\mathrm{c}}^{\mathrm{T}}\hat{\boldsymbol{z}}_k]\end{aligned}\tag{5-93}$$

将控制器的结构写为

$$u_k(t)=u_{\mathrm{c},k}(t)+u_{\mathrm{r},k}(t)\tag{5-94}$$

这里，$u_{\mathrm{c},k}$（t）定义为 u_k（t）的反馈部分，我们设计其为

$$u_{\mathrm{c},k}(t)=-\hat{\boldsymbol{W}}_{f,k}^{\mathrm{T}}\boldsymbol{\phi}_f(\hat{\boldsymbol{X}}_k)-\hat{\boldsymbol{W}}_{h,k}^{\mathrm{T}}(t)\boldsymbol{\phi}_h(\boldsymbol{y}_{\tau,k})+y_{\mathrm{d}}^{(n)}-\boldsymbol{K}_{\mathrm{c}}^{\mathrm{T}}\hat{\boldsymbol{z}}_k\tag{5-95}$$

式中：$\hat{\boldsymbol{W}}_{f,k}$ 和$\hat{\boldsymbol{W}}_{h,k}$ 分别为$\boldsymbol{W}_f^*$ 和 $\boldsymbol{W}_h^*$ 的估计值。将式（5-95）代回式（5-93）可以得到

$$\begin{aligned}\dot{e}_{\mathrm{a},k}+K_{\mathrm{a}}e_{\mathrm{a},k}&=L(s)(-\tilde{\boldsymbol{W}}_{f,k}^{\mathrm{T}}(t)\boldsymbol{\phi}_f(\hat{\boldsymbol{X}}_k)-\tilde{\boldsymbol{W}}_{h,k}^{\mathrm{T}}(t)\boldsymbol{\phi}_h(\boldsymbol{y}_{\tau,k})+u_{\mathrm{r},k}(t)+\delta_k(t))\\&=-\tilde{\boldsymbol{W}}_{f,k}^{\mathrm{T}}(t)\boldsymbol{\xi}_f(\hat{\boldsymbol{X}}_k)-\tilde{\boldsymbol{W}}_{h,k}^{\mathrm{T}}(t)\boldsymbol{\xi}_h(\boldsymbol{y}_{\tau,k})+L(s)[u_{\mathrm{r},k}(t)]+\delta_{L,k}(t)\end{aligned}\tag{5-96}$$

式中：$\boldsymbol{\xi}(\hat{\boldsymbol{X}}_k)=L(s)\boldsymbol{\phi}(\hat{\boldsymbol{X}}_k)$；$\boldsymbol{\xi}_h(\boldsymbol{y}_{\tau,k})=L(s)\boldsymbol{\phi}_h(\boldsymbol{y}_{\tau,k})$；$\delta_{L,k}(t)=L(s)\delta_k(t)$。显然，$\delta_{L,k}(t)$是有界的，设$|\delta_{L,k}(t)|\leqslant\beta$，$\beta$ 为一未知常数。则可以设计鲁棒控制项为

$$u_{\mathrm{r},k}(t)=-\frac{1}{L(s)}e_{\mathrm{a},k}\hat{\beta}_k\tanh(e_{\mathrm{a},k}\hat{\beta}_k/\Delta_k)\tag{5-97}$$

式中；$\hat{\beta}_k$ 为 β 的估计值。在下面的分析中，需要下面的引理。

引理5.2[171] 对任意的 $\Delta_k>0$ 及 $x\in\mathbf{R}$,不等式 $|x|-x\tanh(x/\Delta_k)\leqslant\theta\Delta_k$ 成立，其中 θ 为一正常数，其为 $\theta=\mathrm{e}^{-(\theta+1)}$ 或 $\theta=0.2785$。

选取参数自适应学习律为

$$\begin{cases}(1-\gamma_1)\dot{\hat{\boldsymbol{W}}}_{f,k}=-\gamma_1\hat{\boldsymbol{W}}_{f,k}+\gamma_1\hat{\boldsymbol{W}}_{f,k-1}+q_1e_{\mathrm{a},k}\boldsymbol{\xi}_f(\hat{\boldsymbol{X}}_k)\\ \hat{\boldsymbol{W}}_{f,k}(0)=\hat{\boldsymbol{W}}_{f,k-1}(T),\hat{\boldsymbol{W}}_{f,0}(t)=0,t\in[0,T]\end{cases}\tag{5-98}$$

$$\begin{cases}\hat{\boldsymbol{W}}_{h,k}=\hat{\boldsymbol{W}}_{h,k-1}+q_2e_{\mathrm{a},k}\boldsymbol{\xi}_h(\boldsymbol{y}_{\tau,k})\\ \hat{\boldsymbol{W}}_{h,0}(t)=0,t\in[0,T]\end{cases}\tag{5-99}$$

$$\begin{cases}(1-\gamma_2)\dot{\hat{\beta}}_k=-\gamma_2\hat{\beta}_k+\gamma_2\hat{\beta}_{k-1}+q_3|e_{\mathrm{a},k}|\\ \hat{\beta}_k(0)=\hat{\beta}_{k-1}(T),\hat{\beta}_0(t)=0,t\in[0,T]\end{cases}\tag{5-100}$$

式中：$\gamma_1,\gamma_2\in(0,1)$ 为调节参数；$q_1,q_2,q_3>0$ 为自适应学习律增益。

定义 Lyapunov 函数为 $V_k=e_{\mathrm{a},k}^2/2$，对它求导并利用引理5.2可得

$$\begin{aligned}\dot{V}_k&=e_{\mathrm{a},k}\dot{e}_{\mathrm{a},k}\\&=-K_{\mathrm{a}}e_{\mathrm{a},k}^2+e_{\mathrm{a},k}(-\tilde{\boldsymbol{W}}_{f,k}^{\mathrm{T}}(t)\boldsymbol{\xi}_f(\hat{\boldsymbol{X}}_k)-\tilde{\boldsymbol{W}}_{h,k}^{\mathrm{T}}(t)\boldsymbol{\xi}_h(\boldsymbol{y}_{\tau,k})+\delta_{L,k}(t))-\\&\quad e_{\mathrm{a},k}\hat{\beta}_k\tanh(e_{\mathrm{a},k}\hat{\beta}_k/\Delta_k)\\&\leqslant-K_{\mathrm{a}}e_{\mathrm{a},k}^2-e_{\mathrm{a},k}\tilde{\boldsymbol{W}}_{f,k}^{\mathrm{T}}(t)\boldsymbol{\xi}_f(\hat{\boldsymbol{X}}_k)-e_{\mathrm{a},k}\tilde{\boldsymbol{W}}_{h,k}^{\mathrm{T}}(t)\boldsymbol{\xi}_h(\boldsymbol{y}_{\tau,k})+|e_{\mathrm{a},k}|\beta-\\&\quad|e_{\mathrm{a},k}|\hat{\beta}_k+|e_{\mathrm{a},k}|\hat{\beta}_k-e_{\mathrm{a},k}\hat{\beta}_k\tanh(e_{\mathrm{a},k}\hat{\beta}_k/\Delta_k)\\&\leqslant-K_{\mathrm{a}}e_{\mathrm{a},k}^2-e_{\mathrm{a},k}\tilde{\boldsymbol{W}}_{f,k}^{\mathrm{T}}(t)\boldsymbol{\xi}_f(\hat{\boldsymbol{X}}_k)-e_{\mathrm{a},k}\tilde{\boldsymbol{W}}_{h,k}^{\mathrm{T}}(t)\xi_h(\boldsymbol{y}_{\tau,k})-|e_{\mathrm{a},k}|\tilde{\beta}_k+\theta\Delta_k\end{aligned}\tag{5-101}$$

本节所设计的基于误差观测器的自适应迭代学习控制系统结构如图5-22所示。

5.4.2　稳定性分析

对于本节提出的基于误差观测器的自适应迭代学习控制方案，有以下的结论。

定理5.2　考虑式（5-1）所示的非线性时滞系统，设计跟踪误差观测器式（5-87）、自适应迭代学习控制器式（5-94）以及参数自适应学习律式（5-98）~（5-100），则可得到结论：① 闭环的所有信号都是有界的；② 输出误差 $z_{1,k}(t)$ 在 $k\to\infty$ 时收敛到零，即，$\lim\limits_{k\to\infty}\int_0^T(z_{1,k}(\sigma))^2\mathrm{d}\sigma=0$。

证明：定义参数估计误差为 $\tilde{\beta}_k=\hat{\beta}_k-\beta$。选取类 Lyapunov CEF 为

$$E_k(t)=V_k+\frac{\gamma_1}{2q_1}\int_0^t\tilde{\boldsymbol{W}}_{f,k}^{\mathrm{T}}\tilde{\boldsymbol{W}}_{f,k}\mathrm{d}\sigma+\frac{1-\gamma_1}{2q_1}\tilde{\boldsymbol{W}}_{f,k}^{\mathrm{T}}\tilde{\boldsymbol{W}}_{f,k}+$$

$$\frac{1}{2q_2}\int_0^t \tilde{\boldsymbol{W}}_{h,k}^{\mathrm{T}} \tilde{\boldsymbol{W}}_{h,k} \mathrm{d}\sigma + \frac{\gamma_2}{2q_3}\int_0^t \tilde{\beta}_k^2 \mathrm{d}\sigma + \frac{1-\gamma_2}{2q_3}\tilde{\beta}_k^2 \tag{5-102}$$

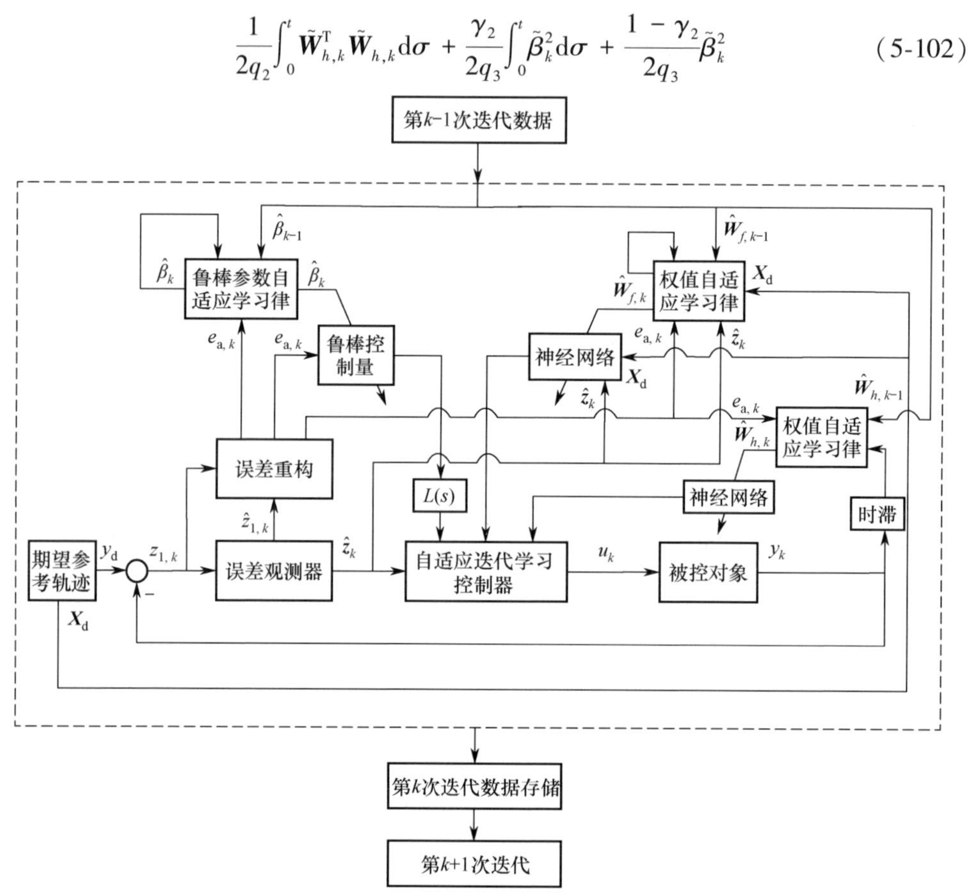

图 5-22　基于误差观测器的神经网络自适应迭代学习控制系统结构图

根据前面章节类似的思路，分 4 部分进行证明。

1）$E_k(t)$的差分

计算 $E_k(t)$的差分，可得

$$\begin{aligned}
&\Delta E_k(t) \\
&= E_k(t) - E_{k-1}(t) \\
&= V_k - V_{k-1} + \frac{\gamma_1}{2q_1}\int_0^t (\tilde{\boldsymbol{W}}_{f,k}^{\mathrm{T}} \tilde{\boldsymbol{W}}_{f,k} - \tilde{\boldsymbol{W}}_{f,k-1}^{\mathrm{T}} \tilde{\boldsymbol{W}}_{f,k-1}) \mathrm{d}\sigma + \frac{1-\gamma_1}{2q_1}(\tilde{\boldsymbol{W}}_{f,k}^{\mathrm{T}} \tilde{\boldsymbol{W}}_{f,k} - \tilde{\boldsymbol{W}}_{f,k-1}^{\mathrm{T}} \tilde{\boldsymbol{W}}_{f,k-1}) + \\
&\frac{1}{2q_2}\int_0^t (\tilde{\boldsymbol{W}}_{h,k}^{\mathrm{T}} \tilde{\boldsymbol{W}}_{h,k} - \tilde{\boldsymbol{W}}_{h,k-1}^{\mathrm{T}} \tilde{\boldsymbol{W}}_{h,k-1}) \mathrm{d}\sigma + \frac{\gamma_2}{2q_3}\int_0^t (\tilde{\beta}_k^2 - \tilde{\beta}_{k-1}^2) \mathrm{d}\sigma + \frac{1-\gamma_2}{2q_3}(\tilde{\beta}_k^2 - \tilde{\beta}_{k-1}^2)
\end{aligned} \tag{5-103}$$

考虑式（5-101），可知

$$V_k = \int_0^t \dot{V}_k \mathrm{d}\sigma - V_k(0)$$

$$\leqslant -K_{\mathrm{a}}\int_0^t e_{\mathrm{a},k}^2\mathrm{d}\sigma - \int_0^t e_{\mathrm{a},k}\tilde{\boldsymbol{W}}_{f,k}^{\mathrm{T}}\boldsymbol{\xi}(\hat{\boldsymbol{X}}_k)\mathrm{d}\sigma - \int_0^t e_{\mathrm{a},k}\tilde{\boldsymbol{W}}_{h,k}^{\mathrm{T}}(t)\boldsymbol{\xi}_h(\boldsymbol{y}_{\tau,k})\mathrm{d}\sigma - \int_0^t |e_{\mathrm{a},k}|\tilde{\beta}_k\mathrm{d}\sigma + \int_0^t \theta\Delta_k\mathrm{d}\sigma \tag{5-104}$$

考虑参数自适应学习律，可以得到

$$\begin{aligned}
&\frac{\gamma_1}{2q_1}\int_0^t(\tilde{\boldsymbol{W}}_{f,k}^{\mathrm{T}}\tilde{\boldsymbol{W}}_{f,k} - \tilde{\boldsymbol{W}}_{f,k-1}^{\mathrm{T}}\tilde{\boldsymbol{W}}_{f,k-1})\mathrm{d}\sigma + \frac{1-\gamma_1}{2q_1}(\tilde{\boldsymbol{W}}_{f,k}^{\mathrm{T}}\tilde{\boldsymbol{W}}_{f,k} - \tilde{\boldsymbol{W}}_{f,k-1}^{\mathrm{T}}\tilde{\boldsymbol{W}}_{f,k-1})\\
&= \frac{\gamma_1}{2q_1}\int_0^t(\tilde{\boldsymbol{W}}_{f,k}^{\mathrm{T}}\tilde{\boldsymbol{W}}_{f,k} - \tilde{\boldsymbol{W}}_{f,k-1}^{\mathrm{T}}\tilde{\boldsymbol{W}}_{f,k-1})\mathrm{d}\sigma + \frac{(1-\gamma_1)}{q_1}\int_0^t\tilde{\boldsymbol{W}}_{f,k}^{\mathrm{T}}\dot{\tilde{\boldsymbol{W}}}_{f,k}\mathrm{d}\sigma + \\
&\frac{(1-\gamma_1)}{2q_1}[\tilde{\boldsymbol{W}}_{f,k}^{\mathrm{T}}(0)\tilde{\boldsymbol{W}}_k(0) - \tilde{\boldsymbol{W}}_{f,k-1}^{\mathrm{T}}\tilde{\boldsymbol{W}}_{f,k-1}]\\
&= \int_0^t e_{\mathrm{a},k}\tilde{\boldsymbol{W}}_{f,k}^{\mathrm{T}}\boldsymbol{\xi}_f(\hat{\boldsymbol{X}}_k)\mathrm{d}\sigma - \frac{\gamma_1}{q_1}\int_0^t\tilde{\boldsymbol{W}}_{f,k}^{\mathrm{T}}(\hat{\boldsymbol{W}}_{f,k}(\sigma) - \hat{\boldsymbol{W}}_{f,k-1}(\sigma))\mathrm{d}\sigma + \\
&\frac{\gamma_1}{2q_1}\int_0^t(\tilde{\boldsymbol{W}}_{f,k}^{\mathrm{T}}\tilde{\boldsymbol{W}}_k - \tilde{\boldsymbol{W}}_{f,k-1}^{\mathrm{T}}\tilde{\boldsymbol{W}}_{f,k-1})\mathrm{d}\sigma + \frac{(1-\gamma_1)}{2q_1}[\tilde{\boldsymbol{W}}_{f,k}^{\mathrm{T}}(0)\tilde{\boldsymbol{W}}_k(0) - \tilde{\boldsymbol{W}}_{f,k-1}^{\mathrm{T}}\tilde{\boldsymbol{W}}_{f,k-1}]\\
&= \int_0^t e_{\mathrm{a},k}\tilde{\boldsymbol{W}}_{f,k}^{\mathrm{T}}\boldsymbol{\xi}_f(\hat{\boldsymbol{X}}_k)\mathrm{d}\sigma - \frac{\gamma_1}{q_1}\int_0^t\tilde{\boldsymbol{W}}_{f,k}^{\mathrm{T}}(\tilde{\boldsymbol{W}}_{f,k}(\sigma) - \tilde{\boldsymbol{W}}_{f,k-1}(\sigma))\mathrm{d}\sigma + \\
&\frac{\gamma_1}{2q_1}\int_0^t(\tilde{\boldsymbol{W}}_{f,k}^{\mathrm{T}}\tilde{\boldsymbol{W}}_{f,k} - \tilde{\boldsymbol{W}}_{f,k-1}^{\mathrm{T}}\tilde{\boldsymbol{W}}_{f,k-1})\mathrm{d}\sigma + \frac{(1-\gamma_1)}{2q_1}[\tilde{\boldsymbol{W}}_{f,k}^{\mathrm{T}}(0)\tilde{\boldsymbol{W}}_k(0) - \tilde{\boldsymbol{W}}_{f,k-1}^{\mathrm{T}}\tilde{\boldsymbol{W}}_{f,k-1}]\\
&= \int_0^t e_{\mathrm{a},k}\tilde{\boldsymbol{W}}_{f,k}^{\mathrm{T}}\boldsymbol{\xi}_f(\hat{\boldsymbol{X}}_k)\mathrm{d}\sigma + \frac{(1-\gamma_1)}{2q_1}[\tilde{\boldsymbol{W}}_{f,k}^{\mathrm{T}}(0)\tilde{\boldsymbol{W}}_k(0) - \tilde{\boldsymbol{W}}_{f,k-1}^{\mathrm{T}}\tilde{\boldsymbol{W}}_{f,k-1}] - \\
&\frac{\gamma_1}{2q_1}\int_0^t[\tilde{\boldsymbol{W}}_{f,k}(\sigma) - \tilde{\boldsymbol{W}}_{f,k-1}(\sigma)]^{\mathrm{T}}[\tilde{\boldsymbol{W}}_{f,k}(\sigma) - \tilde{\boldsymbol{W}}_{f,k-1}(\sigma)]\mathrm{d}\sigma
\end{aligned} \tag{5-105}$$

$$\begin{aligned}
&\frac{1}{2q_2}\int_0^t(\tilde{\boldsymbol{W}}_{h,k}^{\mathrm{T}}\tilde{\boldsymbol{W}}_{h,k} - \tilde{\boldsymbol{W}}_{h,k-1}^{\mathrm{T}}\tilde{\boldsymbol{W}}_{h,k-1})\mathrm{d}\sigma\\
&= \int_0^t e_{\mathrm{a},k}\tilde{\boldsymbol{W}}_{h,k}^{\mathrm{T}}(t)\boldsymbol{\xi}_h(\boldsymbol{y}_{\tau,k})\mathrm{d}\sigma - \frac{q_2}{2}\int_0^t e_{\mathrm{a},k}^2\|\boldsymbol{\xi}_h(\boldsymbol{y}_{\tau,k})\|^2\mathrm{d}\sigma
\end{aligned} \tag{5-106}$$

$$\begin{aligned}
&\frac{\gamma_2}{2q_3}\int_0^t(\tilde{\beta}_k^2 - \tilde{\beta}_{k-1}^2)\mathrm{d}\sigma + \frac{1-\gamma_2}{2q_3}(\tilde{\beta}_k^2 - \tilde{\beta}_{k-1}^2)\\
&= \int_0^t |e_{\mathrm{a},k}|\tilde{\beta}_k\mathrm{d}\sigma + \frac{1-\gamma_2}{2q_3}[\tilde{\beta}_k^2(0) - \tilde{\beta}_{k-1}^2(t)] - \frac{\gamma_2}{2q_3}\int_0^t(\tilde{\beta}_k - \tilde{\beta}_{k-1})^2\mathrm{d}\sigma
\end{aligned} \tag{5-107}$$

结合式（5-104）~式（5-107），可得

$$\Delta E_k(t) \leqslant -K_{\mathrm{a}}\int_0^t e_{\mathrm{a},k}^2\mathrm{d}\sigma + \int_0^t\theta\Delta_k\mathrm{d}\sigma + \frac{(1-\gamma_1)}{2q_1}[\tilde{\boldsymbol{W}}_{f,k}^{\mathrm{T}}(0)\tilde{\boldsymbol{W}}_{f,k}(0) - \tilde{\boldsymbol{W}}_{f,k-1}^{\mathrm{T}}\tilde{\boldsymbol{W}}_{f,k-1}] +$$

$$\frac{1-\gamma_2}{2q_3}[\tilde{\beta}_k^2(0)-\tilde{\beta}_{k-1}^2(t)]-V_{k-1} \tag{5-108}$$

令式（5-108）中 $t=T$，且注意到 $\hat{\boldsymbol{W}}_{f,k}(0)=\hat{\boldsymbol{W}}_{f,k-1}(T)$ 和 $\hat{\beta}_k(0)=\hat{\beta}_{k-1}(T)$，则可得

$$\Delta E_k(T)\leqslant -K_{\mathrm{a}}\int_0^T e_{\mathrm{a},k}^2\mathrm{d}\sigma+\theta\Delta_k T-V_{k-1} \tag{5-109}$$

2）$E_k(T)$ 的有界性

根据式（5-102）可知

$$E_1(t)=V_1+\frac{\gamma_1}{2q_1}\int_0^t\tilde{\boldsymbol{W}}_{f,1}^{\mathrm{T}}\tilde{\boldsymbol{W}}_{f,1}\mathrm{d}\sigma+\frac{1-\gamma_1}{2q_1}\tilde{\boldsymbol{W}}_{f,1}^{\mathrm{T}}\tilde{\boldsymbol{W}}_{f,1}+$$
$$\frac{1}{2q_2}\int_0^t\tilde{\boldsymbol{W}}_{h,1}^{\mathrm{T}}\tilde{\boldsymbol{W}}_{h,1}\mathrm{d}\sigma+\frac{\gamma_2}{2q_3}\int_0^t\tilde{\beta}_1^2\mathrm{d}\sigma+\frac{1-\gamma_2}{2q_3}\tilde{\beta}_1^2 \tag{5-110}$$

对 $E_1(t)$ 求导可得

$$\dot{E}_1(t)=\dot{V}_1+\frac{\gamma_1}{2q_1}\tilde{\boldsymbol{W}}_{f,1}^{\mathrm{T}}\tilde{\boldsymbol{W}}_{f,1}+\frac{1-\gamma_1}{q_1}\tilde{\boldsymbol{W}}_{f,1}^{\mathrm{T}}\dot{\tilde{\boldsymbol{W}}}_{f,1}+$$
$$\frac{1}{2q_2}\tilde{\boldsymbol{W}}_{h,1}^{\mathrm{T}}\tilde{\boldsymbol{W}}_{h,1}+\frac{\gamma_2}{2q_3}\tilde{\beta}_1^2+\frac{1-\gamma_2}{q_3}\tilde{\beta}_1\dot{\tilde{\beta}}_1 \tag{5-111}$$

根据参数自适应学习律，可知 $(1-\gamma_1)\dot{\hat{\boldsymbol{W}}}_{f,1}=-\gamma_1\hat{\boldsymbol{W}}_{f,1}+q_1e_{\mathrm{a},1}\boldsymbol{\xi}_f(\hat{\boldsymbol{X}}_1)$、$\hat{\boldsymbol{W}}_{h,1}=q_2e_{\mathrm{a},1}\boldsymbol{\xi}_h(\boldsymbol{y}_{\tau,1})$ 及 $(1-\gamma_2)\dot{\hat{\beta}}_1=-\gamma_2\hat{\beta}_1+q_3|e_{\mathrm{a},1}|$，则可以得到

$$\begin{aligned}
&\frac{\gamma_1}{2q_1}\tilde{\boldsymbol{W}}_{f,1}^{\mathrm{T}}\tilde{\boldsymbol{W}}_{f,1}+\frac{1-\gamma_1}{q_1}\tilde{\boldsymbol{W}}_{f,1}^{\mathrm{T}}\dot{\tilde{\boldsymbol{W}}}_{f,1}\\
&=\frac{\gamma_1}{2q_1}\tilde{\boldsymbol{W}}_{f,1}^{\mathrm{T}}\tilde{\boldsymbol{W}}_{f,1}-\frac{\gamma_1}{q_1}\tilde{\boldsymbol{W}}_{f,1}^{\mathrm{T}}\hat{\boldsymbol{W}}_{f,1}+e_{\mathrm{a},1}\tilde{\boldsymbol{W}}_{f,1}^{\mathrm{T}}\boldsymbol{\xi}_f(\hat{\boldsymbol{X}}_1)\\
&=\frac{\gamma_1}{2q_1}[\tilde{\boldsymbol{W}}_{f,1}^{\mathrm{T}}\tilde{\boldsymbol{W}}_{f,1}-2\tilde{\boldsymbol{W}}_{f,1}^{\mathrm{T}}\hat{\boldsymbol{W}}_{f,1}+\hat{\boldsymbol{W}}_{f,1}^{\mathrm{T}}\hat{\boldsymbol{W}}_{f,1}]-\frac{\gamma_1}{2q_1}\hat{\boldsymbol{W}}_{f,1}^{\mathrm{T}}\hat{\boldsymbol{W}}_{f,1}+e_{\mathrm{a},1}\tilde{\boldsymbol{W}}_{f,1}^{\mathrm{T}}\boldsymbol{\xi}_f(\hat{\boldsymbol{X}}_1)\\
&\leqslant\frac{\gamma_1}{2q_1}[\hat{\boldsymbol{W}}_{f,1}-\tilde{\boldsymbol{W}}_{f,1}]^{\mathrm{T}}[\hat{\boldsymbol{W}}_{f,1}-\tilde{\boldsymbol{W}}_{f,1}]+e_{\mathrm{a},1}\tilde{\boldsymbol{W}}_{f,1}^{\mathrm{T}}\boldsymbol{\xi}_f(\hat{\boldsymbol{X}}_1)\\
&=\frac{\gamma_1}{2q_1}\boldsymbol{W}_f^{*\mathrm{T}}\boldsymbol{W}_f^{*}+e_{\mathrm{a},1}\tilde{\boldsymbol{W}}_{f,1}^{\mathrm{T}}\boldsymbol{\xi}_f(\hat{\boldsymbol{X}}_1)
\end{aligned} \tag{5-112}$$

$$\frac{1}{2q_2}\tilde{\boldsymbol{W}}_{h,1}^{\mathrm{T}}\tilde{\boldsymbol{W}}_{h,1}=\frac{1}{2q_2}(-\hat{\boldsymbol{W}}_{h,1}^{\mathrm{T}}\hat{\boldsymbol{W}}_{h,1}+\boldsymbol{W}_h^{*\mathrm{T}}\boldsymbol{W}_h^{*})+e_{\mathrm{a},1}\tilde{\boldsymbol{W}}_{h,1}^{\mathrm{T}}\boldsymbol{\xi}_h(\boldsymbol{y}_{\tau,1}) \tag{5-113}$$

$$\frac{\gamma_2}{2q_3}\tilde{\beta}_1^2+\frac{1-\gamma_2}{q_3}\tilde{\beta}_1\dot{\tilde{\beta}}_1\leqslant\frac{\gamma_2}{2q_3}\beta^2+|e_{\mathrm{a},k}|\tilde{\beta}_1 \tag{5-114}$$

考虑式（5-101）并将式（5-112）~式（5-114）代回式（5-111），可得

$$\dot{E}_1(t) \leqslant -K_a e_{a,1}^2 + \theta\Delta_1 + \frac{\gamma_1}{2q_1}\boldsymbol{W}_f^{*\mathrm{T}}\boldsymbol{W}_f^* + \frac{1}{2q_2}\boldsymbol{W}_h^{*\mathrm{T}}\boldsymbol{W}_h^* + \frac{\gamma_2}{2q_3}\beta^2 \tag{5-115}$$

定义 $c_{\max} = \max\limits_{t\in[0,T]}\left\{\frac{\gamma_1}{2q_1}\boldsymbol{W}_f^{*\mathrm{T}}\boldsymbol{W}_f^* + \frac{1}{2q_2}\boldsymbol{W}_h^{*\mathrm{T}}(t)\boldsymbol{W}_h^*(t) + \frac{\gamma_2}{2q_3}\beta^2\right\}$。对式（5-115）在 $[0,t]$ 积分可得

$$E_1(t) - E_1(0) \leqslant -K_a\int_0^t e_{a,1}^2\mathrm{d}\sigma + t\cdot c_{\max} + \theta\Delta_1 t \tag{5-116}$$

根据自适应学习律可知 $\hat{\boldsymbol{W}}_{f,1}(0)=0, \hat{\beta}_1(0)=0$，那么可知

$$E_1(0) = \frac{1-\gamma_1}{2q_1}\tilde{\boldsymbol{W}}_{f,1}^{\mathrm{T}}(0)\tilde{\boldsymbol{W}}_{f,1}(0) + \frac{1-\gamma_2}{2q_3}\tilde{\beta}_1^2 = \frac{1-\gamma_1}{2q_1}\|\boldsymbol{W}_f^*\|^2 + \frac{1-\gamma_2}{2q_3}\beta^2 \tag{5-117}$$

将式（5-117）代入式（5-116）可得

$$E_1(t) \leqslant t\cdot c_{\max} + \theta\Delta_1 t + \frac{1-\gamma_1}{2q_1}\|\boldsymbol{W}_f^*\|^2 + \frac{1-\gamma_2}{2q_2}\beta^2,\ t\in[0,T] \tag{5-118}$$

这就表明 $E_1(t)$ 在 $[0,T]$ 上是有界的。令式（5-118）中 $t=T$，那么可以得到 $E_1(T)$ 的上界为

$$E_1(T) \leqslant T\cdot(c_{\max} + \theta\Delta_1 t) + \frac{1-\gamma_1}{2q_1}\|\boldsymbol{W}_f^*\|^2 + \frac{1-\gamma_2}{2q_2}\beta^2 < \infty \tag{5-119}$$

反复利用式（5-109），可得

$$\begin{aligned} E_k(T) &= E_1(T) + \sum_{j=2}^{k}\Delta E_j(T) \\ &\leqslant -K_a\sum_{j=2}^{k}\int_0^T e_{a,j}^2\mathrm{d}\sigma + T\cdot c_{\max} + \theta T\sum_{j=1}^{k}\Delta_k + \frac{1-\gamma_1}{2q_1}\|\boldsymbol{W}_f^*\|^2 + \frac{1-\gamma_2}{2q_2}\beta^2 \\ &\leqslant T\cdot c_{\max} + \theta T\sum_{j=1}^{k}\Delta_k + \frac{1-\gamma_1}{2q_1}\|\boldsymbol{W}_f^*\|^2 + \frac{1-\gamma_2}{2q_2}\beta^2 \end{aligned} \tag{5-120}$$

根据性质 5.1 可知 $\theta T\sum\limits_{j=1}^{k}\Delta_k \leqslant \lim\limits_{k\to\infty}\theta T\sum\limits_{j=1}^{k}\Delta_k \leqslant 2\theta Tq$，这意味着 $E_k(T)$ 是有界的。

3）$E_k(t)$ 的有界性

下面利用归纳法证明 $E_k(t)$ 的有界性。首先，将 $E_k(t)$ 分为两部分，即

$$E_k^1(t) = \frac{\gamma_1}{2q_1}\int_0^t\tilde{\boldsymbol{W}}_{f,k}^{\mathrm{T}}\tilde{\boldsymbol{W}}_{f,k}\mathrm{d}\sigma + \frac{\gamma_2}{2q_2}\int_0^t\tilde{\beta}_k^2\mathrm{d}\sigma + \frac{1}{2q_2}\int_0^t\tilde{\boldsymbol{W}}_{h,k}^{\mathrm{T}}\tilde{\boldsymbol{W}}_{h,k}\mathrm{d}\sigma \tag{5-121}$$

$$E_k^2(t) = V_k + \frac{1-\gamma_1}{2q_1}\tilde{\boldsymbol{W}}_k^{\mathrm{T}}\tilde{\boldsymbol{W}}_k + \frac{1-\gamma_2}{2q_2}\tilde{\beta}_k^2 \tag{5-122}$$

通过前文的证明已经得到了 $E_k^1(T)$ 和 $E_k^2(T)$ 的有界性。因此，$\forall k\in\mathbf{N}$，存在两个常数 M_1 和 M_2，使得

$$E_k^1(t) \leqslant E_k^1(T) \leqslant M_1 < \infty \tag{5-123}$$

$$E_k^2(T) \leqslant M_2 \tag{5-124}$$

则可知

$$E_k(t) = E_k^1(t) + E_k^2(t) \leqslant M_1 + E_k^2(t) \tag{5-125}$$

另一方面，根据式（5-108），我们可得

$$\begin{aligned}\Delta E_{k+1}(t) &< \int_0^t (\theta\Delta_{k+1})\mathrm{d}\sigma + \frac{(1-\gamma_1)}{2q_1}[\tilde{\boldsymbol{W}}_{k+1}^{\mathrm{T}}(0)\tilde{\boldsymbol{W}}_{k+1}(0) - \tilde{\boldsymbol{W}}_k^{\mathrm{T}}\tilde{\boldsymbol{W}}_k] + \\ &\quad \frac{1-\gamma_2}{2q_2}[\tilde{\beta}_{k+1}^2(0) - \tilde{\beta}_k^2(t)] - V_k(t) \\ &\leqslant \theta\Delta_{k+1}t + M_2 - E_k^2(t)\end{aligned} \tag{5-126}$$

结合式（5-125）和式（5-126）可得

$$E_{k+1}(t) = E_k(t) + \Delta E_{k+1}(t) \leqslant M_1 + M_2 + \theta\Delta_k t \tag{5-127}$$

由于我们已经证明了 $E_1(t)$ 的有界性，因此由归纳法可知 $E_k(t)$ 是有界的。进一步，可知 $\hat{\boldsymbol{W}}_{f,k}$、$\hat{\boldsymbol{W}}_{h,k}$ 和 $\hat{\beta}_k$ 是有界的。

4）误差收敛性

将式（5-119）重写为

$$\sum_{j=2}^{k}\int_0^T e_{\mathrm{a},j}^2\mathrm{d}\sigma \leqslant \frac{1}{K_{\mathrm{a}}}\left[T\cdot c_{\max} + \theta T\sum_{j=1}^{k}\Delta_k + \frac{1-\gamma_1}{2q_1}\|W^*\|^2 + \frac{1-\gamma_2}{2q_2}\beta^2 - E_k(T)\right] \tag{5-128}$$

对式（5-128）求极限，可得

$$\lim_{k\to\infty}\sum_{j=2}^{k}\int_0^T e_{\mathrm{a},j}^2\mathrm{d}\sigma \leqslant \frac{1}{K_{\mathrm{a}}}\left[T\cdot c_{\max} + 2q\theta T + \frac{1-\gamma_1}{2q_1}\|W^*\|^2 + \frac{1-\gamma_2}{2q_2}\beta^2\right] \tag{5-129}$$

由级数收敛的必要条件可知 $\lim\limits_{k\to\infty}\int_0^T e_{\mathrm{a},k}^2\mathrm{d}\sigma = 0$，由 $e_{\mathrm{a},k} = \left[\dfrac{\alpha_0(s+\lambda)}{s+K_{\mathrm{a}}}\right]e_{1,k}$ 可知 $\lim\limits_{k\to\infty}\int_0^T e_{1,k}^2\mathrm{d}\sigma = 0$。由于$A_{\mathrm{c}}$ 和A_{o} 是 Hurwitz 的，由式(5-87) 可得$\lim\limits_{k\to\infty}\int_0^T \hat{z}_{1,k}^2\mathrm{d}\sigma = 0$，这就意味着$\lim\limits_{k\to\infty}\int_0^T z_{1,k}^2\mathrm{d}\sigma = \lim\limits_{k\to\infty}\int_0^T (y_k - y_{\mathrm{d}})^2\mathrm{d}\sigma = 0$，实现了系统输出对期望参考轨迹的跟踪控制。基于以上的分析，我们可知 $u_k(t)$ 是有界的。

证毕。

5.4.3 仿真分析

考虑二阶系统式（5-81），在这里系统中的时滞是已知的。为了验证所提出的控制方案，设计如下两个实验。

实验 1：期望参考轨迹向量为$\boldsymbol{X}_{\mathrm{d}}(t) = [\sin t, \cos t]^{\mathrm{T}}$。系统在$[0,4\pi]$重复运行，选取设计参数为$\boldsymbol{K}_{\mathrm{c}} = [1,2]^{\mathrm{T}}$，$\boldsymbol{K}_{\mathrm{o}} = [6,9]^{\mathrm{T}}$，$\lambda = 3$，$K_{\mathrm{a}} = 2$，$\alpha_0 = 2$，$q_1 = 1$，$q_2 = 1$，

$\gamma_1=\gamma_2=0.5$。RBF 神经网络的参数选取为 $l_f=30$，$\mu_{f,j}=\dfrac{1}{l_f}(2j-l_f)[2,3]^{\mathrm{T}}$，$\sigma_{f,j}=2$，$j=1,2,\cdots,l_f$ 及 $l_h=20$，$\mu_{h,j}=\dfrac{1}{l_h}(2j-l_h)[2,2]^{\mathrm{T}}$，$\sigma_{h,j}=2$，$j=1,2,\cdots,l_h$。部分仿真结果如图 5-23～图 5-29 所示。

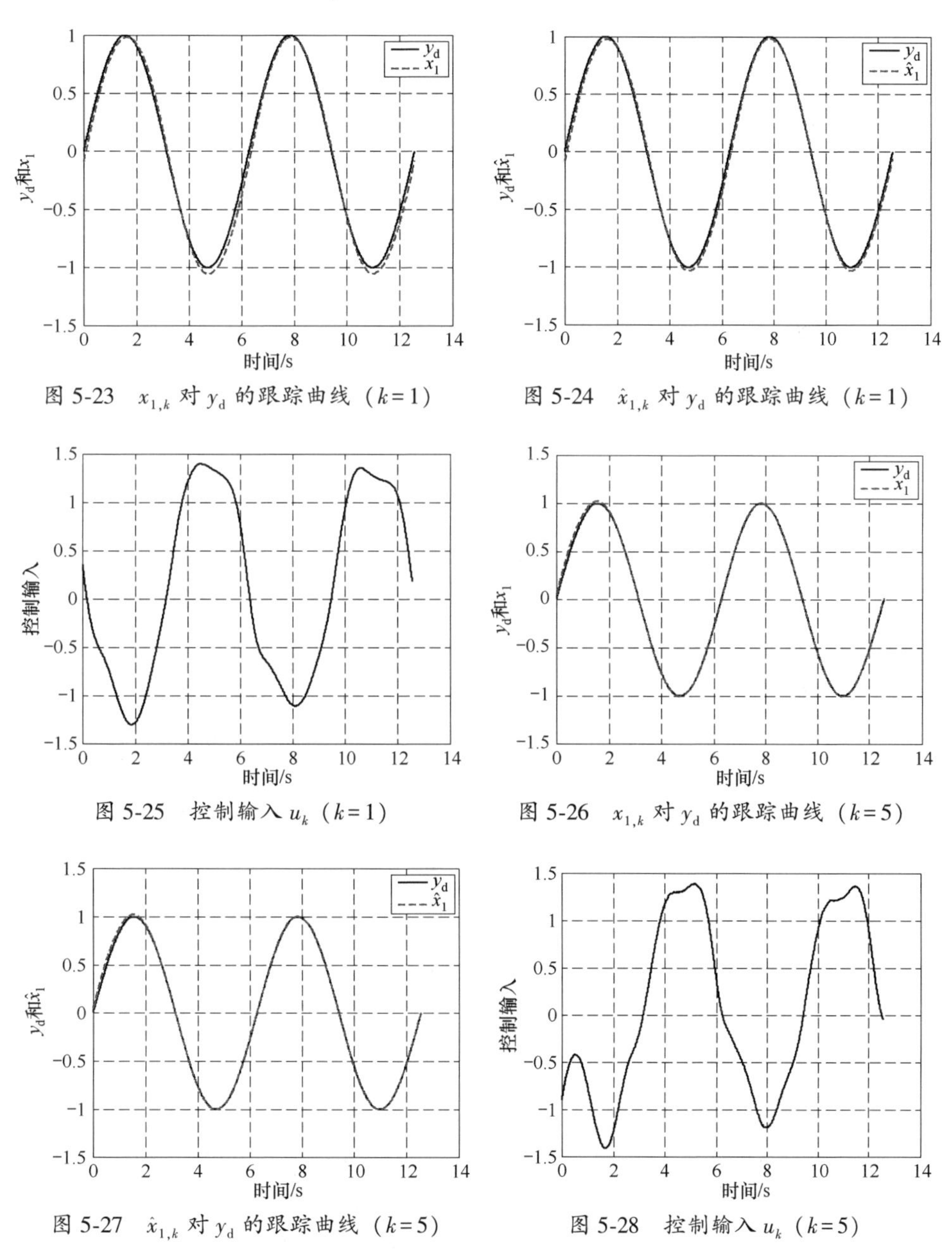

图 5-23　$x_{1,k}$ 对 y_{d} 的跟踪曲线（$k=1$）

图 5-24　$\hat{x}_{1,k}$ 对 y_{d} 的跟踪曲线（$k=1$）

图 5-25　控制输入 u_k（$k=1$）

图 5-26　$x_{1,k}$ 对 y_{d} 的跟踪曲线（$k=5$）

图 5-27　$\hat{x}_{1,k}$ 对 y_{d} 的跟踪曲线（$k=5$）

图 5-28　控制输入 u_k（$k=5$）

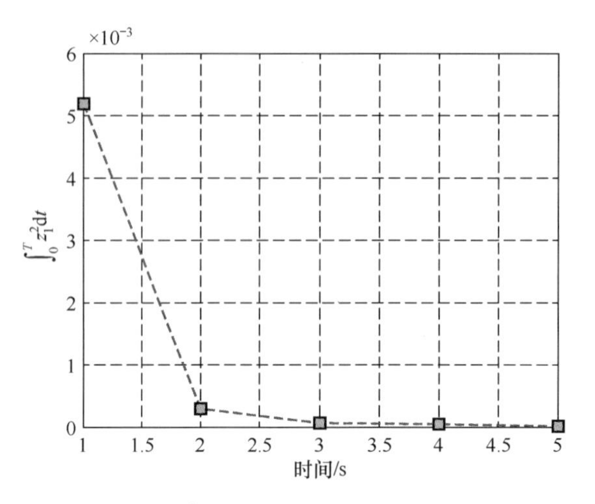

图 5-29 $\int_0^T z_{1,k}^2(t)\,\mathrm{d}t$ 随迭代次数变化曲线

通过仿真结果可以看出，当期望参考轨迹为$\boldsymbol{X}_{\mathrm{d}}(t)=[\sin t,\cos t]^{\mathrm{T}}$时，基于误差观测器的自适应迭代学习控制方案同样能够得到较好的控制效果，实现了控制目标。

实验 2：为了验证该方法对更复杂轨迹的跟踪能力，我们选取期望轨迹为$\boldsymbol{X}_{\mathrm{d}}(t)=[\sin t+\cos(0.5t),\cos t-0.5\sin(0.5t)]^{\mathrm{T}}$，控制参数与实验 1 相同，系统在$[0,8\pi]$重复运行。部分仿真结果如图 5-30~图 5-36 所示。

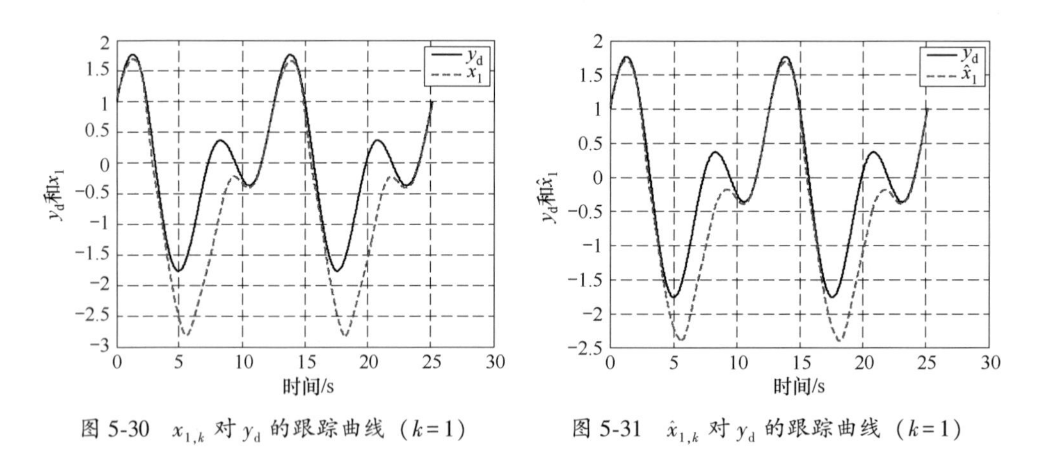

图 5-30 $x_{1,k}$ 对 y_{d} 的跟踪曲线（$k=1$）

图 5-31 $\hat{x}_{1,k}$ 对 y_{d} 的跟踪曲线（$k=1$）

通过实验 2 的仿真结果可以看出，本小节提出的基于误差观测器的自适应迭代学习控制方案对于更加复杂的期望轨迹仍然能够得到良好的控制效果。

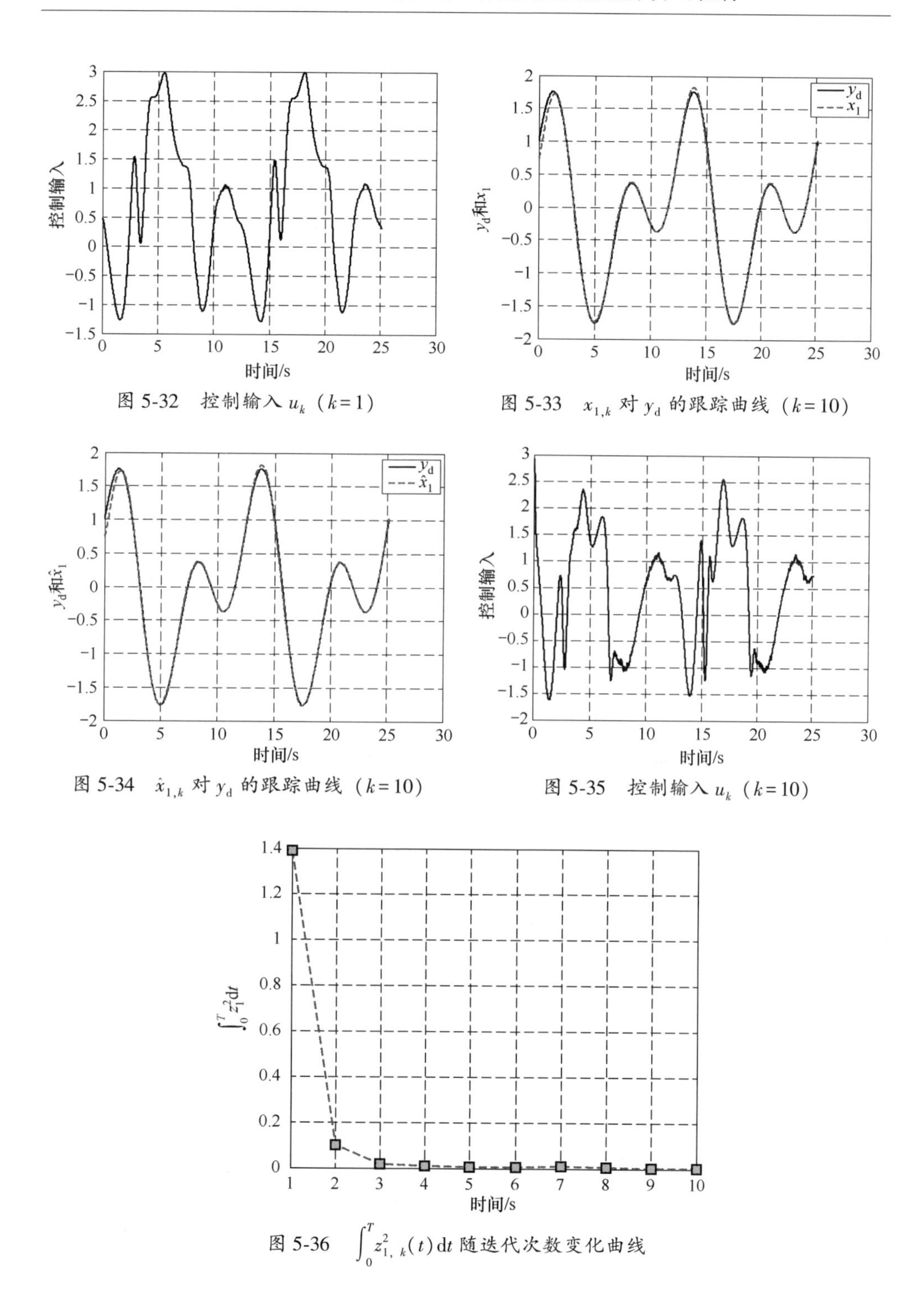

图 5-32　控制输入 u_k（$k=1$）

图 5-33　$x_{1,k}$ 对 y_d 的跟踪曲线（$k=10$）

图 5-34　$\hat{x}_{1,k}$ 对 y_d 的跟踪曲线（$k=10$）

图 5-35　控制输入 u_k（$k=10$）

图 5-36　$\int_0^T z_{1,k}^2(t)\mathrm{d}t$ 随迭代次数变化曲线

5.5 小结与评述

本章深入研究了状态不可测的非线性时滞系统的控制问题，提出两种基于观测器的自适应迭代学习控制方案，成功克服了状态不可测、输出时滞、输入饱和等因素带来的设计难题。基于状态观测器的自适应迭代学习控制方案中，设计了基于神经网络补偿的状态观测器，利用 LMI 方法设计了观测器增益，避免了在观测器设计中通常要求的正实（SPR）条件，利用级数收敛序列设计鲁棒控制项确保误差随迭代收敛。在基于误差观测器的自适应迭代学习控制方案中，通过引入滤波器定义新的误差变量，成功化解了基于状态观测器自适应迭代学习控制方案中初始条件要求，同时也避免了正实条件，并通过综合利用双曲正切函数和级数收敛序列设计了新的鲁棒学习项，保证了控制方案的学习收敛。数值仿真结果验证了两种方法的有效性。所提出的两种基于观测器的自适应迭代学习控制方案都比较好地解决了状态不可测带来的设计难题，具有较好的通用性和应用前景。

第 6 章 基于观测器的机械臂系统自适应迭代学习控制

6.1 引 言

在第 5 章中，我们针对状态不可测的不确定时滞系统进行了研究，但通过观测系统式（5-1）的形式可以看出，第 5 章提出的控制方案只适用于控制增益为 1 的被控对象，对于控制增益不为 1 且未知的情况，第 5 章的控制方案不再适用。为了解决该问题，在本章以仅输出可测且带有时滞的不确定机械臂系统为例，设计自适应迭代学习控制方案。

6.2 问题描述与准备

6.2.1 问题描述

考虑刚性机械臂动态系统为

$$\boldsymbol{M}(\boldsymbol{q}_k(t))\ddot{\boldsymbol{q}}_k(t)+\boldsymbol{C}(\boldsymbol{q}_k(t),\dot{\boldsymbol{q}}_k(t))\dot{\boldsymbol{q}}_k(t)+\boldsymbol{G}(\boldsymbol{q}_k(t))+\boldsymbol{H}(\boldsymbol{q}_{k,\tau})=\boldsymbol{u}_k(t)+\boldsymbol{d}_k(t) \tag{6-1}$$

式中：$\boldsymbol{q}_k(t)=[q_{1,k}(t),\cdots,q_{n,k}(t)]^{\mathrm{T}}\in\mathbf{R}^n$，$\boldsymbol{q}_k(t)$、$\dot{\boldsymbol{q}}_k(t)$ 和 $\ddot{\boldsymbol{q}}_k(t)$ 分别为角关节位移量、角速度及角加速度向量；$\boldsymbol{M}(\boldsymbol{q}_k(t))\in\mathbf{R}^{n\times n}$ 为惯性矩阵；$C(\boldsymbol{q}_k(t),\dot{\boldsymbol{q}}_k(t))\in\mathbf{R}^n$ 为离心力和哥氏力；$\boldsymbol{G}(\boldsymbol{q}_k(t))\in\mathbf{R}^n$ 为重力项；$\boldsymbol{u}_k(t)\in\mathbf{R}^n$ 为需要设计的控制力矩；$\boldsymbol{d}_k(t)\in\mathbf{R}^n$ 为扰动项；时滞项为 $\boldsymbol{q}_{k,\tau}\triangleq[q_{1,k}(t-\tau_1(t)),q_{2,k}(t-\tau_2(t)),\cdots,q_{n,k}(t-\tau_n(t))]^{\mathrm{T}}$，$\tau_i(t)$ 表示上界为 $\tau_{\max}$ 的未知时变时滞，$i=1,2,\cdots,n$；$\boldsymbol{H}(\boldsymbol{q}_{k,\tau})$ 为时滞非线性项。$\boldsymbol{M}(\boldsymbol{q}_k(t))$ 是正定矩阵且有界的，即对 $\forall\boldsymbol{q}_k(t)$ 有

$$0<m_1\boldsymbol{I}_n\leqslant\boldsymbol{M}(\boldsymbol{q}_k(t))\leqslant m_2\boldsymbol{I}_n \tag{6-2}$$

式中：m_1，$m_2>0$ 为常数，$\boldsymbol{I}_n$ 为 n 阶单位方阵。由于惯性矩阵的逆始终是存在的，因此可将机械臂系统的动态模型形式写为

$$\begin{aligned}\ddot{\boldsymbol{q}}_k(t)=&-\boldsymbol{M}^{-1}(\boldsymbol{q}_k)(\boldsymbol{C}(\boldsymbol{q}_k,\dot{\boldsymbol{q}}_k)\dot{\boldsymbol{q}}_k(t)+\boldsymbol{G}(\boldsymbol{q}_k))-\boldsymbol{M}^{-1}(\boldsymbol{q}_k)\boldsymbol{H}(\boldsymbol{q}_{k,\tau})+\\&\boldsymbol{M}^{-1}(\boldsymbol{q}_k)\boldsymbol{u}_k(t)+\boldsymbol{M}^{-1}(\boldsymbol{q}_k)\boldsymbol{d}_k(t)\end{aligned} \tag{6-3}$$

令$\boldsymbol{x}_{1,k}(t)=\boldsymbol{q}_k(t)$，$\boldsymbol{x}_{2,k}(t)=\dot{\boldsymbol{q}}_k(t)$，$\boldsymbol{x}_k(t)=[\boldsymbol{x}_{1,k}^{\mathrm{T}}(t),\boldsymbol{x}_{2,k}^{\mathrm{T}}(t)]^{\mathrm{T}}$，选取输出变量为$y_k(t)=\boldsymbol{q}_k(t)$，记$f(\boldsymbol{q}_k,\dot{\boldsymbol{q}}_k)=-\boldsymbol{M}^{-1}(\boldsymbol{q}_k)(\boldsymbol{C}(\boldsymbol{q}_k,\dot{\boldsymbol{q}}_k)\dot{\boldsymbol{q}}_k(t)+\boldsymbol{G}(\boldsymbol{q}_k))$，$\boldsymbol{g}(\boldsymbol{x}_{1,k})\triangleq\boldsymbol{M}^{-1}(\boldsymbol{x}_{1,k})$。则方程式(6-3)可重写为

$$\begin{cases}\dot{\boldsymbol{x}}_{1,k}(t)=\boldsymbol{x}_{2,k}(t)\\ \dot{\boldsymbol{x}}_{2,k}(t)=\boldsymbol{f}(\boldsymbol{x}_k)-\boldsymbol{g}(\boldsymbol{x}_{1,k})\boldsymbol{H}(\boldsymbol{y}_{k,\tau})+\boldsymbol{g}(\boldsymbol{x}_{1,k})\boldsymbol{u}_k(t)+\boldsymbol{g}(\boldsymbol{x}_{1,k})\boldsymbol{d}_k(t)\\ \boldsymbol{y}_k(t)=\boldsymbol{C}\boldsymbol{x}_k(t),t\in[0,T]\\ \boldsymbol{y}_k(t)=0,t\in[-\tau_{\max},0)\end{cases} \tag{6-4}$$

式中，$\boldsymbol{y}_{k,\tau}\triangleq[y_{k,\tau_1},y_{k,\tau2},\cdots,y_{k,\tau_n}]^{\mathrm{T}}=[y_{1,k}(t-\tau_1(t)),y_{2,k}(t-\tau_2(t)),\cdots,y_{n,k}(t-\tau_n(t))]^{\mathrm{T}}\in\mathbf{R}^n$；$\boldsymbol{C}=[\boldsymbol{I}_n,\boldsymbol{O}]^{\mathrm{T}}\in\mathbf{R}^{2n\times n}$，$\boldsymbol{O}$ 表示 n 阶零阵。假设角速度变量不可测，只有角位置变量可测。可以看出，与第 5 章研究对象式（5-1）相比较，系统式（6-4）的控制增益未知。

控制目标为设计一个自适应迭代学习控制器，使系统的输出 $\boldsymbol{y}_k$ 在有限时间区间$[0,T]$上跟踪期望参考信号，同时保证系统所有信号有界。定义期望的参考轨迹信号向量为$\boldsymbol{x}_{\mathrm{d}}=[\boldsymbol{y}_{\mathrm{d}}^{\mathrm{T}},\dot{\boldsymbol{y}}_{\mathrm{d}}^{\mathrm{T}}]^{\mathrm{T}}$。为进行控制器设计，作如下的假设。

假设 6.1：未知时变时滞 $\tau_i(t)$ 满足 $0\leqslant\tau_i(t)\leqslant\tau_{\max}$，$\dot{\tau}_i(t)\leqslant\kappa<1$，$i=1,2,\cdots,n$，其中 $\tau_{\max}$ 是已知的时滞上界，κ 为一个未知常数。

假设 6.2：未知连续函数 $\boldsymbol{H}(\cdot)$满足不等式

$$\|\boldsymbol{H}(\cdot)\|\leqslant\sum_{j=1}^{n}\rho_j(\cdot) \tag{6-5}$$

式中：$\rho_j(\cdot)$为未知的上界函数。

假设 6.3：期望参考轨迹向量$\boldsymbol{y}_{\mathrm{d}}(t)$和$\dot{\boldsymbol{y}}_{\mathrm{d}}(t)$、$\ddot{\boldsymbol{y}}_{\mathrm{d}}(t)$连续可导的。

假设 6.4：未知扰动$\boldsymbol{d}_k(t)$是有界的，即，$\|\boldsymbol{d}_k(t)\|\leqslant D_0$，$D_0$ 为未知上界。

假设 6.5：系统的输入$\boldsymbol{u}_k(t)$是有界的。

注 6.1：关于未知连续函数、期望参考轨迹、未知扰动等的假设与前面章节相同，但在本章中机械臂系统是一个多输入—多输出系统，因此这些变量在本章中都是向量，因此从严谨的角度重新进行了假设。

注 6.2：在假设 6.5 中，首先对控制输入作出了有界性假设，这是合理的。实际上，在所有的控制系统中，在系统稳定达到控制目标的情况下，控制输入均是有界的。

6.2.2 GL 矩阵及其算子

为了在下文中进行 RBF 神经网络分析，GL 矩阵及其乘积算子在这里简要地进行介绍[172]。记 GL 向量和矩阵为{ · }，GL 乘积算子标记为“ • ”。为了避免混淆，[·]用来标记传统数学意义上的向量和矩阵。

通常来说，GL 矩阵是由向量构成的矩形阵列。设矩阵中的元素为$\boldsymbol{W}_{ij}$，$\boldsymbol{\phi}_{ij}\in$

$\mathbf{R}^{n_{ij}}$，$n_{ij}\in\mathbf{N}$，$i=1,2,\cdots,n$，$j=1,2,\cdots,m$。GL 行向量 $\{\boldsymbol{W}_i\}$ 及其转置 $\{\boldsymbol{W}_i\}^{\mathrm{T}}$ 定义为

$$\{\boldsymbol{W}_i\}=\{\boldsymbol{W}_{i1}\quad \boldsymbol{W}_{i2}\quad \cdots\quad \boldsymbol{W}_{im}\}$$

$$\{\boldsymbol{W}_i\}^{\mathrm{T}}=\{\boldsymbol{W}_{i1}^{\mathrm{T}}\quad \boldsymbol{W}_{i2}^{\mathrm{T}}\quad \cdots\quad \boldsymbol{W}_{im}^{\mathrm{T}}\}$$

GL 矩阵 $\{\boldsymbol{W}\}$ 及其转置 $\{\boldsymbol{W}\}^{\mathrm{T}}$ 定义为

$$\{\boldsymbol{W}\}=\begin{Bmatrix}\boldsymbol{W}_{11} & \boldsymbol{W}_{12} & \cdots & \boldsymbol{W}_{1m}\\ \boldsymbol{W}_{21} & \boldsymbol{W}_{22} & \cdots & \boldsymbol{W}_{2m}\\ \vdots & \vdots & & \vdots\\ \boldsymbol{W}_{n1} & \boldsymbol{W}_{n2} & \cdots & \boldsymbol{W}_{nm}\end{Bmatrix}=\begin{Bmatrix}\{\boldsymbol{W}_1\}\\ \{\boldsymbol{W}_2\}\\ \vdots\\ \{\boldsymbol{W}_n\}\end{Bmatrix}$$

$$\{\boldsymbol{W}\}^{\mathrm{T}}=\begin{Bmatrix}\boldsymbol{W}_{11}^{\mathrm{T}} & \boldsymbol{W}_{12}^{\mathrm{T}} & \cdots & \boldsymbol{W}_{1m}^{\mathrm{T}}\\ \boldsymbol{W}_{21}^{\mathrm{T}} & \boldsymbol{W}_{22}^{\mathrm{T}} & \cdots & \boldsymbol{W}_{2m}^{\mathrm{T}}\\ \vdots & \vdots & & \vdots\\ \boldsymbol{W}_{n1}^{\mathrm{T}} & \boldsymbol{W}_{n2}^{\mathrm{T}} & \cdots & \boldsymbol{W}_{nm}^{\mathrm{T}}\end{Bmatrix}=\begin{Bmatrix}\{\boldsymbol{W}_1\}^{\mathrm{T}}\\ \{\boldsymbol{W}_2\}^{\mathrm{T}}\\ \vdots\\ \{\boldsymbol{W}_n\}^{\mathrm{T}}\end{Bmatrix}$$

需要说明的是，GL 矩阵中每个向量的维数可能是不同的。然而，只要 n_{ij} 是已知的，GL 矩阵的结构就是唯一确定的。

对于一个给定的 GL 矩阵

$$\{\boldsymbol{\Phi}\}=\begin{Bmatrix}\boldsymbol{\phi}_{11} & \boldsymbol{\phi}_{12} & \cdots & \boldsymbol{\phi}_{1n}\\ \boldsymbol{\phi}_{21} & \boldsymbol{\phi}_{22} & \cdots & \boldsymbol{\phi}_{2n}\\ \vdots & \vdots & & \vdots\\ \boldsymbol{\phi}_{n1} & \boldsymbol{\phi}_{n2} & \cdots & \boldsymbol{\phi}_{nn}\end{Bmatrix}=\begin{Bmatrix}\{\boldsymbol{\phi}_1\}\\ \{\boldsymbol{\phi}_2\}\\ \vdots\\ \{\boldsymbol{\phi}_n\}\end{Bmatrix}$$

式中：$\boldsymbol{\phi}_{ij}$ 的维数与 $\boldsymbol{W}_{ij}$ 是相同的。$\{\boldsymbol{W}\}^{\mathrm{T}}$ 和$\{\boldsymbol{\Phi}\}$的 GL 乘积是一个 $n\times m$ 的矩阵，其形式为

$$[\{\boldsymbol{W}\}^{\mathrm{T}}\cdot\{\boldsymbol{\Phi}\}]=\begin{bmatrix}\boldsymbol{W}_{11}^{\mathrm{T}}\boldsymbol{\phi}_{11} & \boldsymbol{W}_{12}^{\mathrm{T}}\boldsymbol{\phi}_{12} & \cdots & \boldsymbol{W}_{1m}^{\mathrm{T}}\boldsymbol{\phi}_{1m}\\ \boldsymbol{W}_{21}^{\mathrm{T}}\boldsymbol{\phi}_{21} & \boldsymbol{W}_{22}^{\mathrm{T}}\boldsymbol{\phi}_{22} & \cdots & \boldsymbol{W}_{2m}^{\mathrm{T}}\boldsymbol{\phi}_{2m}\\ \vdots & \vdots & & \vdots\\ \boldsymbol{W}_{n1}^{\mathrm{T}}\boldsymbol{\phi}_{n1} & \boldsymbol{W}_{n2}^{\mathrm{T}}\boldsymbol{\phi}_{n2} & \cdots & \boldsymbol{W}_{nm}^{\mathrm{T}}\boldsymbol{\phi}_{nm}\end{bmatrix}$$

显然，GL 乘积可以看作 Hadamard 矩阵乘积[173] 的拓展。一个方阵与一个 GL 行向量的 GL 乘积定义如下。令 $\boldsymbol{\Gamma}_i=\boldsymbol{\Gamma}_i^{\mathrm{T}}=[\boldsymbol{\gamma}_{i1}\quad \boldsymbol{\gamma}_{i2}\quad \cdots\quad \boldsymbol{\gamma}_{in}]$，$\boldsymbol{\gamma}_{ij}\in\mathbf{R}^{m\times n_{ij}}$，$m=\sum\limits_{j=1}^{n}n_{ij}$，则有

$$\begin{aligned}\boldsymbol{\Gamma}_i\cdot\{\boldsymbol{\phi}_i\}&=\boldsymbol{\Gamma}_i\cdot\{\boldsymbol{\phi}_i\}\\ &=[\boldsymbol{\gamma}_{i1}\boldsymbol{\phi}_{i1}\quad \boldsymbol{\gamma}_{i2}\boldsymbol{\phi}_{i2}\quad \cdots\quad \boldsymbol{\gamma}_{in}\boldsymbol{\phi}_{in}]\in\mathbf{R}^{m\times n}\end{aligned}$$

注意，GL 乘积在混合矩阵乘积运算中应首先计算。例如，在$\{\boldsymbol{A}\}\cdot\{\boldsymbol{B}\}\boldsymbol{C}$中，

矩阵[$\{\boldsymbol{A}\}\cdot\{\boldsymbol{B}\}$]应该首先计算，然后再计算[$\{\boldsymbol{A}\}\cdot\{\boldsymbol{B}\}$]和矩阵$\boldsymbol{C}$ 的乘积。

6.3 状态观测器设计

将式（6-4）重写为

$$\dot{\boldsymbol{x}}_k = \boldsymbol{A}\boldsymbol{x}_k + \boldsymbol{K}_0\boldsymbol{y}_k + \boldsymbol{B}[\boldsymbol{f}(\boldsymbol{x}_k) - \boldsymbol{g}(\boldsymbol{x}_{1,k})\boldsymbol{H}(\boldsymbol{y}_{k,\tau}) + \boldsymbol{g}(\boldsymbol{x}_{1,k})\boldsymbol{u}_k + \boldsymbol{g}(\boldsymbol{x}_{1,k})\boldsymbol{d}_k(t)] \quad (6\text{-}6)$$

式中：$\boldsymbol{A}=\begin{bmatrix}-\boldsymbol{K}_1 & \boldsymbol{I}_n\\ -\boldsymbol{K}_2 & \boldsymbol{O}\end{bmatrix}_{2n\times 2n}$，$\boldsymbol{K}_1=\begin{bmatrix}k_{11} & & \\ & \ddots & \\ & & k_{1n}\end{bmatrix}_{n\times n}$ 和$\boldsymbol{K}_2=\begin{bmatrix}k_{21} & & \\ & \ddots & \\ & & k_{2n}\end{bmatrix}_{n\times n}$ 为对角阵；$\boldsymbol{K}_o=\begin{bmatrix}\boldsymbol{K}_1\\ \boldsymbol{K}_2\end{bmatrix}_{2n\times n}$；$\boldsymbol{B}=\begin{bmatrix}\boldsymbol{O}\\ \boldsymbol{I}_n\end{bmatrix}_{2n\times n}$，$\boldsymbol{O}$ 为 $n\times n$ 阶零阵。$\boldsymbol{K}_1$ 和$\boldsymbol{K}_2$ 的选取应使 $\boldsymbol{A}$ 是 Hurwitz 阵。则给定一个正定阵 $\boldsymbol{Q}>0$，存在 $\boldsymbol{P}>0$ 满足的不等式为

$$\boldsymbol{A}^{\mathrm{T}}\boldsymbol{P} + \boldsymbol{P}\boldsymbol{A} + \left(\frac{n/m_1+1}{\lambda} + \frac{D_2^2+1}{\|\boldsymbol{C}\boldsymbol{C}^{\mathrm{T}}+\delta\boldsymbol{I}_{2n}\|^2}\right)\boldsymbol{P}\boldsymbol{P}^{\mathrm{T}} < -\boldsymbol{Q} \quad (6\text{-}7)$$

式中：λ 为一个正常数。

设计状态观测器为

$$\begin{cases}\dot{\hat{\boldsymbol{x}}}_k = \boldsymbol{A}\hat{\boldsymbol{x}}_k + \boldsymbol{K}_o\boldsymbol{y}_k + \boldsymbol{B}(\boldsymbol{\Psi}_k - \boldsymbol{u}_{rk})\\ \hat{\boldsymbol{y}}_k = \hat{\boldsymbol{x}}_{1,k}\end{cases} \quad (6\text{-}8)$$

式中：$\boldsymbol{\Psi}_k\in\mathbf{R}^n$；$\boldsymbol{u}_{rk}$ 为鲁棒性，将在下面的设计中给出。

注 6.3：在本节中，需要求解不等式（6-7），我们可将矩阵 $\boldsymbol{A}$ 分解为 $\boldsymbol{A}=\overline{\boldsymbol{A}}+\boldsymbol{K}_o\overline{\boldsymbol{B}}$，式中

$$\overline{\boldsymbol{A}}=\begin{bmatrix}\boldsymbol{O} & \boldsymbol{I}_n\\ \boldsymbol{O} & \boldsymbol{O}\end{bmatrix},\ \overline{\boldsymbol{B}}=[-\boldsymbol{I}_n\quad \boldsymbol{O}] \quad (6\text{-}9)$$

利用 Schur 引理 5.1，不等式（6-7）等价于线性矩阵不等式（LMI），即

$$\begin{bmatrix}\boldsymbol{P}\overline{\boldsymbol{A}}+\boldsymbol{M}\overline{\boldsymbol{B}}+\overline{\boldsymbol{B}}^{\mathrm{T}}\boldsymbol{M}^{\mathrm{T}}+\overline{\boldsymbol{A}}^{\mathrm{T}}\boldsymbol{P}+\boldsymbol{Q} & \boldsymbol{P}\\ \boldsymbol{P} & -\boldsymbol{I}_{2n}\Big/\left(\frac{n/m_1+1}{\lambda}+\frac{D_2^2+1}{\|\boldsymbol{C}\boldsymbol{C}^{\mathrm{T}}+\delta\boldsymbol{I}_{2n}\|^2}\right)\end{bmatrix}<0 \quad (6\text{-}10)$$

式中：$\boldsymbol{I}_{2n}$ 为单位阵。$\boldsymbol{P}$、$\boldsymbol{M}$ 和 λ 可以利用 Matlab LMI 工具箱计算得到，则可得到观测器增益矩阵为 $\boldsymbol{K}_0=\boldsymbol{P}^{-1}\boldsymbol{M}$。

为了处理系统中的不确定性，利用 RBF 神经网络分别在紧集 $\boldsymbol{\Omega}_f=\{\boldsymbol{x}_k\}\subset\mathbf{R}^{2n}$ 和 $\boldsymbol{\Omega}_g=\{\boldsymbol{x}_{1,k}\}\subset\mathbf{R}^n$ 上逼近$\boldsymbol{f}(\boldsymbol{x}_k)$和 $\boldsymbol{g}(\boldsymbol{x}_{1,k})$

$$
\begin{aligned}
\boldsymbol{f}(\boldsymbol{x}_k) &= \begin{bmatrix} \boldsymbol{W}_{f1}^{*\mathrm{T}}(t)\boldsymbol{\phi}_{f1}(\boldsymbol{x}_k) \\ \vdots \\ \boldsymbol{W}_{fn}^{*\mathrm{T}}(t)\boldsymbol{\phi}_{fn}(\boldsymbol{x}_k) \end{bmatrix} + \begin{bmatrix} \varepsilon_{f1}(\boldsymbol{x}_k) \\ \vdots \\ \varepsilon_{fn}(\boldsymbol{x}_k) \end{bmatrix} \\
&= [\{\boldsymbol{W}_f^*(t)\}^{\mathrm{T}} \cdot \{\boldsymbol{\phi}_f(\boldsymbol{x}_k)\}] + \varepsilon_f(\boldsymbol{x}_k)
\end{aligned} \tag{6-11}
$$

$$
\begin{aligned}
\boldsymbol{g}(x_{1,k}) &= \begin{bmatrix} \boldsymbol{W}_{g11}^{*\mathrm{T}}(t)\boldsymbol{\phi}_{g11}(\boldsymbol{x}_{1,k}) + \varepsilon_{g11}(\boldsymbol{x}_{1,k}) & \cdots & \boldsymbol{W}_{g1n}^{*\mathrm{T}}(t)\boldsymbol{\phi}_{g1n}(\boldsymbol{x}_{1,k}) + \varepsilon_{g1n}(\boldsymbol{x}_{1,k}) \\ \vdots & \vdots & \vdots \\ \boldsymbol{W}_{gn1}^{*\mathrm{T}}(t)\boldsymbol{\phi}_{gn1}(\boldsymbol{x}_{1,k}) + \varepsilon_{gn1}(\boldsymbol{x}_{1,k}) & \cdots & \boldsymbol{W}_{gnn}^{*\mathrm{T}}(t)\boldsymbol{\phi}_{gnn}(\boldsymbol{x}_{1,k}) + \varepsilon_{gnn}(\boldsymbol{x}_{1,k}) \end{bmatrix} \\
&= \begin{bmatrix} \overline{\boldsymbol{W}}_{g11}^{*\mathrm{T}}(t)\overline{\boldsymbol{\phi}}_{g11}(\boldsymbol{x}_{1,k}) & \cdots & \overline{\boldsymbol{W}}_{g1n}^{*\mathrm{T}}(t)\overline{\boldsymbol{\phi}}_{g1n}(\boldsymbol{x}_{1,k}) \\ \vdots & \vdots & \vdots \\ \overline{\boldsymbol{W}}_{gn1}^{*\mathrm{T}}(t)\overline{\boldsymbol{\phi}}_{gn1}(\boldsymbol{x}_{1,k}) & \cdots & \overline{\boldsymbol{W}}_{gnn}^{*\mathrm{T}}(t)\overline{\boldsymbol{\phi}}_{gnn}(\boldsymbol{x}_{1,k}) \end{bmatrix} \\
&= [\{\overline{\boldsymbol{W}}_g^*(t)\}^{\mathrm{T}} \cdot \{\overline{\boldsymbol{\phi}}_g(\boldsymbol{x}_{1,k})\}]
\end{aligned} \tag{6-12}
$$

式中：$\boldsymbol{W}_{fi}^*(t), \boldsymbol{\phi}_{fi}(\cdot) \in \mathbf{R}^{l_{fi}}$，$i=1,2,\cdots,n$；$\boldsymbol{W}_{gij}^*, \boldsymbol{\phi}_{gij}(\cdot) \in \mathbf{R}^{l_{gij}}$，$\overline{\boldsymbol{W}}_{gij}^* = [\boldsymbol{W}_{gij}^{*\mathrm{T}}(t), \varepsilon_{gij}(x_{1,k})]^{\mathrm{T}}$，$\overline{\boldsymbol{\phi}}_{gij}(\boldsymbol{x}_{1,k}) = [\boldsymbol{\phi}_{gij}^{\mathrm{T}}(\boldsymbol{x}_{1,k}), 1]^{\mathrm{T}}$，$i=1,2,\cdots,n$，$j=1,2,\cdots,n$。

设计 $\boldsymbol{\Psi}_k$ 为

$$
\boldsymbol{\Psi}_k = \{\hat{\boldsymbol{W}}_{f,k}(t)\}^{\mathrm{T}} \cdot \{\boldsymbol{\phi}_f(\hat{\boldsymbol{x}}_k)\} + [\{\hat{\overline{\boldsymbol{W}}}_{g,k}(t)\}^{\mathrm{T}} \cdot \{\overline{\boldsymbol{\phi}}_g(\boldsymbol{x}_{1,k})\}]\boldsymbol{u}_k \tag{6-13}
$$

根据 RBF 神经网络的特性，可知

$$
\begin{aligned}
&\boldsymbol{f}(\boldsymbol{x}_k) - \hat{\boldsymbol{f}}(\hat{\boldsymbol{x}}_k) \\
&= \{\boldsymbol{W}_f^*(t)\}^{\mathrm{T}} \cdot \{\boldsymbol{\phi}_f(\boldsymbol{x}_k)\} + \boldsymbol{\varepsilon}_f(\boldsymbol{x}_k) - \{\hat{\boldsymbol{W}}_{f,k}\}^{\mathrm{T}} \cdot \{\boldsymbol{\phi}_f(\hat{\boldsymbol{x}}_k)\} \\
&= \{\boldsymbol{W}_f^*(t)\}^{\mathrm{T}} \cdot \{\boldsymbol{\phi}_f(\boldsymbol{x}_k)\} - \{\boldsymbol{W}_f^*(t)\}^{\mathrm{T}} \cdot \{\boldsymbol{\phi}_f(\hat{\boldsymbol{x}}_k)\} + \boldsymbol{\varepsilon}_f(t) + \\
&\quad \{\boldsymbol{W}_f^*\}^{\mathrm{T}} \cdot \{\boldsymbol{\phi}_f(\hat{\boldsymbol{x}}_k)\} - \{\hat{\boldsymbol{W}}_{f,k}\}^{\mathrm{T}} \cdot \{\boldsymbol{\phi}_f(\hat{\boldsymbol{x}}_k)\} \\
&= \{\boldsymbol{W}_f^*(t)\}^{\mathrm{T}} \cdot \{\tilde{\boldsymbol{\phi}}_f(\boldsymbol{x}_k, \hat{\boldsymbol{x}}_k)\} + \boldsymbol{\varepsilon}_f(\boldsymbol{x}_k) - \{\tilde{\boldsymbol{W}}_{f,k}\}^{\mathrm{T}} \cdot \{\boldsymbol{\phi}_f(\hat{\boldsymbol{x}}_k)\} \\
&= \boldsymbol{\delta}_{fk} - \{\tilde{\boldsymbol{W}}_{f,k}\}^{\mathrm{T}} \cdot \{\boldsymbol{\phi}_f(\hat{\boldsymbol{x}}_k)\}
\end{aligned} \tag{6-14}
$$

式中：$\tilde{\boldsymbol{W}}_{fk} = \hat{\boldsymbol{W}}_{fk} - \boldsymbol{W}_f^*$ 表示估计误差；$\boldsymbol{\delta}_{fk} = \{\boldsymbol{W}_f^*(t)\}^{\mathrm{T}} \cdot \{\tilde{\boldsymbol{\phi}}_f(\boldsymbol{x}_k, \hat{\boldsymbol{x}}_k)\} + \boldsymbol{\varepsilon}_f(\boldsymbol{x}_k)$，且设其上界为 $\|\boldsymbol{\delta}_{fk}\| \leqslant \delta^*$。

定义观测器估计误差为 $\boldsymbol{z}_k \triangleq [z_{1,k}, z_{2,k}, \cdots, z_{2n,k}]^{\mathrm{T}} = \boldsymbol{x}_k - \hat{\boldsymbol{x}}_k$，且记 $\tilde{\boldsymbol{y}}_k = \boldsymbol{y}_k - \hat{\boldsymbol{y}}_k$。则由式(6-6)、式(6-8)及式(6-13)可得

$$
\begin{aligned}
\dot{\boldsymbol{z}}_k &= \boldsymbol{A}\boldsymbol{z}_k + \boldsymbol{B}[-\{\tilde{\boldsymbol{W}}_{f,k}\}^{\mathrm{T}} \cdot \{\boldsymbol{\phi}_f(\hat{\boldsymbol{x}}_k)\} - [\{\tilde{\overline{\boldsymbol{W}}}_{g,k}(t)\}^{\mathrm{T}} \cdot \{\overline{\boldsymbol{\phi}}_g(\boldsymbol{x}_{1,k})\}]\boldsymbol{u}_k] - \\
&\quad \boldsymbol{B}\boldsymbol{g}(\boldsymbol{x}_{1,k})\boldsymbol{H}(\boldsymbol{y}_{k,\tau}) + \boldsymbol{B}(\boldsymbol{\delta}_{fk} + \boldsymbol{g}(\boldsymbol{x}_{1,k})\boldsymbol{d}_k(t) + \boldsymbol{u}_{\mathrm{r}k})
\end{aligned} \tag{6-15}
$$

记 $\boldsymbol{\Phi}_k = \boldsymbol{B}(\boldsymbol{\delta}_{fk} + \boldsymbol{g}(\boldsymbol{x}_{1,k})\boldsymbol{d}_k(t) + \boldsymbol{u}_{\mathrm{r}k})$，由以上的分析可知 $\boldsymbol{\Phi}_k$ 是有界的，设 $\|\boldsymbol{\Phi}_k\| \leqslant D_0$。

定义 $V_{z_k}=z_k^{\mathrm{T}}\boldsymbol{P}z_k$，对其求导可得

$$\dot{V}_{z_k}=z_k^{\mathrm{T}}(\boldsymbol{A}^{\mathrm{T}}\boldsymbol{P}+\boldsymbol{P}\boldsymbol{A})z_k+2z_k^{\mathrm{T}}\boldsymbol{P}\boldsymbol{\Phi}_k-2z_k^{\mathrm{T}}\boldsymbol{P}\boldsymbol{B}\boldsymbol{g}(\boldsymbol{x}_{1,k})\boldsymbol{H}(\boldsymbol{y}_{k,\tau})+$$
$$2z_k^{\mathrm{T}}\boldsymbol{P}\boldsymbol{B}[-\{\tilde{\boldsymbol{W}}_{f,k}\}^{\mathrm{T}}\cdot\{\boldsymbol{\phi}_f(\hat{\boldsymbol{x}}_k)\}-[\{\bar{\tilde{\boldsymbol{W}}}_{g,k}(t)\}^{\mathrm{T}}\cdot\{\bar{\boldsymbol{\phi}}_g(\boldsymbol{x}_{1,k})\}]\boldsymbol{u}_k] \tag{6-16}$$

考虑假设 6.2 并利用 Young 不等式，我们有

$$-2z_k^{\mathrm{T}}\boldsymbol{P}\boldsymbol{B}\boldsymbol{g}(\boldsymbol{x}_{1,k})\boldsymbol{H}(\boldsymbol{y}_{k,\tau})\leqslant 2\|z_k^{\mathrm{T}}\boldsymbol{P}\boldsymbol{B}\|\ \|\boldsymbol{g}(\boldsymbol{x}_{1,k})\boldsymbol{H}(\boldsymbol{y}_{k,\tau})\|$$
$$\leqslant\frac{n}{m_1\lambda}z_k^{\mathrm{T}}\boldsymbol{P}\boldsymbol{P}^{\mathrm{T}}z_k+\frac{\lambda}{m_1}\sum_{j=1}^{n}\rho_j^2(y_{k,\tau_j}) \tag{6-17}$$

$$2z_k^{\mathrm{T}}\boldsymbol{P}\boldsymbol{\Phi}_k(t)\leqslant\frac{1}{\lambda}z_k^{\mathrm{T}}\boldsymbol{P}\boldsymbol{P}^{\mathrm{T}}z_k+\lambda D_0^2 - \tag{6-18}$$

$$2z_k^{\mathrm{T}}\boldsymbol{P}\boldsymbol{B}[\{\tilde{\boldsymbol{W}}_{f,k}\}^{\mathrm{T}}\cdot\{\boldsymbol{\phi}_f(\hat{\boldsymbol{x}}_k)\}]$$
$$=-2z_k^{\mathrm{T}}\boldsymbol{C}\boldsymbol{C}^{\mathrm{T}}(\boldsymbol{C}\boldsymbol{C}^{\mathrm{T}}+\delta\boldsymbol{I}_{2n})^{-1}\boldsymbol{P}\boldsymbol{B}[\{\tilde{\boldsymbol{W}}_{f,k}\}^{\mathrm{T}}\cdot\{\boldsymbol{\phi}_f(\hat{\boldsymbol{x}}_k)\}]-$$
$$2z_k^{\mathrm{T}}\delta\boldsymbol{I}_{2n}(\boldsymbol{C}\boldsymbol{C}^{T}+\delta\boldsymbol{I}_{2n})^{-1}\boldsymbol{P}\boldsymbol{B}[\{\tilde{\boldsymbol{W}}_{f,k}\}^{\mathrm{T}}\cdot\{\boldsymbol{\phi}_f(\hat{\boldsymbol{x}}_k)\}]$$
$$\leqslant-2\tilde{\boldsymbol{y}}_k^{\mathrm{T}}\boldsymbol{C}^{\mathrm{T}}(\boldsymbol{C}\boldsymbol{C}^{T}+\delta\boldsymbol{I}_{2n})^{-1}\boldsymbol{P}\boldsymbol{B}[\{\tilde{\boldsymbol{W}}_{f,k}\}^{\mathrm{T}}\cdot\{\boldsymbol{\phi}_f(\hat{\boldsymbol{x}}_k)\}]+$$
$$\frac{z_k^{\mathrm{T}}\boldsymbol{P}\boldsymbol{P}^{\mathrm{T}}z_k}{\|\boldsymbol{C}\boldsymbol{C}^{\mathrm{T}}+\delta\boldsymbol{I}_{2n}\|^2}+\delta^2\sum_{i=1}^{n}l_{fi}\|\tilde{\boldsymbol{W}}_{fi,k}\|^2- \tag{6-19}$$

$$2z_k^{\mathrm{T}}\boldsymbol{P}\boldsymbol{B}[\{\bar{\tilde{\boldsymbol{W}}}_{g,k}(t)\}^{\mathrm{T}}\cdot\{\bar{\boldsymbol{\phi}}_g(\boldsymbol{x}_{1,k})\}]\boldsymbol{u}_k$$
$$=-2z_k^{\mathrm{T}}\boldsymbol{C}\boldsymbol{C}^{\mathrm{T}}(\boldsymbol{C}\boldsymbol{C}^{\mathrm{T}}+\delta\boldsymbol{I}_{2n})^{-1}\boldsymbol{P}\boldsymbol{B}[\{\bar{\tilde{\boldsymbol{W}}}_{g,k}(t)\}^{\mathrm{T}}\cdot\{\bar{\boldsymbol{\phi}}_g(x_{1,k})\}]\boldsymbol{u}_k-$$
$$2z_k^{\mathrm{T}}\delta\boldsymbol{I}_{2n}(\boldsymbol{C}\boldsymbol{C}^{\mathrm{T}}+\delta\boldsymbol{I}_{2n})^{-1}\boldsymbol{P}\boldsymbol{B}[\{\bar{\tilde{\boldsymbol{W}}}_{g,k}(t)\}^{\mathrm{T}}\cdot\{\bar{\boldsymbol{\phi}}_g(x_{1,k})\}]\boldsymbol{u}_k$$
$$=-2\tilde{\boldsymbol{y}}_k^{\mathrm{T}}\boldsymbol{C}^{\mathrm{T}}(\boldsymbol{C}\boldsymbol{C}^{\mathrm{T}}+\delta\boldsymbol{I}_{2n})^{-1}\boldsymbol{P}\boldsymbol{B}[\{\bar{\tilde{\boldsymbol{W}}}_{g,k}(t)\}^{\mathrm{T}}\cdot\{\bar{\boldsymbol{\phi}}_g(x_{1,k})\}]\boldsymbol{u}_k+$$
$$\frac{D_2^2z_k^{\mathrm{T}}\boldsymbol{P}\boldsymbol{P}^{\mathrm{T}}z_k}{\|\boldsymbol{C}\boldsymbol{C}^{\mathrm{T}}+\delta\boldsymbol{I}_{2n}\|^2}+\delta^2\sum_{i=1}^{n}\sum_{j=1}^{n}l_{gij}^2\|\bar{\tilde{\boldsymbol{W}}}_{gij,k}\|^2 \tag{6-20}$$

式中：D_2 为输入的上界。

为补偿时滞项的影响，定义 Lyapunov-Krasovskii 泛函为

$$V_{U_k}(t)=\frac{\lambda}{m_1(1-\kappa)}\sum_{j=1}^{n}\int_{t-\tau_j(t)}^{t}\rho_j^2(y_{j,k}(\sigma))\mathrm{d}\sigma \tag{6-21}$$

考虑假设 6.1，对式（6-21）求导可得

$$\dot{V}_{U_k}(t)=\frac{\lambda}{m_1(1-\kappa)}\sum_{j=1}^{n}\rho_j^2(y_{j,k})-\frac{\lambda}{m_1}\sum_{j=1}^{n}\frac{1-\dot{\tau}_j(t)}{(1-\kappa)}\rho_j^2(y_{k,\tau_j})$$
$$\leqslant\frac{\lambda}{m_1(1-\kappa)}\sum_{j=1}^{n}\rho_j^2(y_{j,k})-\frac{\lambda}{m_1}\sum_{j=1}^{n}\rho_j^2(y_{k,\tau_j}) \tag{6-22}$$

结合式（6-16）~式（6-18）和式（6-20）并考虑不等式（6-7），可得

$$
\begin{aligned}
&\dot{V}_{z_k} + \dot{V}_{U_k} \\
&\leqslant \boldsymbol{z}_k^{\mathrm{T}}\left(\boldsymbol{A}^{\mathrm{T}}\boldsymbol{P} + \boldsymbol{P}\boldsymbol{A} + \frac{n/m_1 + 1}{\lambda}\boldsymbol{P}^{\mathrm{T}}\boldsymbol{P} + \frac{D_2^2 + 1}{\|\boldsymbol{C}\boldsymbol{C}^{\mathrm{T}} + \delta\boldsymbol{I}_{2n}\|^2}\boldsymbol{P}^{\mathrm{T}}\boldsymbol{P}\right)\boldsymbol{z}_k + \\
&2\tilde{\boldsymbol{y}}_k^{\mathrm{T}}\boldsymbol{C}^{\mathrm{T}}(\boldsymbol{C}\boldsymbol{C}^{\mathrm{T}} + \delta\boldsymbol{I}_{2n})^{-1}\boldsymbol{P}\boldsymbol{B}[-\{\tilde{\boldsymbol{W}}_{f,k}\}^{\mathrm{T}} \cdot \{\boldsymbol{\phi}_f(\hat{\boldsymbol{x}}_k)\} - [\{\tilde{\bar{\boldsymbol{W}}}_{g,k}(t)\}^{\mathrm{T}} \cdot \{\bar{\boldsymbol{\phi}}_g(\boldsymbol{x}_{1,k})\}]\boldsymbol{u}_k] + \\
&\delta^2\sum_{i=1}^{n} l_{fi}\|\tilde{\boldsymbol{W}}_{fi,k}\|^2 + \delta^2\sum_{i=1}^{n}\sum_{j=1}^{n} l_{gij}^2\|\tilde{\bar{\boldsymbol{W}}}_{gij,k}\|^2 + \frac{\lambda}{m_1(1-\kappa)}\sum_{j=1}^{n}\rho_j^2(y_{j,k}) + \lambda D_0^2 \\
&\leqslant -\boldsymbol{z}_k^{\mathrm{T}}\boldsymbol{Q}\boldsymbol{z}_k + \frac{\lambda}{m_1(1-\kappa)}\sum_{j=1}^{n}\rho_j^2(y_{j,k}) + \lambda D_0^2 - \\
&2\tilde{\boldsymbol{y}}_k^{\mathrm{T}}\boldsymbol{C}^{\mathrm{T}}(\boldsymbol{C}\boldsymbol{C}^{\mathrm{T}} + \delta\boldsymbol{I}_{2n})^{-1}\boldsymbol{P}\boldsymbol{B}[\{\tilde{\boldsymbol{W}}_{f,k}\}^{\mathrm{T}} \cdot \{\boldsymbol{\phi}_f(\hat{x}_k)\} + [\{\tilde{\bar{\boldsymbol{W}}}_{g,k}(t)\}^{\mathrm{T}} \cdot \{\bar{\boldsymbol{\phi}}_g(x_{1,k})\}]\boldsymbol{u}_k] + \\
&\delta^2\sum_{i=1}^{n} l_{fi}\|\tilde{\boldsymbol{W}}_{fi,k}\|^2 + \delta^2\sum_{i=1}^{n}\sum_{j=1}^{n} l_{gij}^2\|\tilde{\bar{\boldsymbol{W}}}_{gij,k}\|^2
\end{aligned}
\tag{6-23}
$$

6.4　自适应迭代学习控制方案设计

定义误差$\boldsymbol{e}_{1,k}=[e_{1,k}^1,e_{1,k}^2,\cdots,e_{1,k}^n]^{\mathrm{T}}=\hat{\boldsymbol{x}}_{1,k}-\boldsymbol{y}_{\mathrm{d}}$，$\boldsymbol{e}_{2,k}=[e_{2,k}^1,e_{2,k}^2,\cdots,e_{2,k}^n]^{\mathrm{T}}=\hat{\boldsymbol{x}}_{2,k}-\dot{\boldsymbol{y}}_{\mathrm{d}}$，$\boldsymbol{e}_k=[\boldsymbol{e}_{1,k}^{\mathrm{T}},\boldsymbol{e}_{2,k}^{\mathrm{T}})]^{\mathrm{T}}$。作如下假设。

假设 6.7：$z_{i,k}(0)=0$，$i=1,2,\cdots,n$。

假设 6.8：初始误差$\boldsymbol{e}_{i,k}(0)$有界。

定义 $e_{sk}=[e_{sk,1},e_{sk,2},\cdots,e_{sk,n}]^{\mathrm{T}}=[\boldsymbol{\Lambda}\quad I_n]\boldsymbol{e}_k$，其中$\boldsymbol{\Lambda}$为对角阵

$$
\boldsymbol{\Lambda}=\begin{bmatrix}\lambda_1 & & \\ & \ddots & \\ & & \lambda_n\end{bmatrix}
$$

$\lambda_1,\lambda_2,\cdots,\lambda_n$ 的选择应使多项式 $H_i(s)=s+\lambda_i$ 是 Hurwitz。

由假设 6.8 可知，存在已知的常数 ε_1^i 和 ε_2^i，使得 $|e_{1,k}^i(0)|\leqslant\varepsilon_1^i$，$|e_{2,k}^i(0)|\leqslant\varepsilon_2^i$，$i=1,2,\cdots,n$，$\forall k\in\mathbf{N}$，引入边界层函数，定义误差量$\boldsymbol{s}_k=[s_{1,k},s_{2,k},\cdots,s_{n,k}]^{\mathrm{T}}$，其中各元素为

$$
s_{i,k}=e_{sk,i}-\eta_i(t)\,\mathrm{sat}\left(\frac{e_{sk,i}}{\eta_i(t)}\right) \tag{6-24}
$$

$$
\eta_i(t)=\varepsilon_i\mathrm{e}^{-Kt},\ i=1,2,\cdots,n \tag{6-25}
$$

式中：$\varepsilon_i=\lambda_i\varepsilon_1^i+\varepsilon_2^i$；$K>0$，饱和函数 sat(·)定义与前文形式相同，具体为

$$
\mathrm{sat}\left(\frac{e_{sk,i}}{\eta_i(t)}\right)=\mathrm{sgn}(e_{sk,i})\min\{|e_{sk,i}/\eta_i(t)|,1\} \tag{6-26}
$$

根据边界层函数的定义同样有

$$
\begin{aligned}
|e_{sk,i}(0)| &= |\lambda_i e_{1,k}^i(0) + e_{2,k}^i(0)| \\
&\leqslant \lambda_i |e_{1,k}^i(0)| + |e_{2,k}^i(0)| \\
&\leqslant \lambda_i \varepsilon_1^i + \varepsilon_2^i = \eta_i(0)
\end{aligned} \tag{6-27}
$$

这意味着 $s_{i,k}(0)=e_{sk,i}(0)-\eta_i(0)e_{sk,i}(0)/\eta_i(0)=0$ 对任意的 $k\in\mathbf{N}$ 成立。在下面的分析中用到关系

$$
\begin{aligned}
s_{i,k}\mathrm{sat}\left(\frac{e_{sk,i}}{\eta_i(t)}\right) &= \begin{cases} 0 & |e_{sk,i}/\eta_i(t)| \leqslant 1 \\ s_{i,k}\mathrm{sgn}(e_{sk,i}) & |e_{sk,i}/\eta_i(t)| > 1 \end{cases} \\
&= s_{i,k}\mathrm{sgn}(s_{i,k}) = |s_{i,k}|
\end{aligned} \tag{6-28}
$$

为进行下面的分析，将观测器写为

$$
\begin{cases}
\dot{\hat{\boldsymbol{x}}}_{1,k} = \boldsymbol{K}_1\boldsymbol{z}_{1,k} + \hat{\boldsymbol{x}}_{2,k} \\
\dot{\hat{\boldsymbol{x}}}_{2,k} = \boldsymbol{K}_2\boldsymbol{z}_{1,k} + \{\hat{\boldsymbol{W}}_{f,k}(t)\}^{\mathrm{T}} \cdot \{\boldsymbol{\phi}_f(\hat{\boldsymbol{x}}_k)\} + [\{\hat{\bar{\boldsymbol{W}}}_{g,k}(t)\}^{\mathrm{T}} \cdot \{\bar{\boldsymbol{\phi}}_g(\boldsymbol{x}_{1,k})\}]\boldsymbol{u}_k - \boldsymbol{u}_{rk}
\end{cases} \tag{6-29}
$$

定义 Lyapunov 函数

$$
V_{s_k} = \frac{1}{2}\boldsymbol{s}_k^{\mathrm{T}}\boldsymbol{s}_k \tag{6-30}
$$

对 V_{s_k} 求取时间的导数，可得

$$
\begin{aligned}
\dot{V}_{s_k} &= \boldsymbol{s}_k^{\mathrm{T}}\dot{\boldsymbol{s}}_k \\
&= \sum_{i=1}^{n} s_{i,k}\dot{s}_{i,k} \\
&= \sum_{i=1}^{n} \begin{cases} s_{i,k}(\dot{e}_{sk,i} - \dot{\eta}_i(t)) & e_{sk,i} > \eta_i(t) \\ 0 & |e_{sk,i}| \leqslant \eta_i(t) \\ s_{i,k}(\dot{e}_{sk,i} + \dot{\eta}_i(t)) & e_{sk,i} < -\eta_i(t) \end{cases} \\
&= \sum_{i=1}^{n} s_{i,k}(\dot{e}_{sk,i} - \dot{\eta}_i(t)\mathrm{sgn}(s_{i,k})) \\
&= \boldsymbol{s}_k^{\mathrm{T}}(\dot{\boldsymbol{e}}_{sk} - \dot{\boldsymbol{\eta}}(t)\mathrm{sgn}(\boldsymbol{s}_k)) \\
&= \boldsymbol{s}_k^{\mathrm{T}}[\boldsymbol{\Lambda}(\boldsymbol{K}_1\boldsymbol{z}_{1,k} + \boldsymbol{e}_{2,k}) + \boldsymbol{K}_2\boldsymbol{z}_{1,k} + \{\hat{\boldsymbol{W}}_{f,k}(t)\}^{\mathrm{T}} \cdot \{\boldsymbol{\phi}_f(\hat{\boldsymbol{x}}_k)\} + \\
&\quad [\{\hat{\bar{\boldsymbol{W}}}_{g,k}(t)\}^{\mathrm{T}} \cdot \{\bar{\boldsymbol{\phi}}_g(\boldsymbol{x}_{1,k})\}]\boldsymbol{u}_k - \boldsymbol{u}_{rk} - \ddot{\boldsymbol{y}}_{d} + K\boldsymbol{\eta}(t)\mathrm{sgn}(\boldsymbol{s}_k)] \\
&= \boldsymbol{s}_k^{\mathrm{T}}[\boldsymbol{\Lambda}(\boldsymbol{K}_1\boldsymbol{z}_{1,k} + \boldsymbol{e}_{2,k}) + \boldsymbol{K}_2\boldsymbol{z}_{1,k} + \boldsymbol{K}\boldsymbol{e}_{sk} + \{\hat{\boldsymbol{W}}_{f,k}(t)\}^{\mathrm{T}} \cdot \{\boldsymbol{\phi}_f(\hat{\boldsymbol{x}}_k)\} + \\
&\quad [\{\hat{\bar{\boldsymbol{W}}}_{g,k}(t)\}^{\mathrm{T}} \cdot \{\bar{\boldsymbol{\phi}}_g(\boldsymbol{x}_{1,k})\}]\boldsymbol{u}_k - \boldsymbol{u}_{rk} - \ddot{\boldsymbol{y}}_{d}] - K\boldsymbol{s}_k^{\mathrm{T}}\boldsymbol{s}_k
\end{aligned} \tag{6-31}
$$

式中：$\boldsymbol{\eta}(t)=[\eta_1(t),\eta_2(t),\cdots,\eta_n(t)]^{\mathrm{T}}$；$\mathrm{sgn}(\boldsymbol{s}_k)=[\mathrm{sgn}(s_{1,k}),\mathrm{sgn}(s_{2,k}),\cdots,\mathrm{sgn}(s_{n,k})]^{\mathrm{T}}$，且利用到

$$
s_{i,k}(-Ke_{sk,i} + K\eta_i(t)\mathrm{sgn}(s_{i,k}))
$$

$$= s_{i,k}(-Ks_{i,k} - K\eta_i(t)\mathrm{sat}(e_{\mathrm{sk},i}/\eta_i(t)) + K\eta_i(t)\mathrm{sgn}(s_{i,k}))$$
$$= -Ks_{i,k}^2 - K\eta_i(t)|s_{i,k}| + K\eta_i(t)|s_{i,k}|$$
$$= -Ks_{i,k}^2 \tag{6-32}$$

选取整个系统的 Lyapunov 函数为 $V_k = V_{z_k} + V_{U_k} + V_{s_k}$，结合式(6-23)和式(6-31)，可以得到 V_k 对时间的导数为

$$\begin{aligned}
\dot{V}_k \leqslant & -z_k^{\mathrm{T}}\boldsymbol{Q}z_k + \frac{\lambda}{m_1(1-\kappa)}\sum_{j=1}^{n}\rho_j^2(y_{j,k}) + \lambda D_0^2 + \delta^2\sum_{i=1}^{n} l_{fi}\|\tilde{\boldsymbol{W}}_{fi,k}\|^2 + \delta^2\sum_{i=1}^{n}\sum_{j=1}^{n} l_{gij}^2\|\tilde{\bar{\boldsymbol{W}}}_{gij,k}\|^2 - \\
& 2\tilde{\boldsymbol{y}}_k^{\mathrm{T}}\boldsymbol{C}^{\mathrm{T}}(\boldsymbol{C}\boldsymbol{C}^{\mathrm{T}} + \delta\boldsymbol{I}_{2n})^{-1}\boldsymbol{P}\boldsymbol{B}[\{\tilde{\boldsymbol{W}}_{f,k}\}^{\mathrm{T}}\cdot\{\boldsymbol{\phi}_f(\hat{\boldsymbol{x}}_k)\} + [\{\tilde{\bar{\boldsymbol{W}}}_{g,k}(t)\}^{\mathrm{T}}\cdot\{\bar{\boldsymbol{\phi}}_g(x_{1,k})\}]\boldsymbol{u}_k] + \\
& \boldsymbol{s}_k^{\mathrm{T}}[\boldsymbol{\Lambda}(\boldsymbol{K}_1\boldsymbol{z}_{1,k} + \boldsymbol{e}_{2,k}) + \boldsymbol{K}_2\boldsymbol{z}_{1,k} + \boldsymbol{K}\boldsymbol{e}_{\mathrm{sk}} + \{\hat{\boldsymbol{W}}_{f,k}(t)\}^{\mathrm{T}}\cdot\{\boldsymbol{\phi}_f(\hat{\boldsymbol{x}}_k)\} + \\
& [\{\hat{\bar{\boldsymbol{W}}}_{g,k}(t)\}^{\mathrm{T}}\cdot\{\bar{\boldsymbol{\phi}}_g(\boldsymbol{x}_{1,k})\}]\boldsymbol{u}_k - \boldsymbol{u}_{\mathrm{r}k} - \ddot{\boldsymbol{y}}_{\mathrm{d}}] - K\boldsymbol{s}_k^{\mathrm{T}}\boldsymbol{s}_k
\end{aligned} \tag{6-33}$$

为了方便表述，记 $\Xi(y_k) \triangleq \dfrac{\lambda}{m_1(1-\kappa)}\sum_{j=1}^{n}\rho_j^2(y_k) + \lambda D_0^2$，为避免奇异性问题,引入双曲正切函数后可得

$$\begin{aligned}
\dot{V}_k \leqslant & -\lambda_{\min}(\boldsymbol{Q})\|z_k\|^2 + \delta^2\sum_{i=1}^{n} l_{fi}\|\tilde{\boldsymbol{W}}_{fi,k}\|^2 + \delta^2\sum_{i=1}^{n}\sum_{j=1}^{n} l_{gij}^2\|\tilde{\bar{\boldsymbol{W}}}_{gij,k}\|^2 - \\
& 2\tilde{\boldsymbol{y}}_k^{\mathrm{T}}\boldsymbol{C}^{\mathrm{T}}(\boldsymbol{C}\boldsymbol{C}^{\mathrm{T}} + \delta\boldsymbol{I}_{2n})^{-1}\boldsymbol{P}\boldsymbol{B}[\{\tilde{\boldsymbol{W}}_{f,k}\}^{\mathrm{T}}\cdot\{\boldsymbol{\phi}_f(\hat{\boldsymbol{x}}_k)\} + [\{\tilde{\bar{\boldsymbol{W}}}_{g,k}(t)\}^{\mathrm{T}}\cdot\{\bar{\boldsymbol{\phi}}_g(\boldsymbol{x}_{1,k})\}]\boldsymbol{u}_k] + \\
& \boldsymbol{s}_k^{\mathrm{T}}[\boldsymbol{\Lambda}(\boldsymbol{K}_1\boldsymbol{z}_{1,k} + \boldsymbol{e}_{2,k}) + \boldsymbol{K}_2\boldsymbol{z}_{1,k} + K\boldsymbol{e}_{\mathrm{sk}} + \{\hat{\boldsymbol{W}}_{f,k}(t)\}^{\mathrm{T}}\cdot\{\boldsymbol{\phi}_f(\hat{\boldsymbol{x}}_k)\} + [\{\hat{\bar{\boldsymbol{W}}}_{g,k}(t)\}^{\mathrm{T}}\cdot\{\bar{\boldsymbol{\phi}}_g(\boldsymbol{x}_{1,k})\}]\boldsymbol{u}_k - \\
& u_{\mathrm{r}k} - \ddot{y}_{\mathrm{d}} + \frac{1}{n}b\boldsymbol{Tanh}(\boldsymbol{s}_k/\eta(t))\boldsymbol{s}_k^{-1}\Xi(y_k)] + \frac{1}{n}\sum_{i=1}^{n}[1 - b\tanh^2(s_{i,k}/\eta_i(t))]\Xi(y_k) - K\boldsymbol{s}_k^{\mathrm{T}}\boldsymbol{s}_k
\end{aligned} \tag{6-34}$$

式中：

$$\boldsymbol{Tanh}(\boldsymbol{s}_k/\eta(t)) = \begin{bmatrix} \tanh^2(s_{1,k}/\eta_1(t)) & & \\ & \ddots & \\ & & \tanh^2(s_{n,k}/\eta_n(t)) \end{bmatrix}$$

显然，$b\boldsymbol{Tanh}(\boldsymbol{s}_k/\eta(t))\boldsymbol{s}_k^{-1}\Xi(y_k)$ 是连续的，且在紧集 $\boldsymbol{\Omega}_{\Xi} = \{\hat{\boldsymbol{x}}_k, \boldsymbol{x}_{\mathrm{d}}, \boldsymbol{y}_k\} \subset \mathbf{R}^{5n}$ 上是有定义的，因此它可用 RBF 神经网络进行逼近

$$b\boldsymbol{Tanh}(\boldsymbol{s}_k/\eta(t))\boldsymbol{s}_k^{-1}\Xi(y_k)/n = \begin{bmatrix} \boldsymbol{W}_{\Xi 1}^{*\mathrm{T}}\boldsymbol{\phi}_{\Xi 1}(\boldsymbol{Z}_k) + \varepsilon_{\Xi 1}(\boldsymbol{Z}_k) \\ \vdots \\ \boldsymbol{W}_{\Xi n}^{*\mathrm{T}}\boldsymbol{\phi}_{\Xi n}(\boldsymbol{Z}_k) + \varepsilon_{\Xi n}(\boldsymbol{Z}_k) \end{bmatrix}$$

$$= \begin{bmatrix} \bar{\boldsymbol{W}}_{\Xi 1}^{*\mathrm{T}}\bar{\boldsymbol{\phi}}_{\Xi 1}(\boldsymbol{Z}_k) \\ \vdots \\ \bar{\boldsymbol{W}}_{\Xi n}^{*\mathrm{T}}\bar{\boldsymbol{\phi}}_{\Xi n}(\boldsymbol{Z}_k) \end{bmatrix} = \{\bar{\boldsymbol{W}}_{\Xi}^{*}\}^{\mathrm{T}}\cdot\{\bar{\boldsymbol{\phi}}_{\Xi}(\boldsymbol{Z}_k)\}$$

式中：$\boldsymbol{Z}_k=[\hat{\boldsymbol{x}}_k^{\mathrm{T}},\boldsymbol{x}_{\mathrm{d}}^{\mathrm{T}},\boldsymbol{y}_k^{\mathrm{T}}]^{\mathrm{T}}$； $\boldsymbol{W}_{\Xi i}^{*}\in\mathbf{R}^{l_{\Xi i}}$； $\boldsymbol{\phi}_{\Xi i}(z_k)\in\mathbf{R}^{l_{\Xi i}}$； $\bar{\boldsymbol{W}}_{\Xi i}^{*}=[\boldsymbol{W}_{\Xi i}^{*\mathrm{T}},\boldsymbol{\varepsilon}_{\Xi i}(\boldsymbol{Z}_k)]^{\mathrm{T}}$； $\bar{\boldsymbol{\phi}}_{\Xi i}(\boldsymbol{Z}_k)=[\boldsymbol{\phi}_{\Xi i}^{\mathrm{T}}(z_k),1]^{\mathrm{T}}$，$i=1,2,\cdots,n$。则可进一步得

$$
\begin{aligned}
\dot{V}_k \leqslant & -\lambda_{\min}(\boldsymbol{Q})\|z_k\|^2+\delta^2\sum_{i=1}^{n}l_{fi}\|\tilde{\boldsymbol{W}}_{fi,k}\|^2+\delta^2\sum_{i=1}^{n}\sum_{j=1}^{n}l_{gij}^2\|\tilde{\bar{\boldsymbol{W}}}_{gij,k}\|^2-\\
&2\tilde{\boldsymbol{y}}_k^{\mathrm{T}}\boldsymbol{C}^{\mathrm{T}}(\boldsymbol{C}\boldsymbol{C}^{\mathrm{T}}+\delta\boldsymbol{I}_{2n})^{-1}\boldsymbol{P}\boldsymbol{B}[\{\tilde{\boldsymbol{W}}_{f,k}\}^{\mathrm{T}}\cdot\{\boldsymbol{\phi}_f(\hat{\boldsymbol{x}}_k)\}+[\{\tilde{\bar{\boldsymbol{W}}}_{g,k}(t)\}^{\mathrm{T}}\cdot\{\bar{\boldsymbol{\phi}}_g(\boldsymbol{x}_{1,k})\}]\boldsymbol{u}_k]+\\
&\boldsymbol{s}_k^{\mathrm{T}}[\boldsymbol{\Lambda}(\boldsymbol{K}_1z_{1,k}+\boldsymbol{e}_{2,k})+\boldsymbol{K}_2z_{1,k}+K\boldsymbol{e}_{\mathrm{s}k}+\{\hat{\boldsymbol{W}}_{f,k}(t)\}^{\mathrm{T}}\cdot\{\boldsymbol{\phi}_f(\hat{\boldsymbol{x}}_k)\}+\\
&[\{\hat{\bar{\boldsymbol{W}}}_{g,k}(t)\}^{\mathrm{T}}\cdot\{\bar{\boldsymbol{\phi}}_g(\boldsymbol{x}_{1,k})\}]\boldsymbol{u}_k-\boldsymbol{u}_{\mathrm{r}k}-\ddot{\boldsymbol{y}}_{\mathrm{d}}+\{\bar{\boldsymbol{W}}_{\Xi}^{*}\}^{\mathrm{T}}\cdot\{\bar{\boldsymbol{\phi}}_{\Xi}(\boldsymbol{Z}_k)\}-\{\hat{\bar{\boldsymbol{W}}}_{\Xi}\}^{\mathrm{T}}\cdot\{\bar{\boldsymbol{\phi}}_{\Xi}(\boldsymbol{Z}_k)\}+\\
&\{\hat{\bar{\boldsymbol{W}}}_{\Xi}\}^{\mathrm{T}}\cdot\{\bar{\boldsymbol{\phi}}_{\Xi}(\boldsymbol{Z}_k)\}]+\frac{1}{n}\sum_{i=1}^{n}[1-b\tanh^2(s_{i,k}/\eta_i(t))]\Xi(y_k)-K\boldsymbol{s}_k^{\mathrm{T}}\boldsymbol{s}_k\\
=&-\lambda_{\min}(\boldsymbol{Q})\|z_k\|^2+\delta^2\sum_{i=1}^{n}l_{fi}\|\tilde{\boldsymbol{W}}_{fi,k}\|^2+\delta^2\sum_{i=1}^{n}\sum_{j=1}^{n}l_{gij}^2\|\tilde{\bar{\boldsymbol{W}}}_{gij,k}\|^2-\\
&2\tilde{\boldsymbol{y}}_k^{\mathrm{T}}\boldsymbol{C}^{\mathrm{T}}(\boldsymbol{C}\boldsymbol{C}^{\mathrm{T}}+\delta\boldsymbol{I}_{2n})^{-1}\boldsymbol{P}\boldsymbol{B}[\{\tilde{\boldsymbol{W}}_{f,k}\}^{\mathrm{T}}\cdot\{\boldsymbol{\phi}_f(\hat{\boldsymbol{x}}_k)\}+[\{\tilde{\bar{\boldsymbol{W}}}_{g,k}(t)\}^{\mathrm{T}}\cdot\{\bar{\boldsymbol{\phi}}_g(\boldsymbol{x}_{1,k})\}]\boldsymbol{u}_k]-\\
&\boldsymbol{s}_k^{\mathrm{T}}[\{\tilde{\bar{\boldsymbol{W}}}_{\Xi,k}\}^{\mathrm{T}}\cdot\{\bar{\boldsymbol{\phi}}_{\Xi}(\boldsymbol{Z}_k)\}]+\boldsymbol{s}_k^{\mathrm{T}}[\boldsymbol{\Lambda}(\boldsymbol{K}_1z_{1,k}+\boldsymbol{e}_{2,k})+\boldsymbol{K}_2z_{1,k}+\boldsymbol{K}\boldsymbol{e}_{\mathrm{s}k}+\\
&\{\hat{\boldsymbol{W}}_{f,k}(t)\}^{\mathrm{T}}\cdot\{\boldsymbol{\phi}_f(\hat{\boldsymbol{x}}_k)\}+[\{\hat{\bar{\boldsymbol{W}}}_{g,k}(t)\}^{\mathrm{T}}\cdot\{\bar{\boldsymbol{\phi}}_g(\boldsymbol{x}_{1,k})\}]\boldsymbol{u}_k-\boldsymbol{u}_{\mathrm{r}k}-\\
&\ddot{\boldsymbol{y}}_{\mathrm{d}}+\{\hat{\bar{\boldsymbol{W}}}_{\Xi}\}^{\mathrm{T}}\cdot\{\bar{\boldsymbol{\phi}}_{\Xi}(\boldsymbol{Z}_k)\}]+\frac{1}{n}\sum_{i=1}^{n}[1-b\tanh^2(s_{i,k}/\eta_i(t))]\Xi(y_k)-K\boldsymbol{s}_k^{\mathrm{T}}\boldsymbol{s}_k
\end{aligned}\tag{6-35}
$$

为下文表述方便，记 $\boldsymbol{Y}_k=-\boldsymbol{\Lambda}(\boldsymbol{K}_1z_{1,k}+\boldsymbol{e}_{2,k})-\boldsymbol{K}_2z_{1,k}-K\boldsymbol{e}_{\mathrm{s}k}-\{\hat{\boldsymbol{W}}_{f,k}(t)\}^{\mathrm{T}}\cdot\{\boldsymbol{\phi}_f(\hat{\boldsymbol{x}}_k)\}+\ddot{\boldsymbol{y}}_{\mathrm{d}}-\{\hat{\bar{\boldsymbol{W}}}_{\Xi}\}^{\mathrm{T}}\cdot\{\bar{\boldsymbol{\phi}}_{\Xi}(\boldsymbol{Z}_k)\}$。则可以设计控制器为

$$
\boldsymbol{u}_k=[\{\hat{\bar{\boldsymbol{W}}}_{g,k}(t)\}^{\mathrm{T}}\cdot\{\bar{\boldsymbol{\phi}}_g(\boldsymbol{x}_{1,k})\}]^{-1}\boldsymbol{Y}_k \tag{6-36}
$$

$$
\boldsymbol{u}_{\mathrm{r}k}=0 \tag{6-37}
$$

显然，在利用矩阵的逆时可能会有奇异性问题。为了避免式（6-37）中因 $\hat{\bar{\boldsymbol{W}}}_{gk}^{T}(t)\bar{\boldsymbol{\phi}}_g(x_{1,k})$不可逆引起的奇异性问题，将控制器修改为

$$
\begin{aligned}
\boldsymbol{u}_k=&[\{\hat{\bar{\boldsymbol{W}}}_{g,k}(t)\}^{\mathrm{T}}\cdot\{\bar{\boldsymbol{\phi}}_g(\boldsymbol{x}_{1,k})\}]\\
&[\delta_1\boldsymbol{I}_n+[\{\hat{\bar{\boldsymbol{W}}}_{g,k}(t)\}^{\mathrm{T}}\cdot\{\bar{\boldsymbol{\phi}}_g(\boldsymbol{x}_{1,k})\}]^{\mathrm{T}}[\{\hat{\bar{\boldsymbol{W}}}_{g,k}(t)\}^{\mathrm{T}}\cdot\{\bar{\boldsymbol{\phi}}_g(\boldsymbol{x}_{1,k})\}]]^{-1}\boldsymbol{Y}_k
\end{aligned}\tag{6-38}
$$

式中：δ_1 为一个小的常数。将控制器式（6-38）代入式（6-35），可得

$$
\begin{aligned}
\dot{V}_k \leqslant & -\lambda_{\min}(\boldsymbol{Q})\|z_k\|^2+\delta^2\sum_{i=1}^{n}l_{fi}\|\tilde{\boldsymbol{W}}_{fi,k}\|^2+\delta^2\sum_{i=1}^{n}\sum_{j=1}^{n}l_{gij}^2\|\tilde{\bar{\boldsymbol{W}}}_{gij,k}\|^2-\\
&2\tilde{\boldsymbol{y}}_k^{\mathrm{T}}\boldsymbol{C}^{\mathrm{T}}(\boldsymbol{C}\boldsymbol{C}^{\mathrm{T}}+\delta\boldsymbol{I}_{2n})^{-1}\boldsymbol{P}\boldsymbol{B}[\{\tilde{\boldsymbol{W}}_{f,k}\}^{\mathrm{T}}\cdot\{\boldsymbol{\phi}_f(\hat{\boldsymbol{x}}_k)\}+[\{\tilde{\bar{\boldsymbol{W}}}_{g,k}(t)\}^{\mathrm{T}}\cdot\{\bar{\boldsymbol{\phi}}_g(\boldsymbol{x}_{1,k})\}]\boldsymbol{u}_k]-\\
&\boldsymbol{s}_k^{\mathrm{T}}[\{\tilde{\bar{\boldsymbol{W}}}_{\Xi,k}\}^{\mathrm{T}}\cdot\{\bar{\boldsymbol{\phi}}_{\Xi}(\boldsymbol{Z}_k)\}]+\boldsymbol{s}_k^{\mathrm{T}}\{-\boldsymbol{u}_{\mathrm{r}k}-\delta\boldsymbol{I}_n\\
&[\delta\boldsymbol{I}_n+[\{\hat{\bar{\boldsymbol{W}}}_{g,k}(t)\}^{\mathrm{T}}\cdot\{\bar{\boldsymbol{\phi}}_g(\boldsymbol{x}_{1,k})\}]^{\mathrm{T}}[\{\hat{\bar{\boldsymbol{W}}}_{g,k}(t)\}^{\mathrm{T}}\cdot\{\bar{\boldsymbol{\phi}}_g(\boldsymbol{x}_{1,k})\}]]^{-1}\boldsymbol{Y}_k\}+
\end{aligned}
$$

$$
\begin{aligned}
&\frac{1}{n}\sum_{i=1}^{n}[1-b\tanh^2(s_{i,k}/\eta_i(t))]\Xi(y_k)-K\boldsymbol{s}_k^{\mathrm{T}}\boldsymbol{s}_k\\
&\leqslant-\lambda_{\min}(\boldsymbol{Q})\|\boldsymbol{z}_k\|^2+\delta^2\sum_{i=1}^{n}l_{fi}\|\tilde{\boldsymbol{W}}_{fi,k}\|^2+\delta^2\sum_{i=1}^{n}\sum_{j=1}^{n}l_{gij}^2\|\tilde{\bar{\boldsymbol{W}}}_{gij,k}\|^2-\\
&s_k^{\mathrm{T}}[\{\tilde{\bar{\boldsymbol{W}}}_{\Xi,k}\}^{\mathrm{T}}\cdot\{\bar{\boldsymbol{\phi}}_{\Xi}(\boldsymbol{Z}_k)\}]-2\tilde{\boldsymbol{y}}_k^{\mathrm{T}}\boldsymbol{C}^{\mathrm{T}}(\boldsymbol{C}\boldsymbol{C}^{\mathrm{T}}+\delta\boldsymbol{I}_{2n})^{-1}\\
&\boldsymbol{P}\boldsymbol{B}[\{\tilde{\boldsymbol{W}}_{f,k}\}^{\mathrm{T}}\cdot\{\boldsymbol{\phi}_f(\hat{\boldsymbol{x}}_k)\}+[\{\tilde{\bar{\boldsymbol{W}}}_{g,k}(t)\}^{\mathrm{T}}\cdot\{\bar{\boldsymbol{\phi}}_g(\boldsymbol{x}_{1,k})\}]\boldsymbol{u}_k]+\\
&\|\boldsymbol{s}_k\|\|\boldsymbol{Y}_k\|\delta[\delta\boldsymbol{I}_n+[\{\hat{\bar{\boldsymbol{W}}}_{g,k}(t)\}^{\mathrm{T}}\cdot\{\bar{\boldsymbol{\phi}}_g(\boldsymbol{x}_{1,k})\}]^{\mathrm{T}}[\{\hat{\bar{\boldsymbol{W}}}_{g,k}(t)\}^{\mathrm{T}}\cdot\{\bar{\boldsymbol{\phi}}_g(\boldsymbol{x}_{1,k})\}]]^{-1}-\\
&\boldsymbol{s}_k^{\mathrm{T}}\boldsymbol{u}_{\mathrm{r}k}+\frac{1}{n}\sum_{i=1}^{n}[1-b\tanh^2(s_{i,k}/\eta_i(t))]\Xi(y_k)-K\boldsymbol{s}_k^{\mathrm{T}}\boldsymbol{s}_k
\end{aligned}\tag{6-39}
$$

式中用到了矩阵关系式 $\boldsymbol{G}\boldsymbol{G}^{\mathrm{T}}[\delta_1\boldsymbol{I}_n+\boldsymbol{G}\boldsymbol{G}^{\mathrm{T}}]^{-1}=\boldsymbol{I}_n-\delta_1[\delta_1\boldsymbol{I}_n+\boldsymbol{G}\boldsymbol{G}^{\mathrm{T}}]^{-1}$，设计 $\boldsymbol{u}_{\mathrm{r}k}$ 为

$$
\begin{aligned}
&\boldsymbol{u}_{\mathrm{r}k}=\delta_1[\delta_1\boldsymbol{I}_n+[\{\hat{\bar{\boldsymbol{W}}}_{g,k}(t)\}^{\mathrm{T}}\cdot\{\bar{\boldsymbol{\phi}}_g(\boldsymbol{x}_{1,k})\}]^{\mathrm{T}}[\{\hat{\bar{\boldsymbol{W}}}_{g,k}(t)\}^{\mathrm{T}}\cdot\{\bar{\boldsymbol{\phi}}_g(\boldsymbol{x}_{1,k})\}]]^{-1}\boldsymbol{Y}_k\times\\
&\tanh\left(\frac{\boldsymbol{s}_k^{\mathrm{T}}\delta_1[\delta_1\boldsymbol{I}_n+[\{\hat{\bar{\boldsymbol{W}}}_{g,k}(t)\}^{\mathrm{T}}\cdot\{\bar{\boldsymbol{\phi}}_g(\boldsymbol{x}_{1,k})\}]^{\mathrm{T}}[\{\hat{\bar{\boldsymbol{W}}}_{g,k}(t)\}^{\mathrm{T}}\cdot\{\bar{\boldsymbol{\phi}}_g(x_{1,k})\}]]^{-1}\boldsymbol{Y}_k}{\Delta_k}\right)
\end{aligned}\tag{6-40}
$$

式中：Δ_k 为 5.3 节定义的收敛序列。

根据引理 5.2，可知

$$
\begin{aligned}
\dot{V}_k\leqslant&-\lambda_{\min}(\boldsymbol{Q})\|\boldsymbol{z}_k\|^2+\delta^2\sum_{i=1}^{n}l_{fi}\|\tilde{\boldsymbol{W}}_{fi,k}\|^2+\delta^2\sum_{i=1}^{n}\sum_{j=1}^{n}l_{gij}^2\|\tilde{\bar{\boldsymbol{W}}}_{gij,k}\|^2-\\
&s_k^{\mathrm{T}}[\{\tilde{\bar{\boldsymbol{W}}}_{\Xi,k}\}^{\mathrm{T}}\cdot\{\bar{\boldsymbol{\phi}}_{\Xi}(\boldsymbol{Z}_k)\}]-2\tilde{\boldsymbol{y}}_k^{\mathrm{T}}\boldsymbol{C}^{\mathrm{T}}(\boldsymbol{C}\boldsymbol{C}^{\mathrm{T}}+\delta\boldsymbol{I}_{2n})^{-1}\\
&\boldsymbol{P}\boldsymbol{B}[\{\tilde{\boldsymbol{W}}_{f,k}\}^{\mathrm{T}}\cdot\{\boldsymbol{\phi}_f(\hat{\boldsymbol{x}}_k)\}+[\{\tilde{\bar{\boldsymbol{W}}}_{g,k}(t)\}^{\mathrm{T}}\cdot\{\bar{\boldsymbol{\phi}}_g(\boldsymbol{x}_{1,k})\}]\boldsymbol{u}_k]+\\
&\theta\Delta_k+\frac{1}{n}\sum_{i=1}^{n}[1-b\tanh^2(s_{i,k}/\eta_i(t))]\Xi(y_k)-K\boldsymbol{s}_k^{\mathrm{T}}\boldsymbol{s}_k
\end{aligned}\tag{6-41}
$$

设计参数自适应学习律为

$$
\begin{cases}
(1-\gamma_1)\{\dot{\hat{\boldsymbol{W}}}_{f,k}(t)\}=-(\gamma_1+\alpha_1)\{\hat{\boldsymbol{W}}_{f,k}(t)\}+\gamma_1\{\hat{\boldsymbol{W}}_{f,k-1}(t)\}+\\
\qquad\qquad 2\tilde{\boldsymbol{y}}_k^{\mathrm{T}}\boldsymbol{C}^{\mathrm{T}}(\boldsymbol{C}\boldsymbol{C}^{\mathrm{T}}+\delta\boldsymbol{I}_{2n})^{-1}\boldsymbol{P}\boldsymbol{B}\cdot\{\boldsymbol{\phi}_f(\hat{\boldsymbol{x}}_k)\}\\
\{\hat{\boldsymbol{W}}_{f,k}(0)\}=\{\hat{\boldsymbol{W}}_{f,k-1}(T)\},\{\hat{\boldsymbol{W}}_{f,0}(t)\}=0,t\in[0,T]
\end{cases}\tag{6-42}
$$

$$
\begin{cases}
(1-\gamma_2)\{\dot{\hat{\bar{\boldsymbol{W}}}}_{g,k}(t)\}=-(\gamma_2+\alpha)\{\hat{\bar{\boldsymbol{W}}}_{g,k}(t)\}+\gamma_2\{\hat{\bar{\boldsymbol{W}}}_{g,k-1}(t)\}+\\
\qquad\qquad 2\tilde{\boldsymbol{y}}_k^{\mathrm{T}}\boldsymbol{C}^{\mathrm{T}}(\boldsymbol{C}\boldsymbol{C}^{\mathrm{T}}+\delta\boldsymbol{I}_{2n})^{-1}\boldsymbol{P}\boldsymbol{B}\boldsymbol{u}_k\cdot\{\bar{\boldsymbol{\phi}}_g(\boldsymbol{x}_{1,k})\}\\
\{\hat{\bar{\boldsymbol{W}}}_{g,k}(0)\}=\{\hat{\bar{\boldsymbol{W}}}_{g,k-1}(T)\},\{\hat{\bar{\boldsymbol{W}}}_{g,0}(t)\}\neq0,t\in[0,T]
\end{cases}\tag{6-43}
$$

$$\begin{cases}(1-\gamma_3)\{\dot{\hat{\boldsymbol{W}}}_{\Xi,k}\}=-\gamma_3\{\hat{\boldsymbol{W}}_{\Xi,k}\}+\gamma_3\{\hat{\boldsymbol{W}}_{\Xi,k-1}\}+q_3\boldsymbol{s}_k^{\mathrm{T}}\cdot\{\bar{\boldsymbol{\phi}}_{\Xi}(\boldsymbol{Z}_k)\}\\ \{\hat{\boldsymbol{W}}_{\Xi,k}(0)\}=\{\hat{\boldsymbol{W}}_{\Xi,k-1}(T)\},\{\hat{\boldsymbol{W}}_{\Xi,0}(t)\}=0,t\in[0,T]\end{cases}\tag{6-44}$$

式中：$q_1,q_2,q_3>0$，$0<\gamma_1,\gamma_2,\gamma_3<1,\alpha>0$，均为设计参数。

将不等式（6-41）重写为

$$\begin{aligned}&2\tilde{\boldsymbol{y}}_k^{\mathrm{T}}\boldsymbol{C}^{\mathrm{T}}(\boldsymbol{C}\boldsymbol{C}^{\mathrm{T}}+\delta\boldsymbol{I}_{2n})^{-1}\boldsymbol{PB}[\{\tilde{\boldsymbol{W}}_{f,k}\}^{\mathrm{T}}\cdot\{\boldsymbol{\phi}_f(\hat{\boldsymbol{x}}_k)\}+[\{\tilde{\bar{\boldsymbol{W}}}_{g,k}(t)\}^{\mathrm{T}}\cdot\{\bar{\boldsymbol{\phi}}_g(\boldsymbol{x}_{1,k})\}]\boldsymbol{u}_k]+\\&\boldsymbol{s}_k^{\mathrm{T}}[\{\tilde{\bar{\boldsymbol{W}}}_{\Xi,k}\}^{\mathrm{T}}\cdot\{\bar{\boldsymbol{\phi}}_{\Xi}(\boldsymbol{Z}_k)\}]\\&\leqslant-\dot{V}_k-\lambda_{\min}(\boldsymbol{Q})\|\boldsymbol{z}_k\|^2+\delta^2\sum_{i=1}^{n}l_{fi}\|\tilde{\boldsymbol{W}}_{fi,k}\|^2+\delta^2\sum_{i=1}^{n}\sum_{j=1}^{n}l_{gij}^2\|\tilde{\bar{\boldsymbol{W}}}_{gij,k}\|^2+\\&\theta\Delta_k+\frac{1}{n}\sum_{i=1}^{n}[1-b\tanh^2(s_{i,k}/\eta_i(t)))]\Xi(y_k)-K\boldsymbol{s}_k^{\mathrm{T}}\boldsymbol{s}_k\end{aligned}\tag{6-45}$$

对于本章提出的自适应迭代学习控制系统，有如下的结论。

定理 6.1：考虑机械臂系统式（6-1），在假设 6.1~6.8 成立的情况下，设计状态观测器式（6-8）、自适应迭代学习控制器式（6-38）和式（6-40）及参数自适应学习律式（6-42）~式（6-44），则有如下的结论：①闭环系统的所有信号都是有界的；②误差和$\boldsymbol{e}_{sk}(t)$满足$\lim\limits_{k\to\infty}\int_0^T\|\boldsymbol{z}_k\|^2\mathrm{d}\sigma=0$及$\lim\limits_{k\to\infty}\|\boldsymbol{e}_{sk}(t)\|=\|\boldsymbol{e}_{s\infty}(t)\|=(1+m_\eta)\|\boldsymbol{\eta}(t)\|$；③$\lim\limits_{k\to\infty}\|\boldsymbol{y}_k(t)-\boldsymbol{y}_{\mathrm{d}}(t)\|\leqslant k_0\|\boldsymbol{\varepsilon}\|+k_0(1+m_\eta)\|\boldsymbol{\varepsilon}\|(\mathrm{e}^{-(\lambda_0-1)}-\mathrm{e}^{-\lambda_0 t})$，其中，$\lambda_0$为一个正常数。

定理 6.1 的证明过程与第 5 章相似，不再赘述。

6.5 仿真分析

考虑一个双关节机械臂系统：$\boldsymbol{M}=[m_{i,j}]_{2\times2}$，$m_{1,1}=m_1l^2_{c1}+m_2(l^2_1+l^2_{c2}+2l_1l_{c2}\cos q_2)+I_1+I_2$，$m_{1,2}=m_{2,1}=m_2(l^2_{c2}+l_1l_{c2}\cos q_2)+I_2$，$m_{2,2}=m_2l^2_{c2}+I_2$，$\boldsymbol{C}=[c_{i,j}]_{2\times2}$，$c_{1,1}=h\dot{q}_2$，$c_{1,2}=h\dot{q}_1+h\dot{q}_2$，$c_{2,1}=-h\dot{q}_1$及$c_{2,2}=0$，其中$h=-m_2l_1l_{c2}\sin q_2$。$\boldsymbol{G}=[G_1,G_2]^{\mathrm{T}}$，$G_1=(m_1l_{c1}+m_2l_1)g\cos q_1+m_2l_{c2}g\cos(q_1+q_2)$，$G_2=m_2l_{c2}g\cos(q_1+q_2)$。参数为$m_1=m_2=1\mathrm{kg}$，$l_1=l_2=0.5\mathrm{m}$，$l_{c1}=l_{c2}=0.25\mathrm{m}$，$I_1=I_2=0.1\mathrm{kg}\cdot\mathrm{m}^2$，$g=9.81\mathrm{m/s}^2$，扰动为$\boldsymbol{d}_k=[0.1\times\mathrm{rand}\times\sin t,0.1\times\mathrm{rand}\times\sin t]^{\mathrm{T}}$,其中,rand 表示在[0,1]随机取值的噪声信号。$\boldsymbol{y}_k=[q_{1,k},q_{2,k}]^{\mathrm{T}}$，$\boldsymbol{x}_k=[q_{1,k},q_{2,k},\dot{q}_{1,k},\dot{q}_{2,k}]^{\mathrm{T}}$，$\boldsymbol{u}_k=[u_{1,k},u_{2,k}]^{\mathrm{T}}$。

$$\boldsymbol{H}(y_{k,\tau})=\begin{bmatrix}0.5\sin(t)\mathrm{e}^{-|\cos(0.5t)|}y_{\tau_1}\sin(y_{\tau_1})\\0.5\cos(t)\mathrm{e}^{-|\cos(0.5t)|}y_{\tau_2}\cos(y_{\tau_2})\end{bmatrix}$$

时滞为$\tau_1=0.5(1+\sin(0.3t))$，$\tau_2=0.8(1-\sin(0.5t))$。$q_{1,k}$和$q_{2,k}$的期望轨

迹为 $q_{1,\mathrm{d}}=\sin(2\pi t)$ 和 $q_{2,\mathrm{d}}=\cos(2\pi t)$，重复运行区间为$[0,2]$。选取 $\boldsymbol{Q}=\mathrm{diag}\{0.001,0.002,0.003,0.004\}$。利用 LMI 工具箱，可得$\boldsymbol{K}_0=\begin{bmatrix}3.2821 & 0\\ 0 & 3.2824\\ 2.9695 & 0\\ 0 & 2.9698\end{bmatrix}$，

$\boldsymbol{P}=\begin{bmatrix}6.6823 & 0 & -4.01 & 0\\ 0 & 6.6823 & 0 & -4.0102\\ -4.01 & 0 & 6.6823 & 0\\ 0 & -4.0102 & 0 & 6.6823\end{bmatrix}$。设计参数取为 $\boldsymbol{\Lambda}=\begin{bmatrix}\lambda_1 & 0\\ 0 & \lambda_2\end{bmatrix}=\begin{bmatrix}2 & 0\\ 0 & 2\end{bmatrix}$，$\varepsilon_{11}=1,\varepsilon_{12}=1,\varepsilon_{21}=1,\varepsilon_{22}=1,\varepsilon_1=\lambda_1\varepsilon_{11}+\varepsilon_{21}=3,\varepsilon_2=\lambda_2\varepsilon_{12}+\varepsilon_{22}=3,K=2,$ $\gamma=0.5,q_1=0.5,q_2=1,q_3=0.5,\Delta_k=1/k^3$。仿真结果如图 6-1～图 6-4 所示。

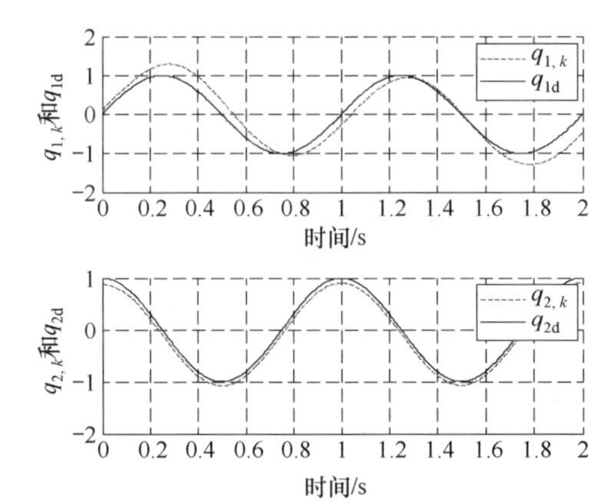

图 6-1　$q_{1,k}$ 和 $q_{2,k}$ 跟踪 $q_{1\mathrm{d}}$ 和 $q_{2\mathrm{d}}$ 曲线($k=1$)

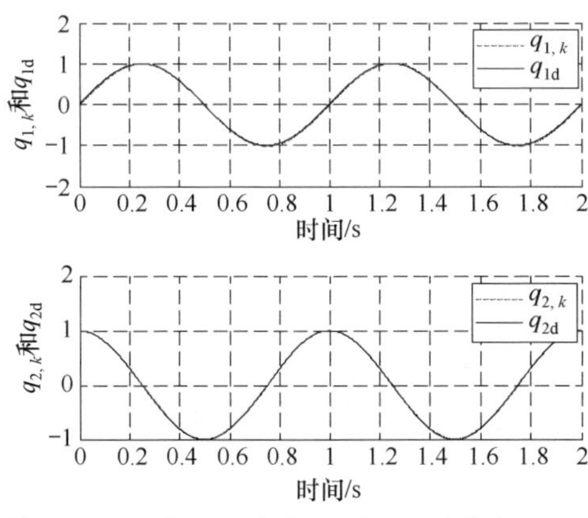

图 6-2　$q_{1,k}$ 和 $q_{2,k}$ 跟踪 $q_{1\mathrm{d}}$ 和 $q_{2\mathrm{d}}$ 曲线($k=10$)

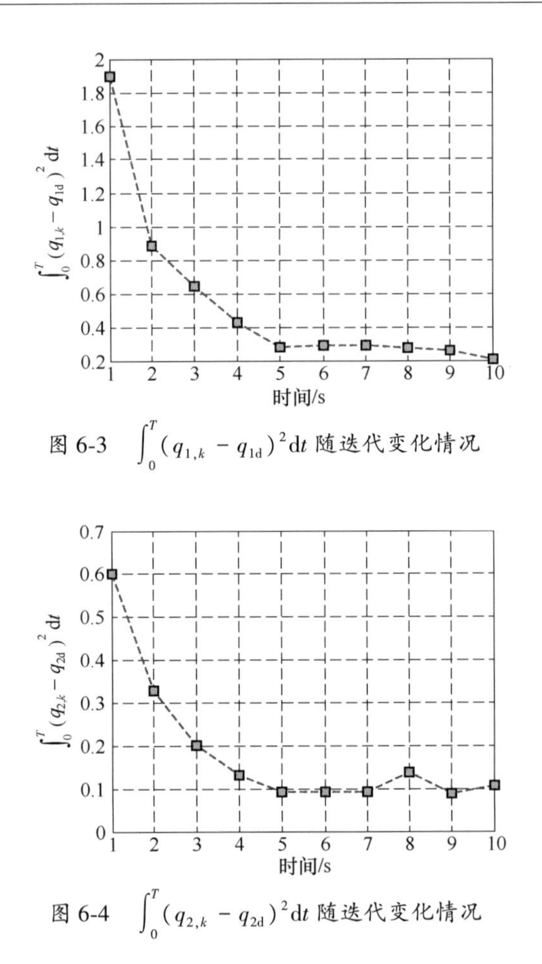

图 6-3 $\int_0^T (q_{1,k} - q_{1d})^2 dt$ 随迭代变化情况

图 6-4 $\int_0^T (q_{2,k} - q_{2d})^2 dt$ 随迭代变化情况

通过以上的仿真结果,可以看出,本章所提出的自适应迭代学习控制算法具有较好的控制效果,能够通过迭代学习过程不断改善控制性能。

6.6 小结与评述

本章在第 5 章的基础上,以机械臂系统为研究对象,针对控制增益未知的状态不可测的情况进行了研究,提出了一种基于观测器的自适应迭代学习控制方案,成功处理了控制增益未知、状态不可测、输出时滞等因素的影响,解决了这类系统的控制难题。在设计中同样利用 LMI 方法设计了观测器增益,避免了的正实条件要求,同时利用双曲正切函数和级数收敛序列设计鲁棒项,处理了设计余项,保证了控制方案的学习收敛。由于所提出的方法适用于机械臂系统及其他具有类似形式的系统,进一步拓展了基于观测器的自适应迭代学习控制的应用范围,具有重要的理论意义和实际价值。

参 考 文 献

[1] 钱学森，宋健．工程控制论［M］．3版．北京：科学出版社，2011.

[2] Fu K. Learning control systems and intelligent control systems: An intersection of artificial intelligence and automatic control [J]. IEEE Transactions on Automatic Control, 1971, 16 (1): 70-72.

[3] Uchiyama M. Formation of high-speed motion pattern of a mechanical arm by trial [J]. Transactions of the Society of Instrumentation and Control Engineers, 1978, 14 (6): 706-712.

[4] Arimoto S, Kawamura S, Miyazaki F. Bettering operation of robots by learning [J]. Journal of Robotic Systems, 1984, 1 (2): 123-140.

[5] 许建新，侯忠生．学习控制的现状与展望［J］．自动化学报，2005，31（6）：943-955.

[6] Xu J X, Lee T H, Zhang H W. Analysis and comparison of iterative learning control schemes [J]. Engineering Applications of Artificial Intelligence, 2004, 17 (6): 675-686.

[7] Bien Z, Huh K M. Higher-order iterative learning control algorithm [J]. IEEE Proceedings D (Control Theory and Applications), IET Digital Library, 1989, 136 (3): 105-112.

[8] Xu J X, Tan Y. Robust optimal design and convergence properties analysis of iterative learning control approaches [J]. Automatica, 2002, 38 (11): 1867-1880.

[9] Norrlöf M. Comparative study on first and second order ILC-frequency domain analysis and experiments [C]. Proceedings of the 39th IEEE Conference on Decision Control, Sydney, 2000: 3415-3420.

[10] Xu J X, Tan Y. Linear and nonlinear iterative learning control [M]. Berlin Heidelberg: Springer-Verlag, 2003.

[11] Chen Y Q, Wen C Y. Iterative learning control-convergence, robustness and applications [M]. Boston: Kluwer Academic Press, 2003.

[12] Hätönen J, Owens D H, Feng K. Basis functions and parameter optimisation in high-order iterative learning control [J]. Automatica, 2006, 42 (2): 287-294.

[13] Gunnarsson S, Norrlöf M. On the disturbance properties of high order iterative learning control algorithms [J]. Automatica, 2006, 42 (11): 2031-2034.

[14] Amann N, Owens D H, Rogers E. Predictive optimal iterative learning control [J]. International Journal of Control, 1998, 69 (2): 203-226.

[15] Wang Y, Dassau E, Doyle III F J. Closed-loop control of artificial pancreatic β-cell in type 1 diabetes mellitus using model predictive iterative learning control [J]. IEEE Transactions on Biomedical Engineering, 2010, 57 (2): 211-219.

[16] Shi J, Zhou H, Cao Z, et al. A design method for indirect iterative learning control based on two-dimensional generalized predictive control algorithm [J]. Journal of Process Control, 2014,

24 (10): 1527-1537.

[17] Wang D. On the D-type and P-type ILC designs and anticipatory approach [J]. International Journal of Control, 2000, 73 (10): 890-901.

[18] Sun M, Wang D. Anticipatory iterative learning control for nonlinear systems with arbitrary relative degree [J]. IEEE Transactions on Automatic Control, 2001, 46 (5): 783-788.

[19] Huang D, Xu J X, Li X, et al. D-type anticipatory iterative learning control for a class of inhomogeneous heat equations [J]. Automatica, 2013, 49: 2397-2408.

[20] Xu J X, Tan Y. On the P-type and Newton-type ILC schemes for dynamic systems with non-affine-in-input factors [J]. Automatica, 2002, 38 (7): 1237-1242.

[21] French M, Rogers E. Non-linear iterative learning by an adaptive Lyapunov technique [J]. International Journal of Control, 2000, 73 (10): 840-850.

[22] Ham C, Qu Z H, Kaloust J H. Nonlinear learning control for a class of nonlinear systems based on Lyapunov' s direct method [C]. Proc. 1995 IEEE American Control Conference, Seattle, 1995: 3024-3028.

[23] Xu J X, Qu Z H. Robust iterative learning control for a class of nonlinear systems [J]. Automatica, 1998, 34 (8): 983-988.

[24] Xu J X, Badrinath V. Adaptive robust iterative learning control with dead zone scheme [J]. Automatica, 2000, 36 (1): 91-99.

[25] Qu Z H, Xu J X. Asymptotic learning control for a class of cascaded nonlinear uncertain systems [J]. IEEE Transactions on Automatic control, 2002, 47 (8): 1369-1376.

[26] Ham C, Qu Z, Kaloust J. Nonlinear learning control for a class of nonlinear systems [J]. Automatica, 2001, 37 (3): 419-428.

[27] Xu J X, Tan Y. A composite energy function-based learning control approach for nonlinear systems with time-varying parametric uncertainties [J]. IEEE Transactions on Automatic Control, 2002, 41 (7): 1940-1945.

[28] Xu J X, Xu J. On iterative learning from different tracing tasks in the presence of time-varying uncertainties [J]. IEEE Transactions on Systems, Man, and Cybernetics-Part B: Cybernetics, 2004, 34 (1): 589-596.

[29] Xu J X, Yan R. On initial conditions in iterative learning control [J]. IEEE Transactions on Automatic Control, 2005, 50 (9): 1349-1355.

[30] Xu J X, Tan Y, Tong-Heng Lee. Iterative learning control design based on composite energy function with input saturation [C]. Proceedings of the American Control Conference, Denver, 2003: 5129-5134.

[31] Xu J X, Tan Y, Lee T H. Iterative learning control design based on composite energy function with input saturation [J]. Automatica, 2004, 40 (8): 1371-1377.

[32] Huang D Q, Tan Y, Xu J X. A dual-loop iterative learning control for nonlinear systems with hysteresis input uncertainty [C]. IEEE International Conference on Control and Automation, Christchurch, 2009: 1116-1121.

[33] Tan Y, Dai H H, Huang D, et al. Unified iterative learning control schemes for nonlinear dynamic systems with nonlinear input uncertainties [J]. Automatica, 2012, 48 (12):

3173-3182.

[34] Yin C K, Xu J X, Hou Z S. An ILC scheme for a class of nonlinear continuous-time systems with time-iteration-varying parameters subject to second-order internal model [J]. Asian Journal of Control, 2011, 13 (1): 126-135.

[35] Yin C K, Xu J X, Hou Z S. A high-order internal model based iterative learning control scheme for nonlinear systems with time-iteration-varying parameters [J]. IEEE Transactions on Automatic Control, 2010, 55 (11): 2665-2670.

[36] Jin X, Xu J X. Iterative learning control for output-constrained systems with both parametric and nonparametric uncertainties [J]. Automatica, 2013, 49 (8): 2508-2516.

[37] Chi R, Hou Z, Xu J. Adaptive ILC for a class of discrete-time systems with iteration-varying trajectory and random initial condition [J]. Automatica, 2008, 44 (8): 2207-2213.

[38] Chi R H, Sui S L, Hou Z S. A new discrete-time adaptive ILC for nonlinear systems with time-varying parametric uncertainties [J]. Acta Automatica Sinca, 2008, 34 (7): 805-808.

[39] Zhang R, Hou Z, Ji H, et al. Adaptive iterative learning control for a class of non-linearly parameterised systems with input saturations [J]. International Journal of Systems Science, 2016, 47 (5): 1084-1094.

[40] Zhang R, Hou Z, Chi R H, et al. Adaptive iterative learning control for nonlinearly parameterised systems with unknown time-varying delays and input saturations [J]. International Journal of Control, 2015, 88 (6): 1133-1141.

[41] Ji H, Hou Z, Zhang R. Adaptive iterative learning control for high-speed trains with unknown speed delays and input saturations [J]. IEEE Transactions on Automation Science and Engineering, 2015, 13 (1): 260-273.

[42] Liu Y, Chi R H, Hou Z S. Neural network state learning based adaptive terminal ILC for tracking iteration-varying target points [J]. International Journal of Automation and Computing, 2015, 12 (3): 266-272.

[43] 孙明轩, 何熊熊, 俞立. 迭代学习控制器设计: 一种有限时间死区方法 [J]. 控制理论与应用, 2007, 24 (3): 349-355.

[44] 谢华英, 孙明轩. 有限时间死区修正迭代学习控制器的设计 [J]. 控制理论与应用, 2009, 26 (11): 1225-1231.

[45] 刘利, 孙明轩. 不确定时变系统的鲁棒学习控制算法 [J]. 控制理论与应用, 2010, 27 (3): 323-328.

[46] 陈冰玉, 孙明轩, 朱胜. 输出重定义下的非线性非最小相位系统迭代学习控制 [J]. 控制理论与应用, 2010, 27 (7): 1014-1017.

[47] 朱胜, 孙明轩, 何熊熊. 齿隙非线性输入系统的迭代学习控制 [J]. 自动化学报, 2011, 37 (8): 454-458.

[48] 朱胜, 孙明轩, 何熊熊. 严格反馈非线性时变系统的迭代学习控制 [J]. 自动化学报, 2010, 36 (3): 454-458.

[49] Sun M X, Yan Q Z. Error tracking of iterative learning control systems [J]. Acta Automatica Sinca, 2013, 39 (3): 251-262.

[50] 孙明轩, 严求真. 非参数不确定系统状态受限误差跟踪学习控制方法 [J]. 控制理论与应

用，2015，32（7）：895-901.

[51] Chien C J. An adaptive PID-type iterative learning controller for nonlinear systems with non-repeatable control tasks [J]. Journal of Chinese Institute of Engineers, 2006, 29 (2): 279-287.

[52] Chien C J, Hsu C T, Yao C Y. Fuzzy system-based adaptive iterative learning control for nonlinear plants with initial state errors [J]. IEEE Transactions on Fuzzy Systems, 2004, 12 (5): 724-732.

[53] Wang Y C, Chien C J, Teng C C. Direct adaptive iterative learning control of nonlinear systems using an output-recurrent fuzzy neural network [J]. IEEE Transactions on Systems, Man, and Cybernetics-Part B: Cybernetics, 2004, 34 (4): 1348-1359.

[54] Wang Y C, Chien C J, Lee D T. A hybrid adaptive scheme of fuzzy-neural iterative learning controller for nonlinear dynamic systems [J]. International Journal of Fuzzy Systems, 2005, 7 (4): 147-157.

[55] Tayebi A, Chien C J. A unified adaptive iterative learning control framework for uncertain nonlinear systems [J]. IEEE Transactions on Automatic Control, 2007, 52 (10): 1097-1103.

[56] Chien C J. A combined adaptive law for fuzzy iterative learning control of nonlinear systems with varying control tasks [J]. IEEE Transactions on Fuzzy Systems, 2008, 16 (1): 40-51.

[57] Wang Y C, Chien C J. Decentralized adaptive fuzzy neural iterative learning control for nonaffine nonlinear interconnected systems [J]. Asian Journal of Control, 2011, 13 (1): 94-106.

[58] Chien C J, Yao C Y. An output-based adaptive iterative learning controller for high relative degree uncertain linear systems [J]. Automatica, 2004, 40 (1): 145-153.

[59] Chien C J, Yao C Y. Iterative learning of model reference adaptive controller for uncertain nonlinear systems with only output measurement [J]. Automatica, 2004, 40 (5): 855-864.

[60] Wang Y C, Chien C J. An observer-based adaptive iterative learning control using filtered-FNN design for robotic systems [J]. Advances in Mechanical Engineering, 2014, 6: 471418.

[61] Wang Y C, Chien C J, Er M J. An observer-based model reference adaptive iterative learning controller for MIMO nonlinear systems [C]. 11th IEEE International Conference on Control & Automation, Taiwan, 2014: 1168-1173.

[62] Tayebi A. Adaptive iterative learning control for robot manipulators [J]. Automatica, 2004, 40 (7): 1195-1203.

[63] Chien C J, Tayebi A. Further results on adaptive iterative learning control of robot manipulators [J]. Automatica, 2008, 44 (3): 830-837.

[64] 李俊民，孙云平. 非一致目标跟踪的混合自适应迭代学习控制 [J]. 控制理论与应用，2008，25（1）：100-104.

[65] 孙云平，李俊民，王江安. 目标轨线迭代可变的非线性系统自适应学习控制 [J]. 系统工程与电子技术，2009，31（7）：1715-1719.

[66] 李俊民. 非线性参数化时变时滞系统自适应迭代学习控制 [J]. 数学物理学报，2011，31A（3）：682-290.

[67] 李俊民，王元亮，李新民. 未知时变时滞非线性参数化系统自适应迭代学习控制 [J]. 控制理论与应用，2011，28（6）：861-868.

[68] Chen W, Zhang L. Adaptive iterative learning control for nonlinearly parameterized systems with

unknown time-varying delays [J]. International Journal of Control, Automation and Systems, 2010, 8 (2): 177-186.

[69] Chen W, Li J. Practical adaptive iterative learning control framework based on robust adaptive approach [J]. Asian Journal of Control, 2011, 13 (1): 85-93.

[70] Zhang C L, Li J M. Adaptive iterative learning control for nonlinear time-delay systems with periodic disturbances using FSE-neural network [J]. International Journal of Automation and Computing, 2011, 8 (4): 403-410.

[71] Li D, Li J M. Adaptive iterative learning control for nonlinearly parameterized systems with unknown time-varying delay and unknown control direction [J]. International Journal of Automation and Computing, 2012, 9 (6): 578-586.

[72] Zhang C, Li J. Adaptive iterative learning control for nonlinear pure-feedback systems with initial state error based on fuzzy approximation [J]. Journal of the Franklin Institute, 2014, 351 (3): 1483-1500.

[73] Zhang C L, Li J M. Adaptive iterative learning control of non-uniform trajectory tracking for strict feedback nonlinear time-varying systems [J]. International Journal of Automation and Computing, 2014, 11 (6): 621-626.

[74] Zhang C L, Li J M. Adaptive iterative learning control of non-uniform trajectory tracking for strict feedback nonlinear time-varying systems with unknown control direction [J]. Applied Mathematical Modelling, 2015, 39 (10): 2942-2950.

[75] Li J M, Li J S. Adaptive fuzzy iterative learning control with initial-state learning for coordination control of leader-following multi-agent systems [J]. Fuzzy Sets and Systems, 2014, 248: 122-137.

[76] Li J S, Li J M. Coordination control of multi-agent systems with second-order nonlinear dynamics using fully distributed adaptive iterative learning [J]. Journal of the Franklin Institute, 2015, 352: 2441-2463.

[77] Jiang P, Chen H, Bamforth L C A. A universal iterative learning stabilizer for a class of MIMO systems [J]. Automatica, 2006, 42 (6): 973-981.

[78] Ding J, Yang H. Adaptive iterative learning control for a class of uncertain nonlinear systems with second-order sliding mode technique [J]. Circuits, Systems, and Signal Processing, 2014, 33 (6): 1783-1797.

[79] Fan L. Iterative learning and adaptive fault-tolerant control with application to high-speed trains under unknown speed delays and control input saturations [J]. IET Control Theory & Applications, 2014, 8 (9): 675-687.

[80] Marino R, Tomei P. An iterative learning control for a class of partially feedback linearizable systems [J]. IEEE Transactions on Automatic Control, 2009, 54 (8): 1991-1996.

[81] Li X D, Xiao T F, Zheng H X. Adaptive discrete-time iterative learning control for non-linear multiple input multiple output systems with iteration-varying initial error and reference trajectory [J]. IET Control Theory & Applications, 2011, 5 (9): 1131-1139.

[82] Li X D, Tommy W S, Cheng L L. Adaptive iterative learning control of non-linear MIMO continuous systems with iteration-varying initial error and reference trajectory [J]. International Jour-

nal of Systems Science, 2013, 44 (4): 786-794.

[83] Meng D, Jia Y, Du J, et al. Robust iterative learning control design for uncertain time-delay systems based on a performance index [J]. IET Control Theory & Applications, 2010, 4 (5): 759-772.

[84] Bouakrif F. Iterative learning control for strictly unknown nonlinear systems subject to external disturbances [J]. International Journal of Control, Automation and Systems, 2011, 9 (4): 642-648.

[85] Sun L, Wu T. Decentralized adaptive iterative learning control for interconnected systems with uncertainties [J]. Journal of Control Theory and Applications, 2012, 10 (4): 490-496.

[86] Xu J X, Yan R. Constructive learning control based on function approximation and wavelet [C]. 43rd IEEE Conference on Decision and Control, Atlantis, Paradise Island, 2004: 4952-4957.

[87] 刘山，吴铁军. 基于小波逼近的非线性系统鲁棒迭代学习控制 [J]. 自动化学报, 2004, 30 (2): 270-276.

[88] Jiang P, Li Z, Chen Y. Iterative learning neural network control for robot learning from demonstration [J]. Control Theory & Applications, 2004, 21 (3): 447-452.

[89] Li J, Hu Y A. 时变 RBF 神经网络的逼近定理证明及应用分析 [C]. Proceedings of the 30th Chinese Control Conference, Yantai, 2011: 2693-2697.

[90] Sun M X. Iterative learning neurocomputing [C]. 2009 International Conference on Wireless Networks and Information Systems, Shanghai, 2009: 158-161.

[91] Sun M X. Time-varying neurocomputing: An iterative learning perspective [C]. Proceedings of Intelligent Computing Theories and Applications- 8th International Conference, Huangshan, 2012: 18-26.

[92] Hua G, Sun M. Neural networks iterative learning control: a terminal sliding mode approach [C]. Proceedings of the 7th World Congress on Intelligent Control and Automation, Chongqing, 2008: 3119-3124.

[93] 严伟力，孙明轩. 非线性离散时变系统的时变神经网络间接自适应学习控制 [C]. Proceedings. of the 29th Chinese Control Conference, Beijing, 2010: 2060-2065.

[94] 朱胜，孙明轩. 具有未知死区输入非线性系统的迭代学习控制 [J]. 控制与决策, 2009, 24 (1): 96-100.

[95] 李静，胡云安，温玮. 非周期时变非线性系统自适应迭代学习控制 [J]. 吉林大学学报(工学版), 2012, 42 (3): 702-708.

[96] 李静，胡云安，耿宝亮. 控制方向未知的二阶时变非线性系统自适应迭代学习控制 [J]. 控制理论与应用, 2012, 29 (6): 730-740.

[97] 李静，胡云安，耿宝亮. 控制方向未知的时变非线性系统的控制器设计 [J]. 华中科技大学学报 (自然科学版), 2011, 39 (11): 68-74.

[98] 李静，胡云安. 时变参数化非线性系统自适应迭代学习控制器设计 [J]. 控制与决策, 2012, 27 (7): 1015-1020.

[99] 李静，胡云安. 时变非线性系统直接自适应迭代学习控制 [J]. 系统工程与电子技术, 2012, 34 (1): 154-159.

[100] Meng D, Jia Y, Du J, et al. Robust discrete-time iterative learning control for nonlinear systems with varying initial state shifts [J]. IEEE Transactions on Automatic Control, 2009, 54 (11): 2626-2631.

[101] Meng D, Jia Y, Du J, et al. Necessary and sufficient stability condition of LTV iterative learning control systems using a 2-D approach [J]. Asian Journal of Control, 2011, 13 (1): 25-37.

[102] Meng D, Jia Y, Du J. Robust ILC with iteration-varying initial state shifts: a 2D approach [J]. International Journal of Systems Science, 2015, 46 (1): 1-17.

[103] Fang Y, Chow T W S. 2-D analysis for iterative learning controller for discrete-time systems with variable initial conditions [J]. IEEE Transactions on Circuits and Systems: Fundamental Theory and Applications, 2003, 50 (5): 722-727.

[104] Kurek J E, Zaremba M B. Iterative learning control synthesis based on 2-D system theory [J]. IEEE Transactions on Automatic Control, 1993, 38 (1): 121-125.

[105] Wang L, Mo S, Zhou D, et al. Robust design of feedback integrated with iterative learning control for batch processes with uncertainties and interval time-varying delays [J]. Journal of Process Control, 2011, 21 (7): 987-996.

[106] Liu X, Kong X. Nonlinear fuzzy model predictive iterative learning control for drum-type boiler-turbine system [J]. Journal of Process Control, 2013, 23 (8): 1023-1040.

[107] Cichy B, Gałkowski K, Rogers E. 2D systems based robust iterative learning control using noncausal finite-time interval data [J]. Systems & Control Letters, 2014, 64: 36-42.

[108] Liu Y, Jia Y. Robust formation control of discrete-time multi-agent systems by iterative learning approach [J]. International Journal of Systems Science, 2015, 46 (2): 625-633.

[109] Ge S S, Hong F, Lee T H. Adaptive neural control of nonlinear time-delay systems with unknown virtual control coefficients [J]. IEEE Transactions on Systems, Man, and Cybernetics, Part B: Cybernetics, 2004, 34 (1): 499-516.

[110] Ge S S, Hong F, Lee T H. Robust adaptive control of nonlinear systems with unknown time delays [J]. Automatica, 2005, 41 (7): 1181-1190.

[111] Zhang T P, Ge S S. Adaptive neural control of MIMO nonlinear state time-varying delay systems with unknown dead-zones and gain signs [J]. Automatica, 2007, 43 (6): 1021-1033.

[112] Bresch-Pietri D, Chauvin J, Petit N. Adaptive control scheme for uncertain time-delay systems [J]. Automatica, 2012, 48 (8): 1536-1552.

[113] Zhang X, Liu L, Feng G, et al. Output feedback control of large-scale nonlinear time-delay systems in lower triangular form [J]. Automatica, 2013, 49 (11): 3476-3483.

[114] Zhou B. Truncated predictor feedback for time-delay systems [M]. Heidelberg: Springer, 2014.

[115] Zhang X, Lin Y. Adaptive output feedback control for a class of large-scale nonlinear time-delay systems [J]. Automatica, 2015, 52: 87-94.

[116] Chen Y, Gong Z, Wen C. Analysis of a high-order iterative learning control algorithm for uncertain nonlinear systems with state delays [J]. Automatica, 1998, 34 (3): 345-353.

[117] Sun M, Wang D. Iterative learning control design for uncertain dynamic systems with delayed

states [J]. Dynamics and Control, 2000, 10 (4): 341-357.

[118] Sun M, Wang D. Initial condition issues on iterative learning control for non-linear systems with time delay [J]. International Journal of Systems Science, 2001, 32 (11): 1365-1375.

[119] Li J, Li X, Xing K. Hybrid adaptive iterative learning control of non-uniform trajectory tracking for nonlinear time-delay systems [C]. Proceedings of the 26th Chinese Control Conference, Zhangjiajie, 2007: 515-519.

[120] Zhang C L, Li J M. Adaptive iterative learning control for nonlinear time-delay systems with periodic disturbances using FSE-neural network [J]. International Journal of Automation and Computing, 2011, 8 (4): 403-410.

[121] Hale J K. Functional differential equations [M]. Berlin Heidelberg: Springer, 1971.

[122] Tao G, Kokotovic P V. Adaptive control of plants with unknown dead-zones [J]. IEEE Transactions on Automatic Control, 1994, 39 (1): 59-68.

[123] Wang X S, Hong H, Su C Y. Model reference adaptive control of continuous-time systems with an unknown input dead-zone [J]. IEE Proceedings-Control Theory and Applications, 2003, 150 (3): 261-266.

[124] Tang X, Tao G, Joshi S M. Adaptive actuator failure compensation for parametric strict feedback systems and an aircraft application [J]. Automatica, 2003, 39 (11): 1975-1982.

[125] Wang X S, Su C Y, Hong H. Robust adaptive control of a class of nonlinear systems with unknown dead-zone [J]. Automatica, 2004, 40 (3): 407-413.

[126] Zhang T P, Ge S S. Adaptive dynamic surface control of nonlinear systems with unknown dead zone in pure feedback form [J]. Automatica, 2008, 44 (7): 1895-1903.

[127] Zhang T, Ge S S. Adaptive neural network tracking control of MIMO nonlinear systems with unknown dead zones and control directions [J]. IEEE Transactions on Neural Networks, 2009, 20 (3): 483-497.

[128] Ma H J, Yang G H. Adaptive output control of uncertain nonlinear systems with non-symmetric dead-zone input [J]. Automatica, 2010, 46 (2): 413-420.

[129] Gao Y, Tong S, Li Y. Fuzzy adaptive output feedback DSC design for SISO nonlinear stochastic systems with unknown control directions and dead-zones [J]. Neurocomputing, 2015, 167: 187-194.

[130] Xu J X, Xu J, Lee T H. Iterative learning control for systems with input deadzone [J]. IEEE Transactions on Automatic Control, 2005, 50 (9): 1455-1459.

[131] Shen D, Mu Y, Xiong G. Iterative learning control for non-linear systems with deadzone input and time delay in presence of measurement noise [J]. IET control theory & applications, 2011, 5 (12): 1418-1425.

[132] Xu J X, Xu J, Lee T. Iterative learning control for a linear piezoelectric motor with a nonlinear unknown input deadzone [C]. Proc. of the 2004 IEEE Conference on Control Applications. 2004: 1001-1006.

[133] Ge S S, Lee K P. Adaptive dynamic surface control of nonlinear systems with unknown dead zone in pure feedback form [J]. Automatica, 2007, 43 (1): 31-43.

[134] Ioannou P A, Sun J. Robust Adaptive Control [M]. PrenticeHall, Englewood Cliffs, NJ,

USA, 1995.
[135] Broomhead D S, Lowe D. Multivariable functional interpolation and adaptive networks [J]. 1988, Complex Systems, 2: 321-355.
[136] Ge S S, Hang C C, Lee T H, et al. Stable adaptive neural network control [M]. Norwell: Kluwer Academic Publishers, 2001.
[137] Gupta M M, Rao D H. Neuro-control systems: theory and applications [M]. New York: IEEE Press, 1994.
[138] Mudgett D R, Morse A S. Adaptive stabilization of linear systems with unknown high frequency gains [J]. IEEE Transactions on Automatic Control, 1985, 30 (6): 549-554.
[139] Lozano R, Collado J, Mondie S. Model reference adaptive control without a priori knowledge of the high frequency gain [J]. IEEE Transactions on Automatic Control, 1990, 35 (1): 71-78.
[140] Kaloust J, Qu Z H. Continuous robust control design for nonlinear uncertain systems without a priori knowledge of control directions [J]. IEEE Transactions on Automatic Control, 1995, 40 (2): 275-282.
[141] Nussbaum R D. Some remarks on the conjecture in parameter adaptive control [J]. System & Control Letter, 1983, 3 (5): 242-246.
[142] Xu J X, Yan R. Iterative learning control design without a priori knowledge of the control direction [J]. Automatica, 2004, 40 (10): 1803-1809.
[143] Chen H D, Jiang P. Adaptive iterative learning control for nonlinear systems with unknown control gain [J]. ASME Journal of Dynamic Systems, Measurement and Control, 2004, 126 (8): 915-920.
[144] Krasnoskl' skii M A, Pokrovskii A V. Systems with hysteresis [M]. Moscow: Nauka, 1983.
[145] Mayergoyz I D. The Preisach Model for hysteresis [M]. Berling: Springer-Verlag, 1991.
[146] Macki J W, Nistri P, Zecca P. Mathematical models for hysteresis [J]. SIAM review, 1993, 35 (1): 94-123.
[147] Su C Y, Stepanenko Y, Svoboda J, et al. Robust adaptive control of a class of nonlinear systems with unknown backlash-like hysteresis [J]. IEEE Transactions on Automatic Control, 2000, 45 (12): 2427-2432.
[148] Wen C Y, Zhou J. Decentralized adaptive stabibization in the presence of anknown backlash-like hysteresis [J]. Automatica. 2007. 43 (3): 426-440.
[149] Zhou J, Wen C Y. Adaptive backstepping control of uncertain systems [M]. Berlin Heidelberg: Springer-Verlag, 2008.
[150] Wang H, Chen B, Liu K, et al. Adaptive neural tracking control for a class of nonstrict-feedback stochastic nonlinear systems with unknown backlash-like hysteresis [J]. IEEE Transactions on Neural Networks and Learning Systems, 2014, 25 (5): 947-958.
[151] Krstic M, Kanellakopoulos I, KoKotovic P V. Nonlinear and adaptive control design [M]. New York: Wiley, 1995.
[152] Sepulchre R, Jankovic M, Kokotovic P V. Constructive nonlinear control [M]. London:

Springer, 1997.

[153] Ye X, Jiang J. Adaptive nonlinear design without a priori knowledge of control directions [J]. IEEE Transactions on Automatic Control, 1998, 43 (11): 1617-1621.

[154] Ryan E P. A universal adaptive stabilizer for a class of nonlinear systems [J]. Systems & Control Letters, 1991, 16 (3): 209-218.

[155] Kim Y H, Lewis F L. High-level feedback control with neural networks [M]. NJ: River Edge, 1998.

[156] Leu Y G, Wang W Y, Lee T T. Observer-based direct adaptive fuzzy-neural control for non-affine nonlinear systems [J]. IEEE Transactions on Neural Networks, 2005, 16 (4): 853-861.

[157] Tong S, Li Y, et al. Observer-based adaptive fuzzy backstepping control for a class of stochastic nonlinear strict-feedback systems [J]. IEEE Transactions on Systems, Man, and Cybernetics, Part B: Cybernetics, 2011, 41 (6): 1693-1704.

[158] Chen B, Lin C, Liu X, et al. Observer-based adaptive fuzzy control for a class of nonlinear delayed systems [J]. IEEE Transactions on Systems Man and Cybernetics: Systems, 2015, 46 (1): 27-36.

[159] Tayebi A, Xu J X. Observer-based iterative learning control for a class of time-varying nonlinear systems [J]. IEEE Transactions on Circuits and Systems I: Fundamental Theory and Applications, 2003, 50 (3): 452-455.

[160] Darouach M Z M, Xu S J. Full-order observer for linear systems with unknown inputs [J]. IEEE Trans on Automatic Control, 1994, 39 (1): 606 - 609.

[161] Xu J X, Xu J. Observer based learning control for a class of nonlinear systems with time-varying parametric uncertainties [J]. IEEE Transactions on Automatic Control, 2004, 49 (2): 275-281.

[162] Chen W S, Li R H, Li J. Observer-based adaptive iterative learning control for nonlinear systems with time-varying delays [J]. International Journal of Automation and Computing, 2010, 7 (4): 438-446.

[163] 张冬梅, 孙明轩, 俞立. 基于观测器跟踪非一致轨迹的迭代学习控制器设计 [J]. 控制理论与应用, 2006, 23 (5): 795-799.

[164] Wang Y C, Chien C J. An observer based adaptive iterative learning control for robotic systems [C]. IEEE International Conference on Fuzzy Systems, 2011, Taipei, 2011: 2876-2881.

[165] Wang Y C, Chien C J. An observer-based fuzzy neural network adaptive ILC for nonlinear systems [C]. 13th International Conference on Control, Automation and Systems, Gwangju, 2013: 226-232.

[166] Wang Y C, Chien C J, Er M J. An observer-based adaptive iterative learning controller for MIMO nonlinear systems with delayed output [C]. 13th International Conference on Control, Automation, Robotics & Vision, Singapore, 2014: 157-162.

[167] Zhou B, Gao H J, Lin Z L, et al. Stabilization of linear systems with distributed input delay and input saturation [J]. Automatica, 2012, 48 (5): 712-724.

[168] Wen C, Zhou J, Liu Z, et al. Robust adaptive control of uncertain nonlinear systems in the

presence of input saturation and external disturbance [J]. Automatic Control, IEEE Transactions on, 2011, 56 (7): 1672-1678.

[169] Esfandiari K, Abdollahi F, Talebi H A. Adaptive control of uncertain nonaffine nonlinear systems with input saturation using neural networks [J]. IEEE Transactions on Neural Networks and Learning Systems, 2014, 26 (10): 2311-2322.

[170] Boyd S P, El Ghaoui L, Feron E, et al. Linear matrix inequalities in system and control theory [M]. Philadelphia: Society for industrial and applied mathematics, 1994.

[171] Pollycarpou M M. Stable adaptive neural control scheme for nonlinear systems [J]. IEEE Transactions on Automatic Control, 1996, 41 (3): 447-451.

[172] Ge S S, Lee T H, Harris C J. Adaptive neural network control of robotic manipulators [M]. London: World Scientific, 1998.

[173] Agaian S S. Hadamard matrices and their applications [M]. New York: Springer-Verlag, 1985.

内 容 简 介

本书研究了非线性时滞系统的迭代学习控制问题，在深入研究已有研究成果的基础上，创新性地提出了一类自适应迭代学习控制方案，按由易到难、从浅入深的逻辑顺序，在统一的框架下解决了具有输入非线性特性和时滞的非线性时变系统的一系列自适应迭代学习控制系统设计问题。全书共6章。第1章论述了本书的研究背景与研究意义，对目前国内外迭代学习控制领域的研究现状，尤其是自适应迭代学习控制问题的研究现状进行了深入剖析。第2章研究了一类具有死区输入和未知时变状态时滞的非线性时变参数化系统的自适应迭代学习控制问题，设计了一种新颖的自适应迭代学习控制方案。第3章针对一类具有未知死区输入和时变状态时滞的非参数化不确定非线性时变系统，利用神经网络估计技术设计了自适应迭代学习控制方案。第4章针对一类控制方向未知且具有未知齿隙非线性输入和时变状态时滞的非线性系统，综合利用神经网络估计技术、Nussbaum增益技术等方法设计了自适应迭代学习控制方案。第5章深入研究了状态不可测的非线性时滞系统的自适应迭代学习控制问题，提出分别基于状态观测器和误差观测器的自适应迭代学习控制方案。第6章以机械臂系统为研究对象，针对控制增益未知的状态不可测的情况进行了研究，提出了一种基于状态观测器的自适应迭代学习控制方案。

本书作为一本专门论述非线性时滞系统迭代学习控制的论著，对国内从事相关理论和技术研究工作的科学工作者和工程技术人员具有一定的参考价值。

The iterative learning control problem of nonlinear time-delay systems is investigated in this book. On the basis of deep investigation of previous works, we innovatively propose a class of adaptive iterative learning control schemes and solve a series of adaptive iterative learning control design problems for nonlinear time-varying systems with unknown nonlinear input characteristics and time delays under a unified framework, step by step, from easy to difficult. The book includes six chapters. In Chapter 1, the research background and significance of the book are discussed, moreover, the developments of iterative learning control, especially adaptive iterative learning control, are deeply analyzed. In Chapter 2, a novel adaptive iterative learning control scheme is proposed for a class of nonlinear parameterized systems with dead-zone input and unknown time-varying delays. In Chapter 3, neural network approximation method is employed to design the adaptive iterative learning control scheme for a class of uncertain non-parameterized nonlinear time-varying systems with unknown dead-zone input and time-varying states delays. In Chapter 4, the neural networks method and Nussbaum gain method are comprehensively integrated to establish the adaptive iterative learning control scheme for a class of nonlinear systems with unknown time-delays and control direction preceded by backlash-like hysteresis. In Chapter 5, the adaptive iterative learning control problem for nonlinear time-delay systems with un-measurable states is studied, two different adaptive iterative learning schemes are put forward based on states observer and tracking errors observer respectively. In Chapter 6, the research for plants with unmeasurable states and unknown control gain is carried out by taking manipulator as investigation object, and a kind of states observer-based adaptive iterative learning control scheme is presented.

As a book discussing the iterative learning control problems of nonlinear time-delay systems, it may be referential to the scholars and engineering technicians who engage in relevant research works.